低壓工業配線

楊健一　編著

全華圖書股份有限公司

1.　本書適用對象：
　　高工、大專或訓練機構實習教材。
　　從事低壓工業配線實務工作者。
　　對低壓工業配線有興趣者。
　　可作為技藝競賽選手參考之用書。
　　本書可作為可程式控制器之參考電路。

2.　本書係參考國內外有關書籍，各相關職類技能檢定試題、資料及本人從事
　　低壓工業配線教學、實務工作經驗編輯而成。祈本書對您從事低壓工業配
　　線之裝配、檢修，設計及應用上有助益。

3.　感謝台灣歐姆龍(股)公司提供並同意本書引用 OMRON 相關型錄資料及伽
　　南通訊工業(股)公司提供並同意引用 CEC 自動控制機器相關型錄資料。

4.　本書低壓控制電路之二(精華篇)係取材歷年各相關職類技能檢定試題、資料
　　精華改編而成。

5.　本書之完成，真誠的致以彭錦銅老師寶貴的資料和意見及全華全體工作人
　　員之辛勤。如發現疑問或意見時，歡迎來函詢問，當迅速答覆，並將寶貴
　　意見留供修正時之參考。

編者

謹識於　台北　南港

　　「系統編輯」是我們的編輯方針，我們所提供給您的，絕不只是一本書，而是關於這門學問的所有知識，它們由淺入深，循序漸進。

　　現在，我們將這本「低壓工業配線」呈獻給您。本書是作者楊健一先生從事自動控制公司、電匠補習班及高工電工科教學多年之經驗所編輯而成，書中所舉之例子均是作者經驗及心血之累積，內容詳實而切合實際需求。

　　坊間有關低壓工業配線之書籍雖多，但大多偏於理論的探討而缺乏實例的應用，本書以實例多，說明詳細為特色，且以最平易的文字為您做最詳盡的闡述，讀完本書將使您對低壓自動控制電路之設計、安排及應用上更能得心應手。

　　同時，為了使您能有系統且循序漸進研習低壓工業配線方面叢書，我們以流程圖方式，列出各有關圖書的閱讀順序，以減少您研習此門學問的摸索時間，並能對這門學問有完整的知識。若您在這方面有任何問題，歡迎來函聯繫，我們將竭誠為您服務。

相關叢書介紹

書號：03754067
書名：自動控制(第七版)
　　　(附部分內容光碟)
編著：蔡瑞昌.陳 維.林忠火
16K/480 頁/550 元

書號：0542304
書名：低壓工業配線實習(第五版)
編著：黃盛豐.楊慶祥
16K/552 頁/560 元

書號：0351901
書名：FX-2 可程式控制器原理
　　　及實習(修訂版)
編著：侯嘉福.蔡政道
16K/304 頁/320 元

書號：059240A7
書名：PLC 原理與應用實務
　　　(第十一版)(附範例光碟)
編著：宓哲民.王文義.陳文耀.陳文軒
16K/624 頁/620 元

書號：037970F7
書名：電工法規(第十四版)(
　　　附參考資料光碟)
編著：黃文良.楊源誠.蕭盈璋
20K/616 頁/640 元

書號：04A5903
書名：可程式控制快速入門篇
　　　(含丙級機電整合術科解析)
編著：林文山
16K/352 頁/360 元

書號：06466007
書名：可程式控制快速進階篇
　　　(含乙級機電整合術科解
　　　析)(附範例光碟)
編著：林文山
16K/360 頁/390 元

◎上列書價若有變動，請
　以最新定價為準。

流程圖

書號：037970F7
書名：電工法規(第十四版)
　　　(附參考資料光碟)
編著：黃文良.楊源誠.蕭盈璋

書號：0542303
書名：低壓工業配線實習
　　　(第五版)
編著：黃盛豐.楊慶祥

書號：0571502
書名：高壓工業配線實習
　　　(第三版)
編著：黃盛豐

書號：0252301
書名：電工實習(一)－
　　　室內配線(第二版)
編著：翁弘吉

書號：0252204
書名：低壓工業配線(第五版)
編著：楊健一

書號：059240A7
書名：PLC 原理與應用實
　　　務(第十一版)(附範
　　　例光碟)
編著：宓哲民.王文義
　　　陳文耀.陳文軒

書號：04A93106
書名：電工實習全一冊
　　　(附實習手冊)
編著：陳正義

書號：0424003
書名：高低壓工業配線實習
編著：黃盛豐.楊慶祥

書號：06182027
書名：可程式控制與設計
　　　(FX3U)(第三版)
　　　(附範例光碟)
編著：楊進成

目　錄

1　常用各國接點符號　　1

1-1　我國常用接點符號名稱及英文註腳　2

1-2　我國常用接點符號　4

1-3　各國常用接點符號與我國通用名稱對照表　6

1-4　美日延時型電驛符號對照表　8

2　低壓工業配線電路配線要訣　11

2-1　導線被覆顏色的選擇　12

2-2　器具固定應注意事項　14

2-3　配線應注意事項　15

3　低壓工業配線元件簡介　25

3-1　電磁開關　26

3-2　積熱電驛　28

3-3　無熔絲開關　34

3-4　按鈕開關　37

3-5　切換開關　38

3-6　微動開關　39

3-7　輔助電驛　40

3-8　端子台　42

3-9　電力電驛及限時電驛專用端子台（腳座）　42

3-10　保持電驛　43

3-11　棘輪電驛　45

3-12 互鎖電驛   45

3-13 閃爍電驛   46

3-14 限時電驛   48

3-15 光電開關   60

3-16 3E電驛   61

3-17 警示電驛   69

3-18 比壓器   70

3-19 比流器   70

3-20 電流切換開關   72

3-21 電壓切換開關   74

3-22 AS、VS綜合配線   77

3-23 液面水位控制器   78

3-24 雙限時電驛   91

3-25 小型延時電驛   91

3-26 特殊斷電延時型電驛   92

3-27 自動時間開關   93

低壓工業配線之一(基礎篇)   97

4-1 電動機之啓動、停止基本控制電路   98

4-2 電動機之啓動、停止控制電路   99

4-3 寸動控制電路   100

4-4 多處控制電路   106

4-5 順序控制電路   108

4-6 自動順序控制電路   117

4-7 自動交替運轉(點滅)電路與循環順序運轉電路   125

4-8 外加訊號作循環交互運轉(點滅)電路   135

4-9 正逆轉控制電路   139

4-10 自動循環正逆轉(中間附休息時間)電路   146

4-11 刹車控制電路   149

4-12 故障警報電路   155

4-13 接地故障與欠相保護電路   160

4-14 電源（電動機）停電自動切換電路　165

4-15 自動、手動切換電路　168

4-16 交通號誌燈控制電路　176

4-17 極限開關控制電路　184

4-18 自動點滅器控制電路　189

4-19 儀表接線　193

4-20 無浮球液面控制電路　203

4-21 三相感應電動機啓動控制電路　232

低壓控制電路之二（精華篇）　263

5-1 三相感應電動機啓動後經一段時間自動停止電路　264

5-2 三相感應電動機過載保護、警報及接地警報電路　265

5-3 利車控制電路　268

5-4 三相感應電動機之兩處控制（轉、停、寸動）兼延時利車、電容器進相、過載保護電路　269

5-5 自動洗車電路　272

5-6 停車指示電路　275

5-7 分相滑車自動控制電路　278

5-8 伸線機控制電路　280

5-9 簡易昇降梯控制電路　283

5-10 自動攪拌機控制電路　285

5-11 重型攪拌機控制電路　288

5-12 空調系統之啓動及保護電路　290

5-13 箱型冷氣機（二部壓縮機）電路　292

5-14 中央系統型冷氣機主機控制電路　296

5-15 自動照明及閃動廣告燈控制電路　300

5-16 廣告塔自動點滅及保護電路　302

5-17 交通號誌燈控制電路之一　305

5-18 交通號誌控制（綠燈閃爍）電路之二　307

5-19 交通號誌燈控制電路之三　309

5-20 電扇與電熱器順序控制電路　311

5-21 三相感應電動機順序運轉控制電路　313

5-22 三部電動機順序運轉電路　315

5-23 三部電動機兩部順序運轉電路　318

5-24 單相感應電動機正逆轉控制電路　321

5-25 光電開關自動馬達正逆轉控制電路（自動門電路）　323

5-26 交流低壓感應電動機正逆轉控制附直流利車系統電
路　326

5-27 三相感應電動機定時正逆轉電路　328

5-28 排、抽風機自動定時交替及手動控制電路　331

5-29 抽水機自動、手動切換抽水控制電路　334

5-30 抽水馬達交替運轉控制　336

5-31 馬達交互運轉控制電路　338

5-32 兩台抽水機之自動與手動交替運轉控制電路　340

5-33 三部抽水機順序運轉電路　342

5-34 三相感應電動機定時交替換向控制電路　345

5-35 三相感應電動機循環自動往復正逆轉電路　348

5-36 三相感應電動機循環動作控制電路　350

5-37 模擬斷路器控制電路　353

5-38 常用機與備用機控制電路之一　354

5-39 常用機與備用機控制電路之二　356

5-40 常用電源與備用電源控制電路之一　357

5-41 常用電源與備用電源控制電路之二　360

5-42 低壓三相感應電動機啓動與停止電路（Y－△）　364

5-43 低壓三相感應電動機Y－△啓動及保護電路　367

5-44 低壓三相感應電動機Y－△啓動控制電路（ＥＹＤ
型）　369

5-45 手動繞線型感應電動機二次電阻啓動控制電路　371

5-46 三相繞線型感應電動機二次電阻啓動控制電路　372

5-47 交流低壓三相極數變換可逆式感應電動機起動控制
及保護電路　374

5-48 三相繞線型感應電動機啓動控制及保護電路　377

5-49　交流低壓感應電動機電抗啟動及保護警示電驛　　　380

5-50　交流低壓三相極數變換感應電動機啟動控制及保護
　　　電路　　　383

5-51　三相單繞組感應電動機雙速雙方向啟動控制及保護
　　　電路　　　384

5-52　同步電動昇頻機啟停電路　　　387

5-53　電動空壓機控制電路　　　391

5-54　三相感應電動機正反轉控制電路　　　394

5-55　三相感應電動機Y-Δ降壓起動控制電路　　　397

附錄一　**IEC常用器具符號及英文代號**　　　401

附錄二　**常用電驛內部接線及腳座**　　　403

附錄三　**電磁接觸器、積熱電驛、斷路器符號圖**　　　407

xi

1

常用各國接點
符號

1-1　我國常用接點符號名稱及英文註腳

名　　稱	同 義 名 稱	常用英文註腳	說　　　　明
無熔絲開關	斷路器	NFB、CB、MCB	
電磁接觸器主接點		M、MC	1.電磁接點。 2.通常為 a 接點，當線圈未受電時，接點開啟，當線圈受電後，接點瞬時閉合
積熱電驛接點		OL、TH-RY THR	通常為 c 接點， c 點為公共接點，含 $1a$ $1b$ 型。
瞬時常開接點	NO接點， a 接點，常開接點，Make	CR、AUX、R、X、MC、MC-a、MC／a	1.電磁接點。 2.當線圈未受電時，接點開啟；當線圈受電時，接點瞬時閉合者。
瞬時常閉接點	NC接點， b 接點，常閉接點，Break	CR、AUX、R、X、MC、MC-b、MC／b	1.電磁接點。 2.當線圈未受電時，接點閉合；當線圈受電時，接點瞬時開啟。
通電延時電驛延時常開接點	延時 a 接點 延遲 b 接點 ON DELAY a 接點	T、TR	1.電磁接點。 2.當線圈未受電時，接點開啟；當線圈受電經一段時間後始閉合者。
通電延時電驛延時常閉接點	延時 b 接點 延遲 b 接點 ON DELAY b 接點	T、TR	1.電磁接點。 2.當線圈未受電時，接點閉合，當線圈受電經一段時間後始開始者。
斷電延時電驛延時 a 接點	OFF DELAY a 接點	T、TR	1.電磁接點。 2.當線圈未受電時，接點開啟；當線圈受電後接點瞬時閉合；當線圈斷電經一段時間後，接點開啟者。
斷電延時電驛延時 b 接點	OFF DELAY b 接點	T、TR	1.電磁接點。 2.當線圈未受電時，接點閉合；當線圈受電後接點瞬時開啟；當線圈斷電經一段時間後，接點閉合者。

1-1　（續）

名　　稱	同　義　名　稱	常用英文註脚	說　　　　　明
閃爍電驛	FR	FR	1.電磁接點。 2.當線圈受電後，a接點閉合，b接點開啓，經一段時間後a、b接點復歸，反覆切換，一直至線圈斷電始停止切換者。
按鈕開關常開接點	按鈕開關a接點 a接點 NO接點	PB PB-ON PB/ON PB-a PB-a	1.機械接點。 2.平時接點開啓，手按後接點始閉合。
按鈕開關常閉接點	按鈕開關b接點 b接點 NC接點	PB PB-OFF PB/OFF PB-b PB-b	1.機械接點。 2.平時接點閉合，手按後接點始開啓。
極限開關常開接點	微動開關b接點 位置開關b接點	LS LS/b LS-b	1.機械接點。 2.平時接點開啓，當引桿受力後接點閉合。
極限開關常閉接點	微動開關b接點 位置開關b接點	LS LS/b LS-b	1.機械接點。 2.平時接點閉合，當引桿受力後，接點開啓。
選擇開關接點	C接點 切換開關	CS、COS	通常C爲公共接點，含$1a$ $1b$。

1-2 我國常用接點符號

名　　稱	符　　　　號		說　　　　　　　明
	式　1	式　2	
無熔絲開關			1.過載跳脫保護性接點。 2.過電流保護性接點、a 接點。
電磁開關 主接點			電磁接點、a 接點
積熱電驛接點			過載跳脫保護性接點
瞬時常開接點			1.電磁接點、a 接點、NC 接點。 2.主電驛輔助接點、電力電驛、輔助電驛 　、通電延時電驛、斷電延時電驛瞬時 a 　接點。
瞬時常閉接點			
通電延時電驛 常開接點			1.電磁接點、通電延時 a 接點。 2.平時開路線圈，通電後延時閉合。
通電延時電驛 常閉接點			1.電磁接點、通電延遲 b 接點。 2.平時閉路線圈，通電後延時開啓。
斷電延時電驛 常開接點			1.電磁接點、斷電延遲 a 接點。 2.平時開路線圈，通電後瞬時閉合，斷電 　後延時打開。
斷電延時電驛 常閉接點			1.電磁接點、斷電延遲 b 接點線圈。 2.平時閉合線圈，通電後瞬時打開，斷電 　後延時閉合。
閃爍電驛			1.電磁接點。 2.仍可 a、b 接點。

1-2　（續）

名　　稱	符　　號		說　　　　　明
	式　1	式　2	
按鈕開關 常開接點			1.機械接點、a 接點。 2.平時開啓，手按閉合。
按鈕開關 常閉接點			1.機械接點、b 接點。 2.平時閉合，手按開啓。
極限開關 常開接點			機械接點、a 接點。
極限開關 常閉接點			機械接點、b 接點。
選擇開關 接點			機械接點、c 接點。

1-3 各國常用接點符號與我國通用名稱對照表

名　　稱	JIS	ANSI	DIN	IEC	說　　明
電磁接觸器 主接點					a 接點 NO 接點 Make
閃爍電驛 接點					
瞬時常開接點					a 接點 NO 接點 Make
瞬時常閉接點					b 接點 NC 接點 Break
通電延時電驛 延時常開接點					通電延時 a 接點
通電延時電驛 延時常閉接點					通電延時 b 接點
斷電延時電驛 延時常開接點					斷電延時 a 接點

1-3　　（續）

斷電延時電驛 延時常閉接點 閃爍電驛					斷電延時 *b* 接點
按鈕開關 常開接點					*a* 接點 NO 接點
按鈕開關 常閉接點					*a* 接點 NC 接點
極限開關 常開接點					*a* 接點 NO 接點
極限開關 常閉接點					*b* 接點 NC 接點

1-4　　美日延時型電驛符號對照表

　　本書採美式與日式符號。而美式符號與日式符號中，最易混淆者爲限時電驛符號，故特列表1-1及表1-2以利讀者作比較。

表1.1　通電延時性電驛：

美　式　符　號	日　式　符　號	說　　　　　明
TR ON　TR ON	TL ON　T ON	通電延時電驛之線圈。
TR INST	○─○　○─○	瞬時a接點。線圈激勵時立刻接通，斷電立刻打開。
TR INST	○─○　○─○	瞬時b接點。線圈激勵時瞬時打開，斷電時瞬時接通。
TR TC	○─△─○	通電延時a接點。線圈激勵經一段時間後而閉合之接點，斷電後立刻復歸。
TR TO	○─△─○	通電延時b接點。線圈激勵經一段時間後打開之接點，斷電後立刻復歸。

表 1.2　**斷電延時性電驛：**

美　式　符　號	日　式　符　號	說　　　　　　明
off　　off	TL　　T off　　off	斷電延時電驛之線圈。
TR ━┤├━　╪ $INST$		瞬時 a 接點。線圈激勵時瞬時接通，斷電時瞬時打開。
TR ━┤╫━　≠ $INST$		瞬時 b 接點。線圈激勵時立刻打開，斷電立刻接通。
TR　　TR ━┤├━ TO		斷電延時 a 接點。線圈激勵時瞬時閉合，斷電後經一段時間延遲才打開。
TR　　TR ━┤╫━ TC		斷電延時 b 接點。線圈激勵時瞬時打開，斷電後經一段時間延遲才接通。

10　低壓工業配線

2

低壓工業配線
電路配線要訣

　　配線電路可分爲主電路與控制電路。配線方法因使用場所之不同而有平排配線、束線配線及線槽配線等方法；一般場合採束線配線法，而高壓受電盤採線槽配線爲較多，箱型配電盤則三者均可用。

　　本單元係坊間、檢定場、技競場合相關工作要求，本章節配合圖、表方式可節省讀者閱讀及記憶時間。

2-1 導線被覆顏色的選擇

(1)　主電路：

　　①　三相電路：

　　　　一般以黑色配置爲原則，但爲明顯表示三相電壓性質的場合，則應由左而右，R相採紅色，S相採白色，T相採藍色。由上而下者亦同，如圖2-1所示。

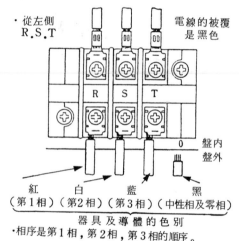

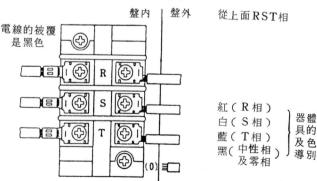

圖 2.1　三相交流主電路其相序及色別

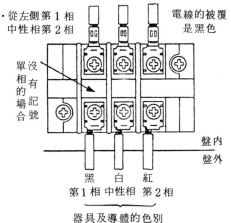

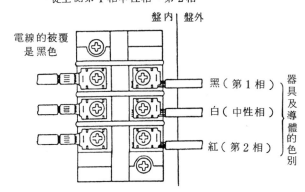

圖 2.2 單相三線式主電路其相序與色別

② 單相三線式：

一般採黑色配置為原則，為明顯表示三線性質的場合時，則由左而右或由上而下，第一相採黑色，中性相採白色，第二相採紅色，如圖2-2所示。

③ 單相二線式：

一般採黑色配置為原則，為明顯表示二線性質的場合時，則由右而左或由下而上，火線採紅色或與地線有別之被覆顏色；中性相採白色。

④ 直流電路：

一般採黃色配置為原則，為明顯表示二線極性的場合時，則由左而右，負極採藍色，正極採紅色。由上而下時，正極採紅色，負極採藍色，如圖2-3所示。

(2) 控制電路：

直流控制電路採藍色；而交流控制電路採黃色。

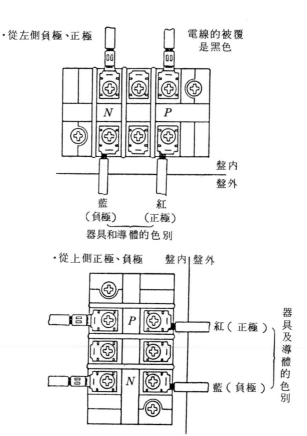

圖 2.3 直流主電路其極性和色別

(3) PT 與 CT 電路:

　　PT 二次側電路採紅色;CT 二次側電路採黑色。

(4) 儀表電路:

　　電壓線圈採紅色;電流線圈採黑色。

(5) 接地線:

　　採綠色。

(6) 導線被覆顏色及線徑簡易表:(如表 2-1)

2-2　器具固定應注意事項

(1) 器具之排列,應依規定尺寸配置;若無規定,應求器具對稱,不可歪斜。

(2) 限時電驛、電力電驛等腳座之固定,不可使本體插入後成倒置或錯誤方向之配置。

表 2-1　導線被覆顏色及線徑簡易表

區　別	線　徑	紅	白	藍	黑	黃	備　註
主電流　3φ3W	視負載大小而定	R	S	T		(S)	一般以黑色導線配置，若需選擇被覆顏色以區別其性質之場合，則如左邊顏色為之。
3φ4W		R	S	T	N	(S)	
1φ3W		第二相	中性相		第一相		
1φ2W		火線	地線				
直流電路		P(+)		N(−)			一般以藍色或黃色配置
控制電路　交　流	1.25mm²(2mm²)					✓	可以紅色被覆線代之
直　流	2.0mm²	P(+)		N(−)			一般以藍色或黃色配置
儀表互感器　電路二次　P.T	2.0mm²	✓					
C.T	2.0mm²				✓		
儀表　電壓線圈	2.0mm²	✓					
電流線圈	2.0mm²				✓		

(3)　保險絲、無熔絲開關應以其指示值可正視者配置。

(4)　除接地及保險絲座外，器具用螺帽不可突出盤面。

2-3　配線應注意事項

(1)　控制電路應於主電路下方，卽配線時應先完成控制電路，再配主電路較為方便。其間距至少在 5mm 以上。

(2)　主電路與控制電路均不得與器具或盤板接觸。

(3)　配線絕不可作中途連接。

(4)　主電路的配置應求最短路徑加以配線。

(5)　端子台不能作為中途連接之接續用。

(6)　剝線：依器具固定端子或接線端子上墊片大小之不同，剝取適當長度。於導線

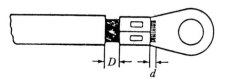

0.5～2mm程度　0.5～1mm程度

(a)‧D及d值要符合規定，一般
　　D是0.5～2mm程度，d
　　是0.5～1mm程度。

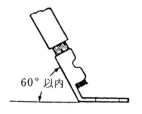

60° 以內

(b)‧壓着端子需要彎曲的場合
　　其彎曲角度在60°以內。

圖2.4

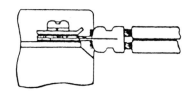

一個接端子2個壓着端子的場合，則此2個
壓着端子應互相靠背着裝配在接端子上

圖2.5　　兩壓着端子接續於一端點之場合

鎖入端子後，露出墊片上之裸線長度不可超過2mm。另絕不可將導線之絕緣
鎖入墊片之內，而引起接觸不良。

(7)　導線之壓接：

①　主電路及連接至端子台上之線路爲防止導線脫落或接觸不良等狀況，應施
　　行壓接。其壓接端子在壓接時，應將壓着鉗的齒口壓在壓接端子凸起有銲
　　之面。如圖2-4(a)。

②　圖2-4(a)爲其標準壓接尺寸。若壓着端子需彎曲時，其彎曲角度不可超過
　　60°度。如圖2-4(b)。

③　壓着端子與電線之粗細要配合；如表2-2。

(8)　導線之固定：

①　一個端子只能接續兩根導線，禁止兩根以上的接續。

②　壓接端子僅一只固定時，其壓凹處應向上。

③　若有兩只壓接端子固定於一端子時，應採平處背對背方式固定之。如圖
　　2-5 。

④　若壓接端子遇背對背接合情況而不能裝於器具或端子台時，可依圖2-6
　　實施。但須注意其間隔，以避免接觸。

⑤　線徑粗的導線可分爲成兩處固定，如圖2-7(a)。

表2-2 壓接端子壓接力（JIS C 2805）

壓着端子的型號	使用電線（mm²）	壓接力（kg）
1.25	1.25	20
2	1.25	20
	2.0	30
5.5	3.5	55
	5.5	80
8	8	100
14	14	140
22	22	180

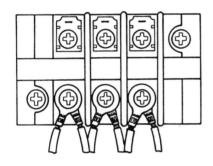

· 壓着端子背向背接合不能裝配在器具
　的接端子時，應像左圖的接法一樣
· 鄰側端子會露出來，注意不要互相接
　觸免生危險

圖2.6 背對背壓接時應注意事項

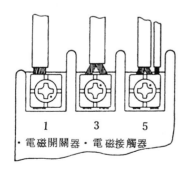

1　　3　　5

· 電磁開關器 · 電磁接觸器

(a)

1　　3　　5

· 電磁開關器 · 電磁接觸器

· 裸線突出 · 插頭未轉 · 插頭太長了
　了壓線板　螺旋使得
　　　　　　接合不良

(b)

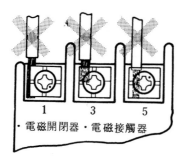

· 電磁開閉器 · 電磁接觸器

· 電線的插頭　　· 電線的插頭　　· 電線的被覆
太靠左邊裸　　　太短　　　　　　被線壓板壓
線突出　　　　　　(c)　　　　　　住　　　　　　　　圖 2-7

⑥　粗線與細線作同一端子固定時，可將粗線與細線股數、粗細配置如圖
　　2-7 (a)。

⑦　導線的固定應避免有圖 2-7(b)及(c)之錯誤。

⑧　導線分佈要一致。如圖 2-8，且應避免有 2-9 圖之錯誤。

· 太粗電線接續時，　· 細線和粗線接續時
可將粗電線分成兩　，可將粗線分一部
條來接續。　　　　分給細線使兩邊同
　　　　　　　　　　量。

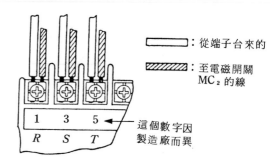

▭：從端子台來的

▨：至電磁開關
　　MC₂ 的線

　　　　　1　3　5　←這個數字因
　　　　　R　S　T　　製造廠而異

電磁開閉器（MC₁）

· 從電磁開關 MC₁ 接至 MC₂ 時，其引
　出線之位置應統一。

· 從電磁開關 MC₁ 接至 MC₂ 之端子若
　從端點右側接出，則全部的端子（
　1，3，5）都要從端子的右側接
　出。

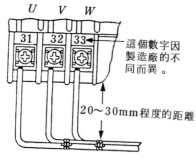

　　　　　U　V　W

　　　　31　32　33　　　這個數字因
　　　　　　　　　　　製造廠的不
　　　　　　　　　　　同而異。

20～30mm 程度的距離

　　　　　　　　　圖 2.8　導線分佈應一致

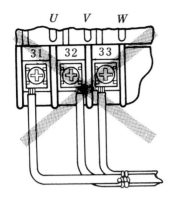

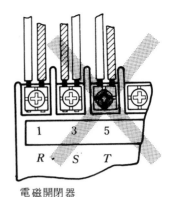

電磁開閉器

・接出線或接入
　線其位置應統
　一才好看。

・端子接續位置不統一。

2.9 (a)　　　　　　　　　　　　　2.9 (b)

圖 2.9　導線分佈不一致

⑨　控制線電源引出如圖 2-10。

⑩　壓着端子避免如圖 2-11 固定。

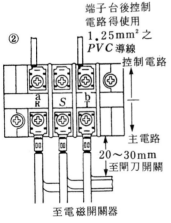

至電磁開關器

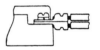

・端子台主電路
　的接續從左到
　右是 *R S T* 之
　順序接續。

・當一個端要接兩條線時，其兩
　個壓着端子需背向連接如上圖
　所示。

圖 2.10　控制電路電源之引出

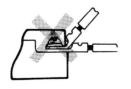

・如左圖中所示兩條線末端之壓
　着端子之連接法是錯誤的。

圖 2.11

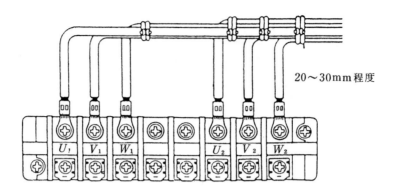

20～30mm程度

圖 2.12 端子台與導線之間隔

(9) 佈線法：

① 導線之彎曲度不得小於外徑 5 倍以上。

② 端子台與電線之間隔為 20～30mm。如圖 2-12。

③ 最長之線應於最上面或最下面成規則的分佈如圖 2-12。

④ 分岐線之配線法如圖 2-13。

⑤ 導線分佈應避免如圖 2-14 之錯誤。

⑥ 束線法如圖 2-15。

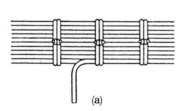

(a)

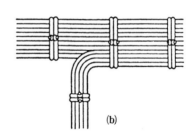

(b)

圖 2.13

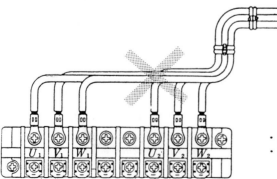

· 電線和端子台的距離太小。
· 不必要的電線曲折不要。

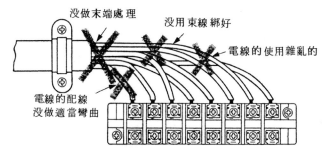

・電纜的末端一定要做末端處理。
・電線的使用要依順序，不要互相交叉。
・與端子連接時，電線的配線要做適當優美的彎曲。
・配線長的場合要以束線綁好。

圖2.14　佈線時應避免的錯誤

◎束線的綁線方法：　在電線上束線方法採用雙套節的結紮法來整理束緊電線
　　　　　　　　　　束線緊度應適宜，束線間之間隔應相等。

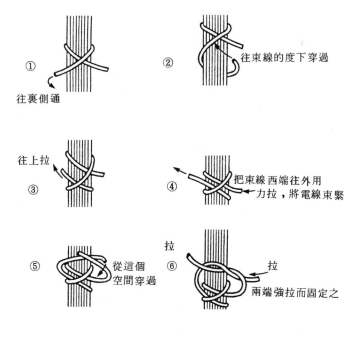

圖2.15　導線束線法

⑦　束線與束線之距離應爲 300mm 。

⑧　主電路端子電源之引入，如圖 2-16 。

⑨　兩台以上電機時，於端子台上應有適當區別之間隔，如圖 2-17 。

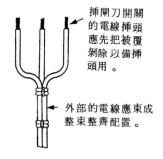

插閘刀開關
的電線插頭
應先把被覆
剝除以備插
頭用。

外部的電線應束成
整束整齊配置。

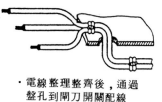

· 電線整理整齊後，通過
盤孔到閘刀開關配線

電線是從盤孔的
中央通過

三條電線直列通
過盤孔是不好的

電線不從中央通
過也是不好

圖 2.16　主電路配電順序

被覆的色是綠色

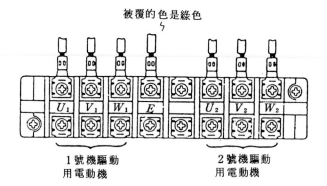

U_1　V_1　W_1　E　　U_2　V_2　W_2

1 號機驅動
用電動機

2 號機驅動
用電動機

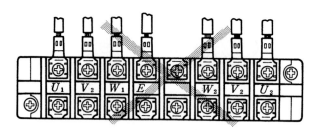

U_1　V_2　W_2　E　　W_2　V_2　U_2

· 端子的順序應從左側開始
　$U. V. W$ 的順序連接。

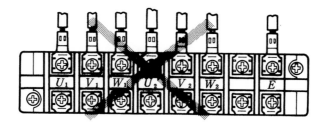

1 號機　　　　　　2 號機

・電動機的1號機接端子和2號機接
　端子應有適當離一段距離，以免誤
　連接。

圖 2.17

3

低壓工業配線
元件簡介

　　低壓工業配線電路發展至今，已有其相當歷史。而使用的器具亦隨日而增，現單歐姆龍廠牌目錄所列器具就有數千種，就是台灣常用器具版所列，亦有 1500 種，另尚有士林、台安、戶上、山河、國際……等常用廠牌，若要就各廠牌相關器具逐一介紹，實不是本書能力所能及者，故只針對電工相關科系、電工技檢場上、低壓工業配線及本書所集電路中較常出現的器材加以介紹。

3-1　電磁開關（Magnetic Switch）

　　電磁開關乃電磁接觸器與積熱電驛之組合者，如圖 3-1，簡稱 M.S。常用廠牌有士林、台安、國際、戶上等。

(1)　電磁接觸器

　　如圖 3-1(b)所示，其構造可分為：①電磁線圈，②固定鐵心，③可動鐵心，④主接點，⑤輔助接點，⑦蔽極線圈等 7 部份。

　　動作原理：當加電壓至電磁線圈的兩個端頭時，電磁線圈即有電流流通，產生磁場，使固定鐵心變成電磁鐵，吸引在上方的可動鐵心，可動鐵心受吸引下移時，帶動固定於其上的可動主、副接點，而使接點開啟閉合，作為電路開啟閉合之用。

　　蔽極線圈具有穩定電磁線圈交流激磁之吸引力的作用及避免於交流零點消磁所引起的振動，減少雜音。

①　主接點：

　　　　通常標 R、S、T 的接點為主接點，其電源側標號為 R、S、T，連接電源或無熔絲開關負載側；負載側標號為 U、V、W，連接受控的馬達或器具。利用主接點的開啟與閉合，可控制馬達的運轉或受控器具的動作與否，所以主接點的規格應配合負載的大小。主接點依閉、斷額定電流的

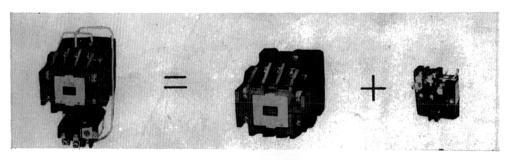

(a)電磁開關　　　　　　　(b)電磁接觸器　　　　　(c)積熱電驛

圖 3-1　台安廠牌電磁開關（MS）

不同可分為下表所列幾種：

表 3-1　電磁開關等級

級　別	對額定電流之倍數		用　　　　　　　　　　　途
	閉　　路	啟　　斷	
A	10以上	10以上	鼠籠式感應電動機之直接啟動用
B	5以上	5以上	繞線型感應電動機之啟動用
C	2以上	2以上	電阻器、電熱器
D	5以上	－	感應電動機電抗啟動用

② 輔助接點：

　　通常位於電磁接觸器兩旁，為較小電流容量之接點，作為控制線路之用，不可用來當主接點使用。

　　通常在選用電磁接觸器時，應先分清楚該電磁接觸器所用電壓是交流或直流及其電壓等級。一般低壓電磁接觸器的交流電壓額定有110、220、380、440 V等不同規格，而直流者有6、12、24、110、220V等之異。另需注意的規格如下：

(a) 頻率：有50 Hz與60 Hz兩種。

(b) 接點電氣壽命：啟斷電流愈大，使用次數愈頻繁，則接點壽命愈短，如圖3-2為3φ、440 V之接點壽命曲線圖。

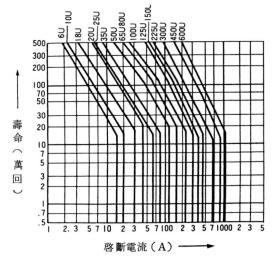

圖 3-2　電磁接觸器接點壽命曲線圖

(c)　始動電壓：以額定電壓的百分率來表示，卽加多少額定電壓的百分比
　　至電磁線圈端頭時，接點始能動作之值。一般交流電磁接觸器約爲額
　　定電壓的 65 ％，而直流接觸器爲額定電壓的 80 ％。

(d)　釋放電壓：卽電磁線圈上能使接點釋放的最低電壓。通常直流者爲
　　15 ％；而交流者爲 55 ％。

(e)　接點數：一般以主接點與輔接點的常開常閉接點總數來表示，如
　　$3a\,4b$, $4a$ 。

3-2　積熱電驛（Thermal Over Current Relay）

　　積熱電驛又稱熱動電驛，簡用語爲 TH-RY 。或熱動式過載繼電器；簡稱 O.L
。其 R、S、T 端與電磁接觸器主接點末端 U、V、W 串接，如圖 3-3 所示。而其
末端 U、V、W 端點再與負載連接。一般有 a、b 及 c 接點等控制用接點。

　　動作原理：加熱元件與電磁接觸器主接點串接；接上負載供電時，流經其內的
電流卽爲負載電流，若此電流達預設值時，加熱元件產生熱量，使雙金屬片彎曲，
雙金屬片帶動絕緣板，使接點狀態切換，將控制線電源切斷，使電磁接觸器電磁線
圈失磁，主接點打開，負載斷電，而達到保護負載的功用。

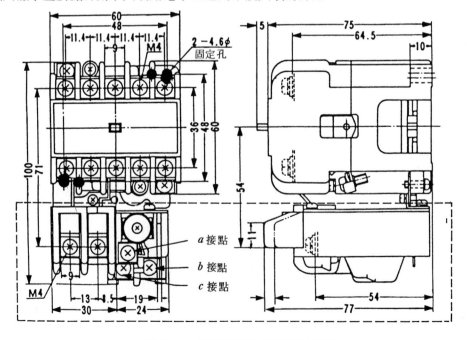

圖 3-3　台安廠牌 OL 外觀圖與其接法

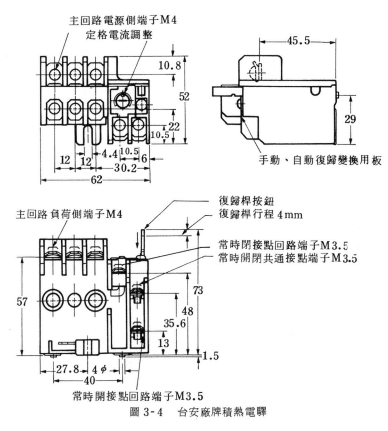

圖 3-4　台安廠牌積熱電驛

(1) 積熱電驛電流額定選定原則：

① 裝於分路時以不超過電動機全載電流之 2.5 倍為原則。

② 裝於幹線時應能承擔各分路之最大負載電流及部份起動電流，如各電動機不同時起動時，其電流額定為各分路中最大額定電動機全載電流之 1.5 倍與其他各電動機全載電流之和（一只 $O.L$ 以保護一機為最佳）。

③ 一般積熱電驛如圖 3-4。而在 3ϕ AC200V 20HP 以上之電動機，可以 C.T 來做配合或採用圖 3-5 組立者。

(2) 跳脫電流的設定：

跳脫電流又稱動作電流，其標置值的設定應依下列原則來決定：

① 運轉因數不低於 1.15 之電動機，其設定值為額定電流之 1.25 倍。

② 對於密封於壓縮機內之電動機及一種有標明溫度不超過 40°C 之電動機應不超過該電動機額定電流之 1.25 倍。

③ 不屬於①②兩項之電動機為 1.15 倍。

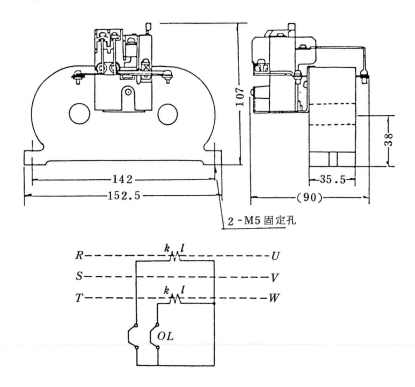

圖 3-5 台安廠牌大負載用積熱電驛

(3) 電流調整鈕設定方法：

    調整電流調整鈕，則頂開接點與絕緣板的距離將有變化，電流設定值愈小，距離愈小。一般有電流值法及倍率法兩種：

① 電流值法：

    本法係以A為單位，可依調整鈕面板所列之各安培數 7、8、9、10、11 等取其中間值判斷其適合於多少 HP 者用。如圖 3-6 判斷，其額定為 9 A（中間值），依電工法規可查得 3 HP 電動機全載電流約為 9A，剛好可使用此額定之積熱電驛。

    將熱動電驛設定於某一安培，若電動機之負載電流過大、過載時，熱

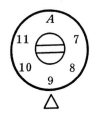

圖 3-6 電流值法

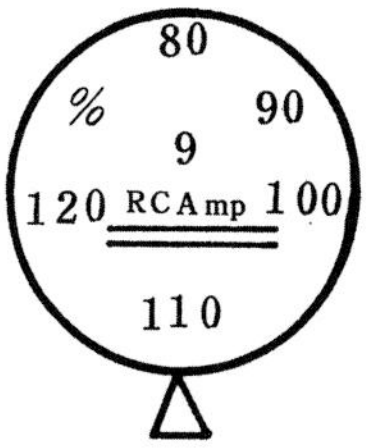

圖 3-7　倍率法

動電驛內之接點將改變其狀態。

② 倍率法：

　　倍率法又稱百分率比。顧名思義，其面板是以％爲單位，而不以 A 爲單位，其面板標示如圖 3-7。

　　於面板中間有 9 RCA mp 字樣，卽是表示其額定爲 9 安培級，與電流值法一樣的適用於 3 HP 電動機。

(a) 當設定於 110％時，則負載電流超過 9×110％＝9.9 A 時應跳脫。

(b) 當設定於 80％時，若負載電流超過 9×80％＝7.2 A 應跳脫。

(4) 熱動電驛之選定及調整法實例：

【例】有一 3φ 220 V 10 HP 之電動機，其積熱電驛應如何選定及調整？

【解】① 先以下列方法求出其額定電流：

　　(a)查表法：由電工法規可查出 10 HP 電動機全載電流爲 27 A。

　　(b)簡便法：1 HP 至 7.5 HP 電動機全載電流約以 3 A 計，而 10 至 50 以 2.6 A 計，則 10 HP 者爲 2.6×10＝26 A。

　　(c)公式法：

$$I = \frac{P}{\sqrt{3}\,V\cos\theta \cdot \eta}$$

P：電功率（1 HP＝746W ≒ 750W）

cos θ：功率因數

η：效率

但因 η×cos θ 常爲 0.75 故上式可改爲

$$I \doteq \frac{HP \times 750}{\sqrt{3}\,V \times 0.75} \doteq 577.5 \times \frac{HP}{V}$$

$$I \doteq 577.5 \times \frac{10}{220} \doteq 26.3A$$

②積熱電驛電流額定之選定：依上例所法求得之全載電流知需選 30 A 級者。

③跳脫電流之選定：

(a)電流值法：由②可知應設於 30 A 。

(b)倍率法：30 / 30 ＝ 100 ％，故應設定於 100 ％處。

　　熱動電驛若按上列規定設置，而不足以使該電動機完成起動或負擔負載而跳脫，可採高一級之標置者，但不得超過電動機銘牌所標示之全載電流之百分數如跳脫電流設定原則(1)(2)項所示者，即 1 . 25 倍者不得超過 140 ％（ 即可放寬至 1 . 4 倍 ）。而如(3)項者，不可超過 130 ％，即是說 1 . 15 倍者可放寬至 1 . 3 倍。

(5)　手動復歸與自動復歸：

　　電動機負載電流超過熱動電驛之設定值時，則 O.L 動作使 b 接點開啓，a 接點閉合，O.L 動作之後，電動機將停止運轉。若想重新操作此電動機，使之啓動運轉，則先得將熱動電驛接點復歸，其方式則有手動與自動復歸兩種。

　　當 O.L 因過載而跳脫後，若想使接點復歸，必須按下復歸操作桿。如圖 3-8 ，若以手按方式使其復歸者稱為手動復歸。若找出復歸操作桿固定處，使用固定片或固定螺絲使之永遠下沉，當過載時，O.L 動作，接點跳脫；但金屬片冷却後，接點會自動隨之還原而不用手去操作者稱之自動復歸。

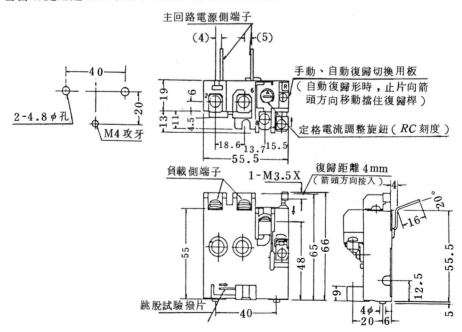

圖 3-8　台安牌熱動電驛

　　手動復歸甚簡單，只要用手將復歸操作桿按沉，放手之後即可達到復歸效果。
但若M.S處於人員較不易進入之處或較危險的地方，則使用自動復歸較適當。O.L
常有廠牌者有四：台安、士林、戶上、國際，方法均不一樣，介紹如下：

① 台安廠牌自動復歸法：

　　其自動復歸法係採以簧片頂住復歸操作桿，使操作桿永遠下沉，代替手動
　　復歸動作的方法。台安牌O.L如圖3-8，其自動復歸法步驟如下：

　　(a) 鬆開簧片固定螺絲。

　　(b) 按下操作桿使缺口對正簧片邊緣。

　　(c) 將簧片推入操作桿缺口，頂住操作桿，不使其回昇。

　　(d) 鎖緊螺絲，則達自動復歸目的。

② 戶上廠牌自動復歸法：

　　戶上廠牌自動復歸用螺絲均設於O.L下方，如圖3-9所示，其自動復歸法
　　操作步驟如下：

　　(a) 放鬆自動復歸用螺絲。

　　(b) 將復歸操作桿壓下。

　　(c) 鎖緊螺絲後，操作桿不會回昇，達到自動復歸的效果。

③ 國際牌自動復歸法：

　　國際牌O.L形式如圖3-10所示，係採卡住法，其自動復歸操作法如下：

　　(a) 將操作桿下壓至底。

　　(b) 將卡栓向右移，卡住操作桿，使操作桿不能回昇。

④ 士林廠牌自動復歸法：

　　(a) 於三接點（a、b、c接點）中，有一調整螺絲。

　　(b) 將調整螺絲放鬆後右移，再鎖緊則可達到目的。

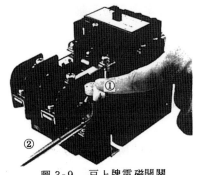

圖3-9　戶上牌電磁開關

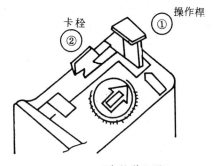

圖3-10　國際牌積熱電驛

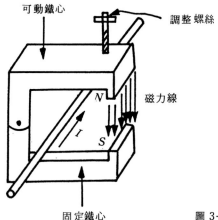

可動鐵心

調整螺絲

磁力線

固定鐵心

圖 3-11　磁動跳脫式無熔絲開關原理圖

3-3 無熔絲開關(No Fuse Breaker)

無熔絲開關是一種低壓過電流保護之斷路器，簡稱NFB，又稱MCB。依其動作原理可分為(1)熱動跳脫式；(2)磁動跳脫式；(3)全磁跳脫式。

(1) 熱動跳脫式：

當電流超過NFB額定電流時，雙金屬片受熱彎曲，觸動跳脫元件，使接點打開，以切斷負載電流。由於此型NFB具有延時性，故不能用來做短路保護，而只能做過載保護之用。

(2) 磁動跳脫式：

如圖3-11所示，當電流如圖方向流通時，依安培右手定則知可動鐵心必感生N極，而固定鐵心呈現S極，而其磁力F與電流成正比。當過載時，磁力增大迫使可動鐵心下移，帶動跳脫元件，使接點跳脫。若遇短路故障時，導線流通之電流將甚大，吸力較過載時為大，可動鐵心下移的速度也快，故可作為過載及短路保護。

調整可動鐵心上的螺絲，可調整可動鐵心與固定鐵心的距離，其間距離愈大，跳脫速度愈慢；距離愈小，跳脫速度愈快。

(3) 全磁式跳脫：

可作為過載及短路保護之用，由圖3-12(a)說明，可知其構造包含了矽油、油管、電流線圈、阻尼彈簧、磁極、可動鐵心、固定鐵心及繼鐵等元件。

① 正常負載狀態：

如圖3-12(a)所示，電流線圈流通正常電流時所生的磁力，與阻尼線圈制動力相平衡，無多餘磁力吸引可動鐵片，可動鐵片不動，跳脫元件不被觸

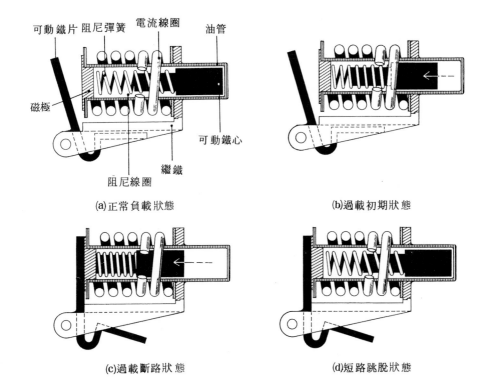

(a)正常負載狀態　　　　　　　　　　　(b)過載初期狀態

(c)過載斷路狀態　　　　　　　　　　　(d)短路跳脫狀態

圖3-12　FUJI廠牌全磁式跳脫無熔絲開關動作圖

動，接點成接通狀態。

② 過載初期狀態：

　　如圖3-12(b)，過載初期時，電流線圈電流較正常負載時流通之電流要大，故此時電流線圈產生之磁力要比阻尼線圈之制動力要大，可吸引可動鐵心，緩緩的向磁極移動，但此時電流線圈仍無力吸引可動鐵片，可動鐵片尚不會觸動跳脫元件，故接點仍是通路狀態。

③ 過載斷路時之狀態：

　　當活動鐵心到達磁極時，電磁線圈內由空心變為鐵心，鐵心導磁係數較空氣心者為佳，磁力線密度增加，磁力隨之增加，可動鐵片被吸引移動，觸動跳脫元件，使斷路器接點打開，如圖3-12(c)。

④ 短路跳脫狀態：

　　當線路發生短路故障時，電流線圈流過之電流甚大而產生強大的磁力直接吸引可動鐵片，而不需等待可動鐵心移動至電流線圈中之增大磁力，可動鐵片瞬時受故障電流於電流線圈所產生強大的磁力所吸引，並觸動跳脫元

件，使斷路器接點被打開，剛好合乎短路時應快速的切斷電路的要求，如圖 3-12(d)。

無熔絲開關規格之選定：

(1) 額定電壓：NFB額定電壓應採能耐系統電壓者。

(2) 額定電流：卽跳脫電流，使跳脫元件動作的定額電流，通常以 AT 表之，其常用規格如表3-2。

(3) 框架容量：以 AF 表示。卽框架接點可耐電流之安培數，其選用原則如表3-3。

(4) 啓斷容量：簡稱 IC，以 KA 爲單位，卽該斷路器啓動故障電流之能力。

(5) 極數：有單極、雙極及三極。

無熔絲開關使用時應注意的事項：

(1) 把手在 on 位置表接通狀態，於 off 表切離狀態，而在中間位置是自動跳脫位置。故將故障原因排除後，需先將把手扳至 off 處，再將把手切至 on，才能達成再閉路。

(2) 任何一極發生過載時，各極應同時跳脫，現在各廠牌的 NFB 均能如此，故不會發生單相運轉的情形。

(3) 同一框架容量之NFB可有不同的AT數。

(4) AF數應比AT數大。

(5) 故障電流較 IC 值大，則NFB啓斷容量不足，無法順利跳脫，並將連續地發弧，將損壞NFB並可能引起更大的災害。故障電流較 IC 值小時，NFB始能迅速的跳脫。故選用時應考慮故障電流之大小後，選用啓斷容量足夠的NFB。

表3-2   NFB標準額定安培數（AT）

| 15,20,30,40,50,60,70,100 |
| 125,150,170,200,225,250,400, |
| 500,600,700,800,1000,1200,1600 |

表3-3   無熔絲開關AF數選用原則

安　全　電　流	NFB 應選用 AF 數
50A以下	50 AF
50～100A	100 AF
101～225A	225 AF
225A以上	(1)可選用同一容量者 (2)無適當等級時宜選用次高一級者

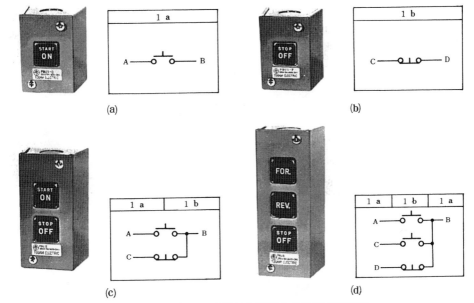

圖 3-13　　TOGAMI 廠牌按鈕開關之外觀與其接點數

3-4　按鈕開關（**Push Button　Switch**）

　　按鈕開關簡稱 PB 或 PBS，是低壓工業控制之要角。通常按鈕開關內附有復歸彈簧，以手按下時改變其原來的狀態，手放開後可自動的回復其狀態，圖 3-13 為其外觀及內部接點數。

　　另以 TOGAMI 廠牌為例，按鈕開關依其外觀不同，可分為圖 3-14 中諸型：

　　一般按鈕開關的規格與注意事項如下：

(1)　定額電壓：AC 600V。

(2)　定額電流：AC 110-220V 5A，AC 380-550V 3A，DC 24V 5A，DC 220V 0.5A。

(3)　接點數：$1a$，$1b$，$1a\,1b$，$2a\,2b$。

(4)　接點層數：單層與雙層。

(5)　顏色：依操作所需識別顏色來定。

(6)　單層接點者，接點位置均於按鈕兩旁；而雙層者接點位置則採對角排列。

(7)　運轉用按鈕開關其應是紅色與綠色兩色以外者，而停止按鈕則應採紅色者，但若有兩個停止用按鈕開關，若其尺寸相同，其一以紅色表之，而另一則應選用其他顏色；若尺寸不一，則可同時採用紅色者使用。

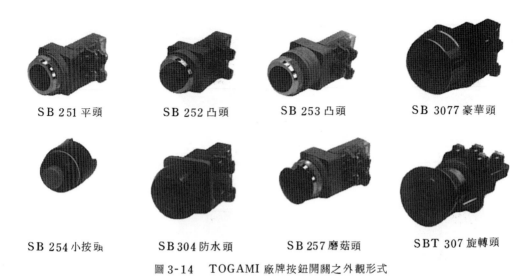

SB 251 平頭　　　SB 252 凸頭　　　SB 253 凸頭　　　SB 3077 豪華頭

SB 254 小按頭　　　SB 304 防水頭　　　SB 257 磨菇頭　　　SBT 307 旋轉頭

圖 3-14　　TOGAMI 廠牌按鈕開關之外觀形式

3-5　切換開關（Change Over Switch）

切換開關僅作為控制電路用，簡稱 COS ，其功用有三：

(1)　自動、手動切換用。

(2)　on-off-on 切換用。

(3)　正轉、停、逆轉切換用。

一般切換開關有兩段式及三段式之分，其價格亦不相同，其實只要懂得個中竅門，同一個切換開關可改為三段式，或二段式。三段式與二段式之改變如下：

(1)　如圖 3-15 所示，取下接點組。

(2)　取下中蓋，頭蓋中空者應朝上。

(3)　頭蓋中空者如圖，將換段栓轉移至與原位置成 90° 之槽中。

(4)　裝回中蓋與接點組即可。

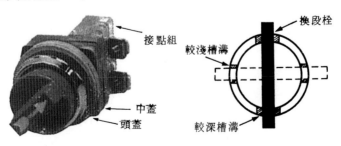

換段栓

接點組

較淺槽溝

中蓋

頭蓋

較深槽溝

圖 3-15　　切換開關外觀及內部換段栓圖

3-6　微動開關（Limit Switch）

又稱極限開關、限制開關，簡稱L.S。係利用引動器被引至某一程度時可改變其接點狀態者。依其引動器型式之不同可分爲圖3-16中之各型。

一般L.S之額定電流有1、5、10、15、20、25A等，其接點間隙有0.2mm，0.25mm，0.5mm，1.0mm，1.8mm等。而其接點引出於端子台之記號者：NC表常閉接點，NO表常開接點，C表共同接點。

選定微動開關需考慮下列等條件：

(1)　電氣的條件：

應考慮交流、直流、電壓額定、接點額定電流及負載性質加以選用。

(2)　機械上的條件：

以凸輪或牽動的方式考慮其引動器應採何種型式，凸輪者的角度應以30°裝設者爲佳。

(3)　環境上的條件：

是否設於振動、衝擊等周圍狀況處，另濕度、壓力等都需考慮，選用適當的型式。

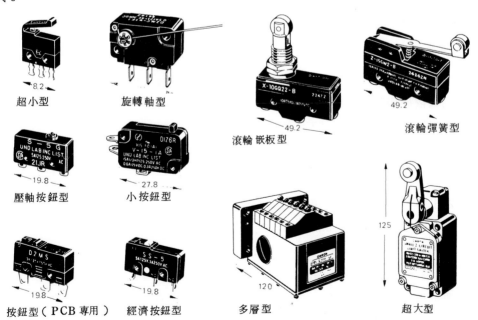

超小型　　旋轉軸型　　滾輪嵌板型　　滾輪彈簧型

壓軸按鈕型　　小按鈕型

按鈕型（PCB專用）　　經濟按鈕型　　多層型　　超大型

圖3-16　OMRON廠牌極限開關

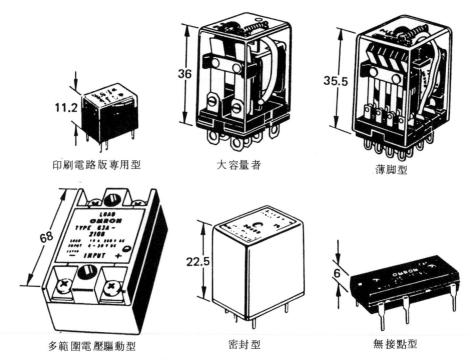

印刷電路版專用型　　　　　大容量者　　　　　　薄脚型

多範圍電壓驅動型　　　　　密封型　　　　　　無接點型

圖 3-17　OMRON 廠牌電力電驛

3-7　輔助電驛（Auxiliary Relay）

　　亦稱電力電驛或控制電驛，用以輔助電磁電驛接點不足時用，其形狀、體積、接脚方式依使用地點不同，容量及接點需求有下列多種，另尚有甚多型式，可向廠商取目錄依使用需求加以選購，其外觀如圖 3-17 所示。

　　選用控制電驛應考慮以下規格，選擇最適合於電路者。

(1)　額定電壓：分 6V，12V，24V，48V，50V，110V，220V。又分交流、
　　　　　　　　直流兩種。

(2)　使用頻率：分 50Hz、60Hz 兩種。

(3)　消耗電力：線圈通電激磁時所消耗的電力。

(4)　接點數：一般有 $1a\,1b$，$2a\,2b$，$3a\,3b$，$4a\,4b$ 等 4 種。

(5)　接點壽命：於接點額定電流時可使用的次數。

　　通常控制電驛已規格化，可配合脚座使用，於脚座端子接點上接好線後，再將其本體插入脚座中即可。但其基本線路隨其接點數、電源性質之不同而異，使用前應先查清。現以 OMRON 廠牌 MK2P、MK3P 之電路為例，說明如下：

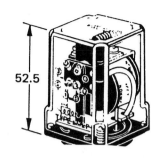

MK-(K)P之本體

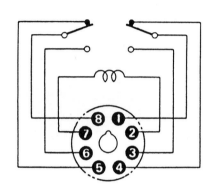

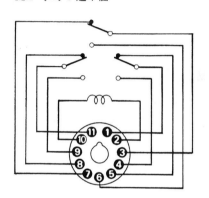

(a)MK 2 P 脚座　　　　　　　　　　(b)MK 3 P 脚座

圖 3-18　OMRON 廠牌 *MK-(K)P* 電力電驛外觀及其脚座圖

(1)　MK 2P 動作說明：

①　2、7脚爲吸持線圈；1、8脚爲公共點。

②　2、7脚未加激磁電源時：

　　1-4,8-5脚通（ *b* 接點）。

　　1-3,8-6脚不通（ *a* 接點）。

③　2、7脚加電源時：

　　1-3,8-6通。

　　1-4,8-5脚不通。

(2)　MK 3P 動作說明：

①　2、10爲吸持線圈，1、3、11脚爲公共點。

②　2、7脚未加激磁電源時：

　　1、5脚，3、7脚，11、8脚通（ *b* 接點）。

　　1、4脚，3、6脚，11、9不通（ *a* 接點）。

③ 2、7 腳加激磁電源時：

1、5 腳，3、7 腳，11、8 腳不通。

1、4 腳，3、6 腳，11、9 腳通。

3-8 端子台

簡稱T.B，可使於控制電路上之接線與保養，一般端子台依其接點數可分 3P、6P、12P、24P、36P、40 P 等，另選用時應注意其接點之容量。圖 3-19 為端子台之外型：

6 P 端子台　　　　　　　　　　　3 P 端子台

圖 3-19　端子台

3-9 電力電驛及限時電驛專用端子台（腳座）

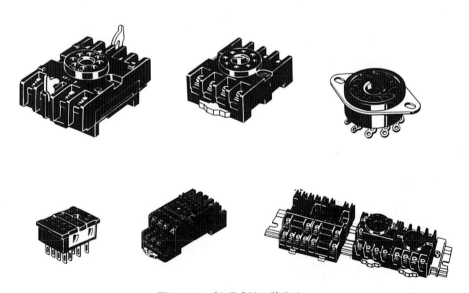

圖 3-20　OMRON 廠牌腳座

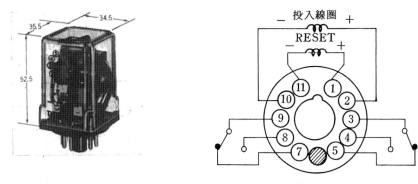

(a)保持電驛本體　　　　　　　　　　　　(b)保持電驛腳座

圖 3-21　保持電驛（OMRON　MK 2 KP 形）

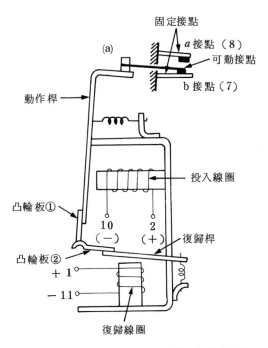

圖 3-22　OMRON 廠牌保持電驛內部動作元件

3-10　保持電驛（Keep Relay）

又稱閉鎖電驛，簡稱K.R，如圖3-21(a)所示，圖3-21(b)為其腳座接線圖。

電力電驛吸磁線圈加上額定電壓後，其上的接點狀態改變，當激磁電壓移去時，吸磁線圈失磁，則接點又回至未加電前的狀態。但保持電驛一旦經激磁動作後，

即使將吸磁線圈上的電源切斷，其仍保持接點改變後的狀態。若想使接點復歸，則須於復歸線圈上加電源，接點始能復歸，如圖3-21(b)所示R線圈即復歸線圈。

接點動作說明：2-10腳為投入線圈，1-11腳為復歸線圈（reset coil），2-10腳接上電源，則接點改變其狀態，即NC接點變為開路，而NO接點變為閉合。此時，若將2-10腳電源移去，接點不會復歸，必須再於1-11腳通電，才能復歸。

動作原理說明：如圖3-22所示，當投入線圈加上額定電源時，即產生磁力，將動作桿吸引，使凸輪在凸板②上，使常開點變為通路狀態，此時，因動作桿係作機械性的卡住動作，與投入線圈無關，若將投入線圈之電源移去不加，接點仍然保持通路狀態。

反之，若將額定電源加於復歸線圈的兩個端點時，復歸線圈產生磁力，吸引復歸桿；此時，凸輪板②下移，凸輪板①回至原來位置，接點復歸。

MR 2 形

MR 2P 形

(a) OMRON棘輪電驛本體

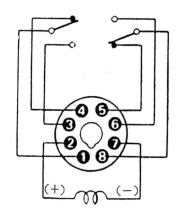

(b) OMRON棘輪電驛腳座

圖 3-23　OMRON棘輪電驛

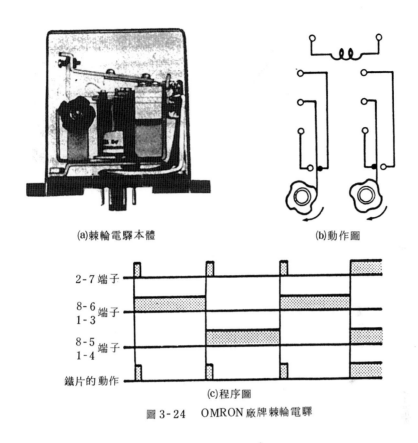

(a)棘輪電驛本體　　　　　　　　　(b)動作圖

2-7 端子

8-6 端子
1-3

8-5 端子
1-4

鐵片的動作

(c)程序圖

圖 3-24　OMRON 廠牌棘輪電驛

3-11　棘輪電驛（Latchet Relay）

棘輪電驛又稱擒齒輪式電驛，簡稱 L.R 或 M.R ，如圖 3-23 為 OMRON 廠牌 MR2 及 MR2P 型。

接點動作說明：線圈通電激磁後，假設其先由通路切換為開路，若再通電使線再次受激，則接點由開路切換為通路；同理，再次通電，則又切換為開路狀態。

動作原理說明：如圖 3-24(a)所示，其為棘輪電驛之側面圖；將棘輪與接點組合解析於圖 3-24(b)；每次線圈激磁時，可動線圈被吸引一次，帶動棘輪旋轉一凸或一凹，若可動鐵片於凸處，則接點接通，若於凹處則接點開路。

棘輪電驛可用於順序控制電路、交換電路及交替（互）動作控制。

3-12　互鎖電驛（Inter-Lock Relay）

簡稱 I.F.R ，圖 3-25 所示者為 OMRON 廠牌 MKW11 型互鎖電驛。其係

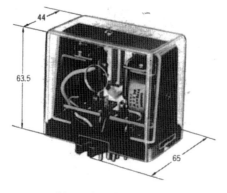

(a)互鎖電驛本體

(b)　互鎖電驛本體

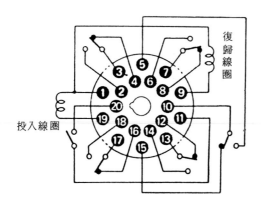

(c)互鎖電驛腳座

圖 3-25　OMRON 廠牌互鎖電驛

將兩個電驛鐵心置於相對位置，將一方之線圈激磁時，則接點將產生變化，若解除此線圈激磁電源後，接點則保持動作後之狀態，而另一方之激磁線圈未通動激磁前，接點無法復歸成切換。與保持電驛作比較，可知兩者處理之動作相同，但內部構造與基本原理不同。

3-13　閃爍電驛(Flicker Relay)

閃爍電驛簡稱 F.R，係用於警報電路、交通號誌及廣告燈電路。如圖 3-26，所示者爲 OMRON 廠牌 MKF-P 型閃爍電驛。

接點動作說明：1-8 腳爲吸持線圈，6-5 腳爲常開接點，6-4 腳爲常閉接點；若 1-8 腳接上激磁電源，則 a 接點切換爲通路，而 b 接點切換爲開路；0.5 秒後，a 接點又復歸爲常開，而 b 接點又復歸爲常閉，自動反覆動作，直至電源移去時始停止。

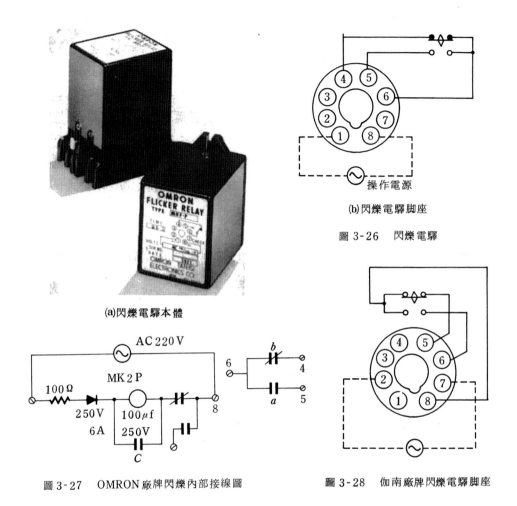

(a)閃爍電驛本體

(b)閃爍電驛脚座

圖 3-26　閃爍電驛

圖 3-27　OMRON 廠牌閃爍內部接線圖

圖 3-28　伽南廠牌閃爍電驛脚座

　　動作原理說明：如圖 3-27，當 220 V 電壓加上後，R 線圈激勵，同時向電容器充電，因 R 線圈受激勵，故 R/b 打開，b 接點打開，a 接點閉合，但此時 R 線圈不再受電源激勵，而受電容器充電電壓所激勵。電容器並向 R 線圈放電，當電容器之電壓低於 R 之釋放電壓時，R 線圈失磁，a、b 接點復歸，R 線圈又受電源激勵，而週而復始的重覆以上動作。

　　圖 3-28 為伽南廠牌閃爍電驛脚座接線圖，其接脚說明於下：

　　2-7 脚為其線圈，8-5 脚為閃爍 b 接點，8-6 脚為閃爍 a 接點。

　　由圖 3-27 所示，若想以一小型電驛配合充放電路來形成閃爍電驛，是件可行之事。其中整流器需採 250 V 6 A 級者，而電容器可用電解質 100 μF，其耐壓為 250 V 以上者，依電路接線即可。

3-14　限時電驛（Timer）

　　先前介紹的各種型式的電驛中，除閃爍電驛外，其餘電驛的接點均屬瞬時接點，即激磁線圈受激後，其接點狀態瞬時變化，而閃爍電驛雖付於接點延時性切換，但其具閃爍特性，可調時間甚短，若想另作其他用途較難，下面介紹另一種延時電驛，其為工配中的要角。

　　限時電驛又稱延時電驛，一般有所謂的通電延時（on timer），及斷電延時（off timer）兩種。依其定時元件之驅動原理之不同可分為：馬達驅動式、電子式、空氣室式及緩衝壺式，說明個中原理如下：

(1)　馬達驅動式：

　　馬達驅動式乃於預置之時間中，由小型同步馬達來作接點轉換動作，其動作原理說明如下：

①　如圖 3-29(a)乃馬達驅動式限時電驛之內部主要元件構造圖，而 3-29(b)為其電氣線路。

②　將設定轉鈕桿順時鐘旋轉至預定時間，旋轉板⑨亦隨其方向轉動，而設定延遲時間。

③　將 2-7 腳接額定電壓，離合器線圈激磁，而吸引可動鐵片，與其連動之瞬時接點閉合；同時離合器動作，使電動機開始旋轉。

④　旋轉板一面旋轉，一面將復歸彈簧旋緊。經過所設定的時間後，旋轉板將凸輪壓下。

⑤　凸輪隨旋轉板轉動，當凸輪與槓桿的配合鬆離時，則與槓桿連動的限時接點被切換。

⑥　電動機電路亦被切斷而停止運轉，但可動鐵片仍保持吸持的狀態，故限時接點亦保持切換後的狀態。

⑦　當 2-7 腳電源被切斷時，離合器線圈不激磁，離合器分離，而由復歸彈簧將所有元件復歸，而待作 2-7 腳再度通電之動作。

(2)　電子式限時電驛：

　　近代電子元件及技術的發達，計時器的電路已是簡易而能準確計時的器具，一般電子式限時電驛可分為 CR 式、電晶體式、SCR 式及 IC 式幾種，CR 式採閃爍電驛中之 RC 充放電原理，增加 $T = RC$ 之充放電週期，可由 C 或 R 來決定時間的長短。另外幾種電路，均以其基本元件組成計時電路，俟時間至時，推動電驛線圈

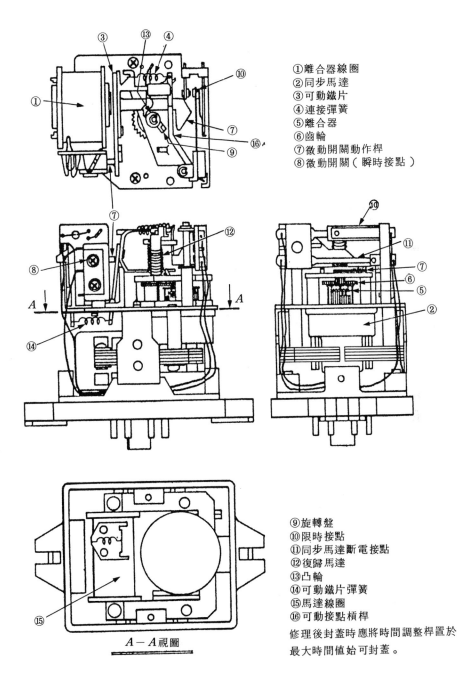

①離合器線圈
②同步馬達
③可動鐵片
④連接彈簧
⑤離合器
⑥齒輪
⑦微動開關動作桿
⑧微動開關（瞬時接點）

A—A視圖

⑨旋轉盤
⑩限時接點
⑪同步馬達斷電接點
⑫復歸馬達
⑬凸輪
⑭可動鐵片彈簧
⑮馬達線圈
⑯可動接點槓桿

修理後封蓋時應將時間調整桿置於
最大時間值始可封蓋。

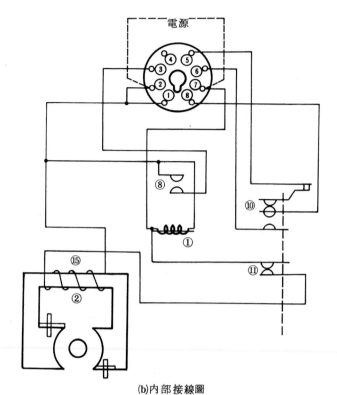

(b)內部接線圖

圖 3- 29　OMRON 廠牌電動機式限時電驛

，使其接點切換。個中電路於工業電子學中有詳論，本書不再重述。

(3)　空氣式限時電驛（air timer）

　　　空氣式限時電驛又稱氣室（式）限時電驛，或稱氣囊式電驛，其內部組成如圖 3-30 。

　　動作原理說明：

①　當電磁線圈加額定電壓激磁時，可動鐵心與固定鐵心形成異極，可動鐵心移動，帶動瞬時接點作用桿動作，使 a 接點瞬時閉合，b 接點瞬時打開。

②　同時，氣囊因可動鐵心的移去與氣囊內部彈簧的展延，開始膨脹，吸引空氣由濾網、針管流入氣囊內。

③　一旦流入的空氣達到一定的限度時，限時接點動作桿將迫使限時接點切換，而達到延時作用。

④　當電磁線圈失去激磁時，可動鐵心回復原狀，氣囊由排氣閥把內部的空氣一起排出，限時接點則又復歸。

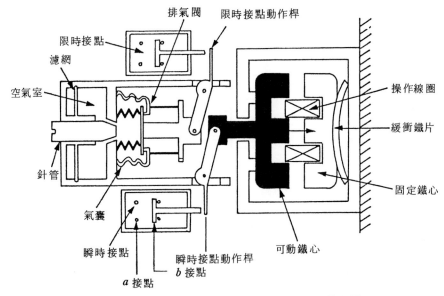

排氣閥　限時接點動作桿

限時接點

濾網

空氣室

針管

氣囊

瞬時接點

a 接點

操作線圈

緩衝鐵片

固定鐵心

可動鐵心

瞬時接點動作桿
b 接點

圖 3-30　OMRON 廠牌空氣式限時電驛內部構造圖

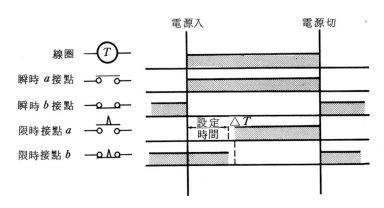

電源入　電源切

線圈　─(*T*)─

瞬時 *a* 接點　─o o─

瞬時 *b* 接點　─o o─

限時接點 *a*　─o o─

限時接點 *b*　─o∧o─

設定
時間

△*T*

圖 3-31　通電延時電驛（ON TIMER）

通電延時性電驛（on timer 或 on delay timer）

當電磁線圈通電激磁後，各延時接點延時動作，而斷電時，各接點瞬時復歸，如圖 3-31 所示。

斷電延時性電驛（off timer 或 off delay timer）

當電磁線圈通電激磁後，各接點瞬時動作，當線圈斷電時，各延時接點須經一段延時時間後才能復歸，如圖 3-32 所示。

一般常用限時電驛分析如下：

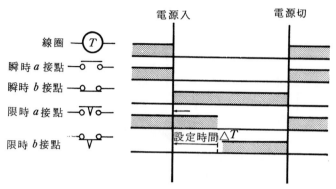

圖 3-32　斷電延時電驛（OFF　TIMER）時序圖

(1)　伽南廠牌 IC　TIMER：

埋入型

露出型

圖 3-33　伽南廠牌 IC　TIMER 本體

　　上述伽南廠牌 IC　timer 均爲通電延時電驛（on　timer），僅瞬時接點數有異，其接點動作說明如下：

　　①　如圖 3-34 所示，STD 系列 IC 限時電驛之接點如下：

　　　(a)　STD-F（B）A 及 STD-F（B）B 有一個瞬時接點及常開、常閉延時接點各一個。

　　　(b)　STD-F（B）C 型無瞬時接點，但有常開、常閉延時接點各一個。

　　　(c)　STD-F（B）D 型無瞬時接點，但有常開、常閉延時接點各一個。

　　　(d)　STD-F（B）E 型，常開、常閉瞬時接點各一個，而常開、常閉延時接點各一個。

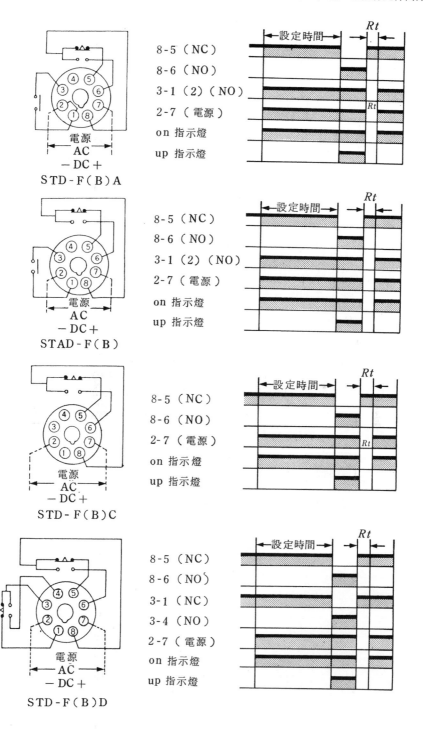

8-5（NC）
8-6（NO）
3-1（2）（NO）
2-7（電源）
on 指示燈
up 指示燈

設定時間　　Rt

電源
AC
−DC ＋
STD-F（B）A

8-5（NC）
8-6（NO）
3-1（2）（NO）
2-7（電源）
on 指示燈
up 指示燈

設定時間　　Rt

電源
AC
−DC ＋
STAD-F（B）

8-5（NC）
8-6（NO）
2-7（電源）
on 指示燈
up 指示燈

設定時間　　Rt

電源
AC
−DC ＋
STD-F（B）C

8-5（NC）
8-6（NO）
3-1（NC）
3-4（NO）
2-7（電源）
on 指示燈
up 指示燈

設定時間　　Rt

電源
AC
−DC ＋
STD-F（B）D

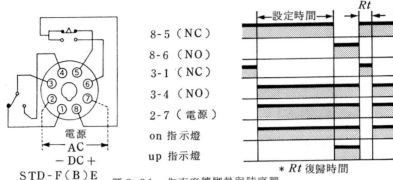

圖 3-34 伽南廠牌腳墊與時序圖

② 舉 STD-F(B)E 型為例，其接點動作說明如下：

(a) 2-7腳為激磁線圈，當2-7腳加上額定電源後，線圈受激開始計時。

(b) 1-3腳為常閉瞬時接點，而3-4腳為常開瞬時接點，3腳為公共接點；當2-7腳接上電源後，常開瞬時接點切換為通路，而常閉瞬時接點切換為開路。

(c) 8-5腳為常閉延時接點，而8-6腳為常開延時接點，8腳為公共點；當設置時間到時，8-5腳切為開路，而8-6腳切為通路。

(2) OMRON廠牌STP型或FUJI廠牌通電延時電驛：

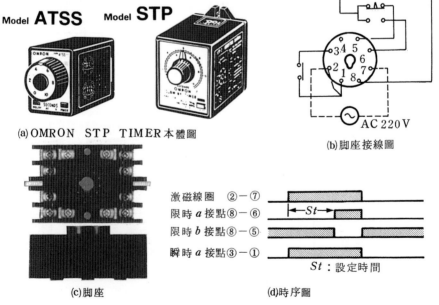

(a)OMRON STP TIMER本體圖

(b)腳座接線圖

(c)腳座

(d)時序圖

圖 3-35 OMRON廠牌STP型或FUJI廠牌通電延遲電驛有關資料

DSP型

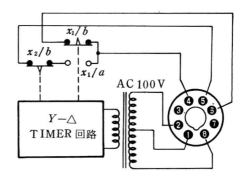

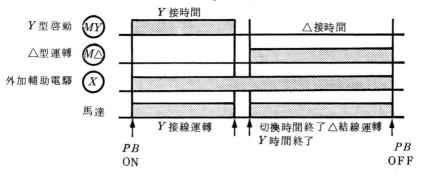

圖 3-36　OMRON廠 $Y-\triangle$ 型專用延時電驛

接點動作說明：

① 　2-7腳為線圈腳，當2-7腳加上額定電壓後，3-1瞬時接點閉合，而限時接點成待時狀態。

② 　8-6腳為常開延時接點，8-5腳為延時 b 接點，當預置時間到時，8-6腳切換為通路，而8-5腳切換為開路狀態。

③ 　當2-7腳斷電後，全部接點復歸，一切動作待再次受激後開始。

(3) 　OMRON廠牌DSP型及TEC廠牌ERY-2，Y-$\triangle$專用延時電驛：

OMRON廠牌DSP型Y-$\triangle$專用TIMER，如圖3-36所示。

接點動作說明：

① 　1-7腳為110V電源接腳，而2-8腳為220V電源接腳，均為激磁線圈，只是加上之電壓不同，使用時需注意。

② 　4-6腳為Y型啟動用電磁開關專用接點。

③ 　4-5腳為$\triangle$型運轉用電磁開關專用接點。

④ 　DSP-H型中，7-8腳多一只常開接點。

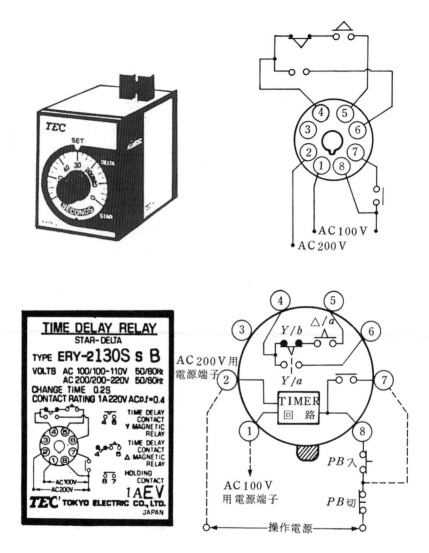

圖 3-37　　TEC 廠 $Y-\triangle$ 型 專用 時間電驛

TEC 廠牌 ERY-2 型 Y-△ 專用延時電驛：如圖 3-37：

TEC 廠牌 ERY-2 型與 OMRON 廠牌 STP 型 Y-△ 專用 TIMER 之接點使用法一樣。但 TEC 廠牌 Y-△ 接點切換速度為 0.2 秒，而 STP 型約為 0.5 秒。

(4) OMRON 廠牌 ATS 型及 ATSS 型延時電驛：

ATS 型為臥型、半開型，而 ATSS 為立型、全封閉型。兩型均有通電延時（

(a)ＡＴＳ型 (b)ＡＴＳＳ型

圖 3-38　OMRON 廠牌 ATSS 與 ATS 型延時電

on delay）及斷電延時（off delay）等兩種，如圖 3-38。

①　ATSS 型：

ATSS 型有通電及斷電延時兩種，選用時需加注意。分別介紹如下：

通電延時電驛：

(a)　如 3-39 圖所示，其 2-7 腳為激磁線圈，8-5 腳為通電延時 b 接點，而 8-6 腳為通電延時 a 接點；1-4 腳為瞬時 b 接點，而 1-3 腳為瞬時 a 接點。

(b)　當 2-7 腳接上電源時，1-4 腳瞬時切換為開路，而 1-3 腳瞬時切換為通路。

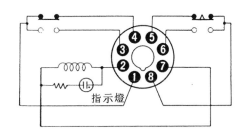

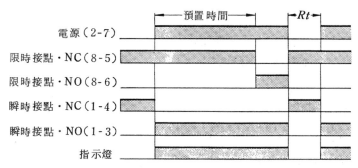

圖 3-39　OMRON ATSS 通電延時電驛腳座及時序圖

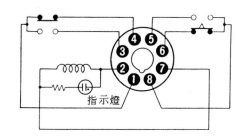

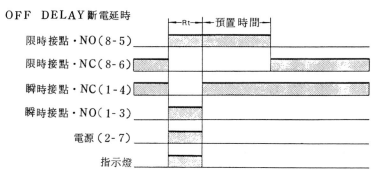

圖 3-40 OMRON斷電延時電驛腳座及時序圖

斷電延時電驛：

(a) 如圖 3-40所示，爲ATSS型斷電延時電驛之腳座及時序圖。其2-7腳爲電源接腳，而1-4腳爲常閉瞬時接點，8-5腳爲斷電延時 a 接點；8-6腳爲斷電延時 b 接點，1-3腳爲常開瞬時接點。

(b) 當2-7腳加上電源時，各接點均瞬時切換，1-4腳切換爲開路，而1-3腳切換爲通路；8-5腳切換爲通路，8-6腳切換爲開路。

(c) 當2-7腳斷電後，1-3及1-4兩接點均瞬時復歸，而8-6與8-5腳需經一段預置時間後，始能復歸。

② ATS型

OMRON廠牌ATS型可分爲通電延時及斷電延時電驛等兩種，同一機體可作互換，唯使用時需加注意。ATS型中無瞬時接點，ATS-11型則附加有 $1a$ 接點。

ATS型通電延時電驛：

(a) 如圖 3-41(a)所示爲其電路接腳圖與時序圖，5-6腳爲其激磁線圈，而1A-2A爲常開延時接點，3A-4A爲常閉延時接點。

(b) 當5-6腳接額定電源後，經一段預置延時後，1A-2A變爲通路，而

ON DELAY（通電延時）

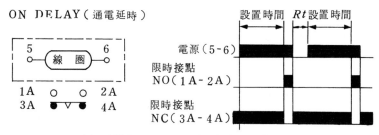

(a)　ATS型通電延時電驛接腳及時序圖

OFF DELAY（斷電延時）

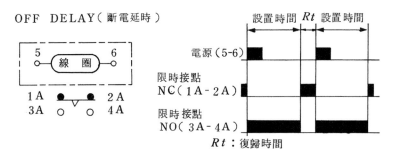

Rt：復歸時間

(b)　ATS型斷電延時電驛接腳及時序圖

圖3-41　OMRON廠牌ATS之外部接線圖與時序圖

3A-4A變為閉路。

(c)　當5-6腳斷電後，一切接點均復歸。

ATS型斷電延時電驛：

(a)　5-6腳為激磁線圈腳，1A-2A為斷電延時 b 接點，而3A-4A為斷電延時 a 接點，圖3-41(b)為其電路接腳及時序圖。

(b)　當5-6腳加上額定電壓後，1A-2A瞬時切換為開路，3A-4A瞬時切換為通路。

(c)　當5-6腳斷電後，經一段預置延遲時間後，1A-2A及3A-4A等兩接點復歸。

(5)　SRT-AN及SRT-N型延時電驛：

SRT-AN及SRT-N延時電驛與ATS型是較特殊的限時電驛，ATS型是外露型的，有著堅固的外型，而SRT-AN與SRT-N型限時電驛，卻擁有與電磁電驛的外貌，如圖3-42所示。

①　SRT-N型限時電驛

SRT-N型限時電驛，接點分析如圖3-42，其有一個瞬時 a 接點，一個瞬時 b 接點，有一個通電延時 a 接點及一通電延時 b 接點。

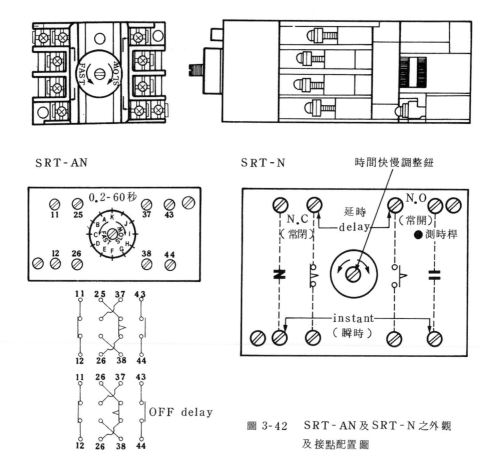

SRT-AN   **SRT-N**

圖 3-42   SRT-AN及SRT-N之外觀及接點配置圖

② SRT-AN型限時電驛：

SRT-AN型限時電驛有通電與斷電延遲兩種，其接點分佈外觀圖如3-42，使用前應先確認其性質。

3-15 光電開關 (Photo Switch)

Model E3S

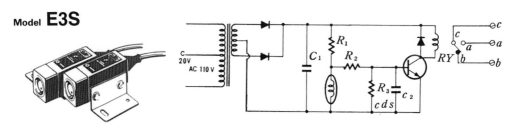

圖 3-43   OMRON廠牌光電開關及內部接線圖

　　光電開關係一種以光能來改變電氣接點狀態的開關，一般可分爲投光器與受光器兩種，如圖 3-43 爲其外貌及內部接線圖。

(1) 投光器：利用透鏡集光的原理，將光源所發出之光聚焦後投射至受光器，一般光源可探鎢絲燈泡或 LED。

(2) 受光器：利用光電阻或光電二極體，當投光器射至引光板之光線被遮斷時，其內部電阻變大，使電晶體的基極、射極偏壓增大，CE 腳導通，使電驛線圈 RY 通電，b 接點開啟，a 接點閉合。

　　一般爲配合使用，投光器及受光器均採同一型號者。

3-16　3E電驛

　　3E 電驛用於三相感應電動機之過載、逆相、欠相等三種保護。依電工法規規定一個 3E 電驛只能用於一台馬達之保護。又稱 SE 電驛。

　　一般 3E 電驛有感應型及靜止型兩種：

(1) 感應型：

構造：

　　如圖 3-44 圖所示爲 3E 感應型電驛之內部動作元件，R.S.T 三相鐵心上附有各相電流線圈，每相鐵心下均有蔽極線圈（短路銅環），裝置方向均於每相鐵心右方。S 相的鐵心較 R.T 相爲小，使其易於飽和，以作爲過載保護處理之用。

動作原理：

① 　如圖 3-44 所示，調整 R.S.T 三相電源，使三相電流線圈產生逆時鐘方向之旋轉磁場。

② 　根據蔽極式電動機原理，各相產生的移動磁場均由主磁磁移向蔽極磁場。

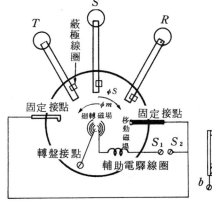

圖 3-44　3E 感應型電驛內部結構

在正常狀況下，旋轉磁場 ϕ_m 與移動磁場 ϕ_s 大小相等方向相反，互相制衡，轉盤不移動。

③ 欠相動作：

假設 R 相發生欠相，則 3 相變爲 1 相，旋轉磁場不再產生，逆時鐘方向轉距消失。但 S.T 相因蔽極原理所形成的移動磁場仍存在，於是使產生一順時鐘方向的移動磁場，使圓盤順時鐘旋轉，固定接點與可動接點閉合，指示線圈通電激磁，紅色動作指示牌跳脫，同時，激磁線圈通電激磁，使 a 接點切換爲開路狀態。

④ 逆相動作：

當發生逆相情況時，3 相電流線圈形成之旋轉磁場與各蔽極鐵心產生之移動磁場方向一致，而迫使圓盤以較快的速度向順時針方向移動，圓盤接點接合時，指示線圈動作亮紅牌，激磁線圈動作，a 接點轉爲通路。

⑤ 過載動作：

當過載情況發生時，各相電流增大，電流線圈激磁能力增強，旋轉磁場增加，移動磁場轉距亦增加。但由於 S 相之鐵心較 R.T 相易於飽和，因此 S 相之蔽極線圈飽和，移動磁場轉距因電流增加而增加者甚小，此時，移動磁場轉距小於旋轉磁場轉距，圓盤向反時針方向移動，使圓盤接點與固定接點閉合，指示線圈動作，亮白牌。激磁線圈受激動作，使 a 接點閉合，而 b 接點轉爲開路。

感應型 3E 電驛內部結構與接線圖：

3E 感應型高電壓大電流應按圖 3-45 所示，配合 PT 及 CT 來接線。而低電壓小電流之接線可按圖 3-46 接線，其中應框部份爲其內部結構及接線圖，說明如下：

3E 感應型電驛，S_1，S_2 間之電壓有 220V 及 110V 兩種，而其內部電驛線圈僅各有 50V 及 24V，當主電路發生過載、欠相、逆相等故障，致使圓盤接點閉合，若 $S_1 - S_2$ 引入之電源電壓加於補助電驛線圈太久，將會使其燒毀，故爲防止此事故，通常於補助線圈上串接其本身之 b 接點，俟補助電驛線圈一動作，即可將引入電源切離，而其本身接點採機械性接點，動作之後，若想使其復歸，則應按手動復歸桿使其復歸。

3E 感應型電驛之額定電流標示值之插頭，於 110V 級採 3、4、5、6 安培值；而 220V 級採 2、2.5、3、4 等四種安培值，如圖 3-45 及 3-46 可知其電流愈

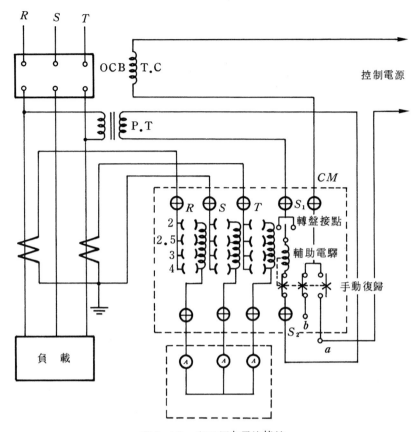

圖 3-45 高電壓大電流接線

大使用之匝數愈少，另外我們可由磁動勢 $F = N_1 I_1 = N_2 I_2$ 知其中道理，其中 N 爲匝數，I 爲電流。

(2) 靜止型電驛：

靜止型電驛係利用電子電路之原理來檢出過載、逆相、欠相之故障。

一般 SE 靜止型電驛分有變流器（current converter）及馬達電驛兩組，如圖 3-47。

使用法：

① 電流器每相貫穿匝數之求法：

須先知電動機之額定電流，若其爲 15A，可由圖 3-48 安培欄（amps）對得 8-20，向右與匝數欄（turn）相對，得知其每相貫穿匝數爲 1 匝，貫穿時三相線須由同一方向貫穿。

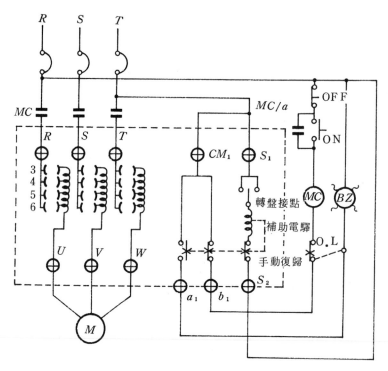

圖 3-46　低電壓大電流接線

(a) SE - K2 型或　　　　(b) SE - KP2 型　　　　(c)變流器
　　SE - K4 型　　　　　　　SE - AP2 型

圖 3-47　OMRON 廠牌 SE 靜止型電驛外觀圖

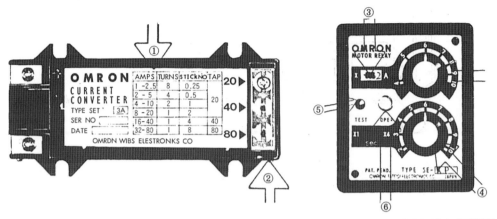

圖 3-48　OMRON 廠牌變流器額定電流標示值

圖 3-49　OMRON 廠牌 SE 靜止型電驛馬達電驛時間及跳脫電流值面板圖

② TAP 號碼之求法：

由 8-20 安培器欄往右與 TAP 欄相對處，取得 20 ，於20　處上緊螺絲即可。

③ 貼紙號碼（ sticker No ）之求法：

由 8-20 安培欄往右與貼紙號碼相對處，取得 2 ，可於圖 3-49×□處貼上黃色印字膠帶 2 ；若電流值置於 6 ，則整定電流為 $6 \times 2 = 12A$ ，而動作電流值需乘以 $1.15 = 13.8A$ 。

④ 動作時間設定：

參考圖 3-49 ，若時間刻度值為 6 ，刻度倍率打至 4 檔時，$6 \times 4 = 24$ 秒，則動作跳脫時間為 24 秒。

⑤ TEST 按鈕使用法：

動作整定跳脫時間為 10 秒，過載測試時，按 TEST 鈕，經 10 秒後動作。但電源欠相、逆相時不須按即可自動動作。

⑥ 復歸按鈕使用法：

動作後，接點自動機械保持，且動作表示牌亮黃牌，若想將接點復歸，需按復歸鈕，確認黃牌消失後才表真正的復歸。

S.E 電流器配合 CT 使用時匝數之設定：

如圖 3-50 C.T 與變流器配合使用時匝數之設定如下：

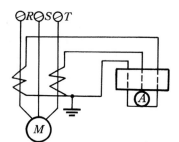

M：3φ220V15HP感應電動機額定電流 42A
C.T：150/5 一次側貫穿導體數 2 匝
A：0-75/5A

圖 3-50　SE變流器與CT之連接圖

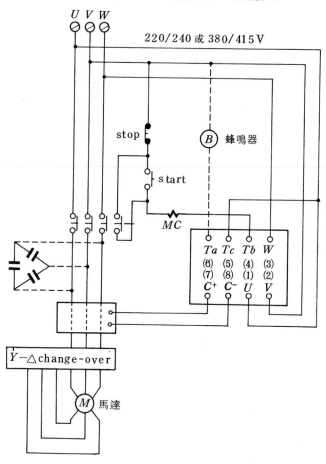

圖 3-51　OMRON廠牌Y-△用SE電驛接線圖

① 依$\dfrac{N_1}{N_2} = \dfrac{I_2}{I_1}$公式，求CT二次側匝數$\dfrac{2}{N_2} = \dfrac{5}{150}$ ，$N_2 = 60$匝。

② 配合安培計擴大刻度比來決定C.T一次側貫穿匝數：

安培計擴大刻度為等於電流比與匝數比成反比。則

$$\frac{60}{N_1} = \frac{75}{5} \qquad N_1 = 4 \text{匝}$$

③ 依電動機全載電流（一次側電流）及C.T匝數比來決定C.T二次側電流。

$$42 \times \frac{4}{60} = 2.8 \text{ A}$$

④ 由S.E本體上的標示來決定，SE用變流器應貫穿之匝數：

由③求得CT二次側電流值2.8A，查圖16-5。係介於2～5A間，變流器貫穿匝數應採4匝者，而TAP採20A範圍，應於20A處鎖上螺絲。

⑤ 時間之設定，可視需要來調整或依題意來決定。

3E靜止型電驛應用接線圖：

① Y-△用SE接線圖如圖3-51。

② 低壓3E運轉廻路如圖3-52。

③ 高壓電動機無電壓跳脫廻路如圖3-53。

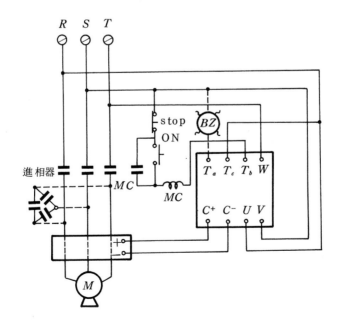

(a)手動低壓運轉回路

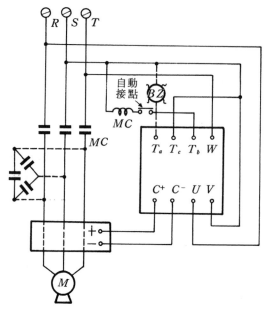

(b)自動低壓運轉回路

圖 3-52　OMRON 廠牌低壓 3E 運轉回路應用

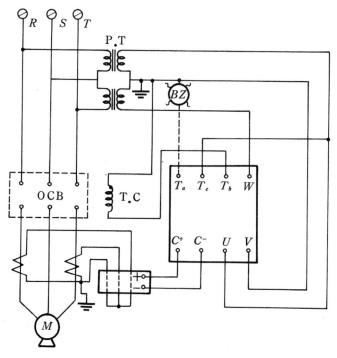

圖 3-53　OMRON 廠牌高壓電動機無電壓跳脫回路應用

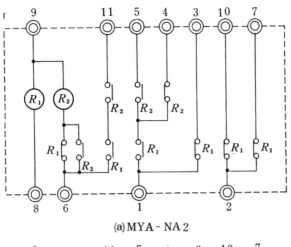

(a) MYA - NA 2

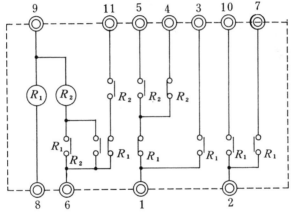

(b) MYA - NB 2

圖 3 - 54　OMRON 廠牌警示電驛

3-17　警示電驛

一般常用警示電驛有 OMRON 廠牌之 MYA - NA 2 及 MYA - NB 2，其接線圖如 3 - 54。配合閃爍電驛及蜂鳴器，可擔任故障時之警示功能。

動作說明：

以 MYA - NA 2 為例對警示電驛之動作加以說明：

當加 24V 之直流電源至 9-8 與 9-6 間，R_1 及 R_2 之 a，b 接點變化用以控制電燈、蜂鳴器或閃爍電驛。

3-18 比壓器

比壓器（potiential transformer），簡稱P.T.或稱電壓互感器，可將高壓變為低壓，以供儀表、量度、控制及電驛等之用。

PT分為乾式、膠封式及油浸式三種，乾式者用於6kV以下，油浸式用於6kV以上，其容量有15VA，25VA，50VA，75VA，100VA，200VA，500VA等。但無論其一次額定電壓為若干，其標準二次額定電壓為110V。

一般PT採用減極性，其變壓比等於匝數比，即$\dfrac{V_1}{V_2} = \dfrac{N_1}{N_2}$，其原理與普通變壓器相同，但容量很小。

使用PT應注意事項如下：

(1) PT二次側不可短路，否則將產生極大短路電流。

(2) PT接地點與繞組間之接線不可經開關及保險絲，以避免浮動電壓之影響維護人員的安全及二次繞組之破壞。

(3) 其高壓側需經由保險絲保護。

(4) PT二次側結線應接地。

(5) 不論一次側電壓與電壓比，其二次側均為110V，使用時與線路並接。

3-19 比流器

比流器或稱變流器、電流互感器，簡稱C.T 。其構造原理與普通變壓器相同，其目的在於一次側高電壓之電流轉為無危險性之小電流，以供儀表或保護電驛使用。

CT亦可分為油浸式、貫穿式、乾式三種，其容量一般有5VA，10VA，15VA，25VA，40VA，100VA等。依構造之不同可分為繞線式、貫穿式、套管式。

(1) 繞線式：

其一次側、二次側均由線圈繞成，一次側匝數較多，變壓比較小，但準確度較高。

(2) 貫穿式：

其構造簡單，價格低廉，短路時機械強度很高，適合變流比在4000/5A以上處所。

本式比流器可依俱$I_1 N_1 = I_2 N_2$之關係，改變一次側之匝數，獲得不同的匝數比。

【例】 原為一條貫穿時之CT為150/5級者，若將此線頭變為三次貫穿，則變流比可變為50/5，即改變一次側貫穿匝數可改變變流比，得到不同之變流比，以供應用。

(3) 套管式（BCT）：

其構造與貫穿式相同，裝置於油斷路器之套管上或變壓器之套管上，套管由該比流器中穿過，而得名。

使用 CT 應注意之事項：

(1) CT 之一次側需與被量度之電路串接。

(2) CT 之二次側應接地。

(3) CT 之二次側不可開路。

(4) 不論其電流比，一次側電流額定為若干，其二次側均為 5A 。

(5) CT 一次側有 K、L，二次側有 k、l 端子符號，一次側與電源串接時 K 應接於電源側，而 L 應接於負載側。

選擇 CT 時應注意之事項：

(1) 精密度：

CT 之精密度從 0.1 級至 3.0 級，使用之場所如下表：

表 3-4　C.T 之階級

名　稱	階　　級	用　　　　　　　　途
保　護 電驛用	1.0 級	一般保護電驛用
	3.0 級	
	3G 級	接地電驛用
	5G 級	
一　般 計器用	0.5 級	精密計測用
	1.0 級	普通計測用、配電盤用
	3.0 級	配電盤用
電力量 計器用	0.3M 級	特別精密交流電力量計處所用
	0.5S 級	精密交流電力量計處用
	0.5M 級	普通交流電力量計處用
	1.0M 級	無效電力量計用

(2) 絕緣等級:

　視系統回路之絕緣協調而定。

(3) 額定頻率:

　有 50 Hz 與 60Hz 兩種,如無特別指定以 60 Hz 計算。

(4) 額定一次電流:

　視需要來選用。

(5) 最高回路電壓:

　CT 無一次額定電壓,而有最高回路電壓,卽由使用的回路電壓來決定。

(6) 極性:

　爲減極性。

3-20　電流切換開關(Ammeter Change Over Switch)

簡稱:AS。

功用:與 C.T 及安培計配合應用以量度三相電流。

優點:只需一個電流表卽可測得3相電流,不但可節省設備經費,並可縮小配線面積。

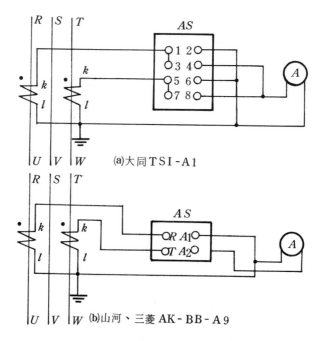

圖 3-54　3φ3W 2CT + AS 接線圖

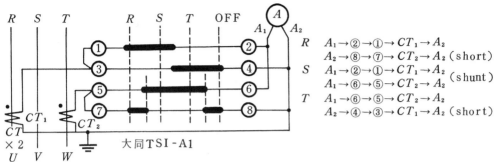

$$A_1 \rightarrow ② \rightarrow ① \rightarrow CT_1 \rightarrow A_2$$
$$A_2 \rightarrow ⑧ \rightarrow ⑦ \rightarrow CT_2 \rightarrow A_2 \,(\text{short})$$
$$A_1 \rightarrow ② \rightarrow ① \rightarrow CT_1 \rightarrow A_2 \,(\text{shunt})$$
$$A_1 \rightarrow ⑥ \rightarrow ⑤ \rightarrow CT_2 \rightarrow A_2$$
$$A_1 \rightarrow ⑥ \rightarrow ⑤ \rightarrow CT_2 \rightarrow A_2$$
$$A_2 \rightarrow ④ \rightarrow ③ \rightarrow CT_1 \rightarrow A_2 \,(\text{short})$$

圖 3-55　$3\phi\,3W\,2CT + AS$ 法內部電路分析

一般 CT 與 AS 及 A 之配合使用電路可以分為 (1) $3\phi\,3W\,2CT + AS$，(2) $3\phi\,4W\,3CT + AS$ 兩種。$3\phi\,3W$ 式可以使用(1)者結線，而 $3\phi\,4W$ 式使用(2)者接線。

(1)　$3\phi\,3W\,2CT + AS$ 之接線圖：

一般廠牌為大同、山河及三菱廠牌，大同廠牌內部並無接線，需由使用者將電路全部完成，而山河、三菱廠牌內部已完成部份接線，故接法較易。大同廠牌 AS 外部接線如圖 3-54 (a)所示，而山河、三菱外部接線如圖 3-54 (b)所示。

如圖 3-55　$3\phi\,3W\,2CT + AS$ 法電路分析圖，其說明動作如下：

①　將切換手把指向 R 相時，測得 R 相之電流，其電流回路由 $A_1 \rightarrow ② \rightarrow ① \rightarrow CT_1 \rightarrow A_2$ 形成一串聯回路，而 $A_2 \rightarrow ⑧ \rightarrow ⑦ \rightarrow CT_2 \rightarrow A_2$ 被短路。

②　同理 R、S 相可由圖 3-55 旁註說明得知。

$3\phi\,3W\,3CT + AS$ 外部電路連接圖如圖 3-56 所示；大同 TSI-A2 內部接線分析圖如 3-57 (b)所示。

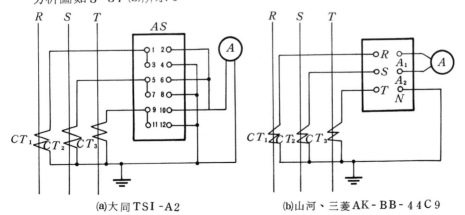

(a)大同 TSI-A2　　　　　　　(b)山河、三菱 AK-BB-44C9

圖 3-56　$3\phi\,3W\,3CT + AS$ 外部電路連接圖

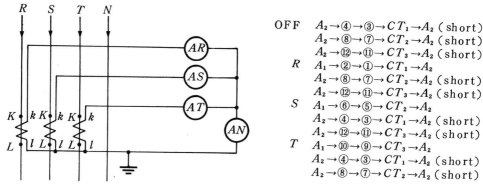

OFF
$A_2 \to ④ \to ③ \to CT_1 \to A_2$（short）
$A_2 \to ⑧ \to ⑦ \to CT_2 \to A_2$（short）
$A_2 \to ⑫ \to ⑪ \to CT_3 \to A_2$（short）

R
$A_1 \to ② \to ① \to CT_1 \to A_2$
$A_2 \to ⑧ \to ⑦ \to CT_2 \to A_2$（short）
$A_2 \to ⑫ \to ⑪ \to CT_3 \to A_2$（short）

S
$A_1 \to ⑥ \to ⑤ \to CT_2 \to A_2$
$A_2 \to ④ \to ③ \to CT_1 \to A_2$（short）
$A_2 \to ⑫ \to ⑪ \to CT_3 \to A_2$（short）

T
$A_1 \to ⑩ \to ⑨ \to CT_3 \to A_2$
$A_2 \to ④ \to ③ \to CT_1 \to A_2$（short）
$A_2 \to ⑧ \to ⑦ \to CT_2 \to A_2$（short）

(a)山河、三菱AK-BB-44C9

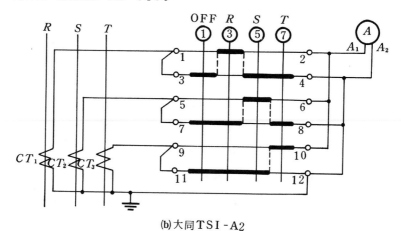

(b)大同TSI-A2

圖 3-57　3CT＋AS 內部接線分析圖

(2)　3φ4W3CT＋AS接線法如圖3-57(a)所示。

3-21　電壓切換開關（Voltmeter Change Over Switch）

簡稱：VS。

功用：與PT和電壓表配合運用，以量度三相電壓。

優點：只需一個電壓表即可測得三相電壓，不但可節省經費，亦可縮小配線面積。

　　一般3φ3W式採2PT＋VS結線，如圖3-58及3-59所示。而3φ4W採3PT＋VS，如圖3-60和分析如下：

(1)　3φ3W2PT＋VS接線及分析：

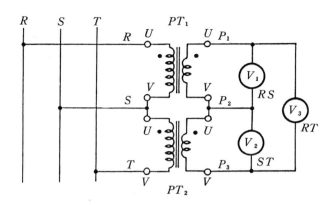

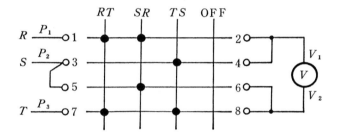

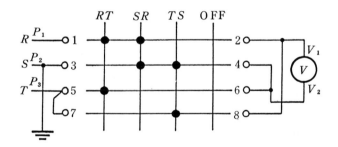

RT：$R-1-2-V_1-6-5-T$
SR：$S-3-4-V_2-2-1-R$
TS：$T-7-8-V_1-4-3-S$
OFF：（open）

大同 TSI-V1

圖 3-58　$2PT+VS$ 電路

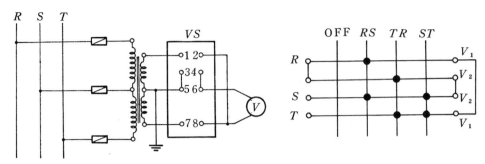

(a)大同 TSI - VI

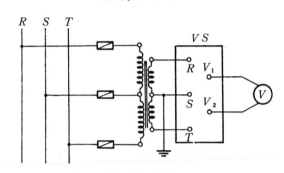

(b) 山河、三菱

圖 3-59　2PT+VS電路

(2)　3φ4W 3PT＋VS 接線分析。

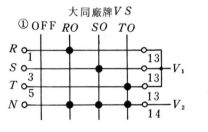

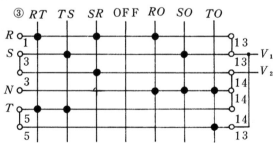

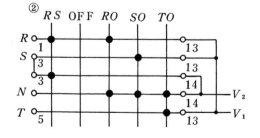

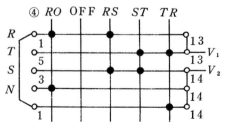

圖 3-60　3PT+VS 電路

3-22　AS、VS綜合配線

(1)　3φ3W AVS接線：

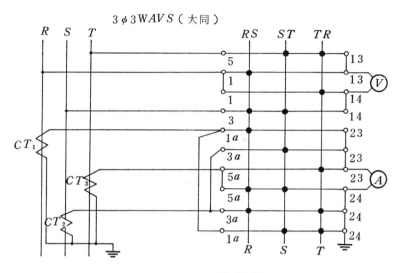

圖 3-61　　3φ3W AVS 接線

(2)　3φ4W AVS接線：

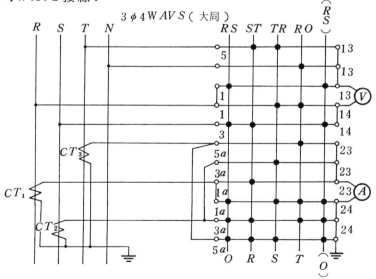

圖 3-62　　3φ4W AVS 接線

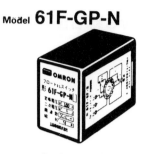

圖3-63　OMRON 廠牌無浮球水位開關　　圖3-64　OMRON 廠牌無浮球水位開關

3-23　液面水位控制器(Level Switch)

液面水位控制器依其動作元件之不同，可分爲浮球式與電極式兩種。

浮球式水面控制器，係利用浮球隨水位之昇高而昇高，帶動動作元件，將馬達主電路或控制電路切斷，抽水機卽停止運轉，而當水位下降時，浮球隨之下降，當下降至某一極限時，動作元件又使接點復歸，電路接通，抽水機動作運轉，進行抽水工作。

浮球開關之構造簡單，價錢便宜，接線容易，是其優點。但若想作多範圍的控制，如蓄水池及水塔間之滿水、渴水的控制，則其功能嫌不足。

電極式水位控制器又稱無浮球水位開關，簡稱爲電極式開關或無浮球開關，依其使用之目的之不同，而有各種不同的型式與之對，使用前應先考慮受控制處所之需要，採用適宜的型式。圖3-63及圖3-64分別爲OMRON廠牌61F-G型及61F-GP-N型無浮球水位控制。另有國際牌21F系列及山河產品。參考表3-5，可知選擇適當的無浮球開關，亦可作排水或給水電路。

無浮球開關之構造大致上可分爲本體及極棒（極帶）兩種，其基本原理如下：

(1) 單用型：

① 圖3-65爲國際牌無浮球開關之基本電路圖。今以給水場合來說明其動作原理。

② 水位於E_2以下時；PQ間電阻無限大，亦卽比B之電阻還高，由電橋之特性，電流向箭頭方向流。在此電流方向時，由於 SCR 導通，繼電器受激勵動作，馬達卽動作而爲給水狀態。

③ 當水位於E_2以上時，P、Q間電阻爲$E_3 - E_2$間之水電阻與R電阻之和，還是比B之電阻值還高，因此②之動作繼續保持。

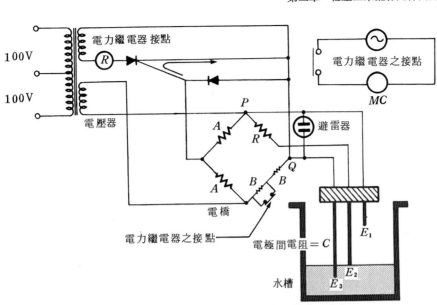

圖 3-65 國際牌無浮球水位控制器基本電路

④ 水位到達 E_1 時，PQ 間電阻爲電極棒水電阻與 R 之並聯電阻，較 B 之電阻爲低，由電橋特性，知電流變爲反方向流。於返電流反向時，SCR 不導通，繼電器電路不構成，繼電器接點開放，而馬達停止。此時 B' 兩端之接點，因接點開放，所以 B 邊之電阻值變爲 $B' + B$。

⑤ 減水而下至 E_1 時，PQ 間之電阻與③情形相同，此時 B 兩端開放，B 邊之電阻爲 $B + B'$，比 PQ 間之電阻要大。④之動作繼續保持，亦卽馬達依然停止。

⑥ 再減水至 E_2 以下時，與①狀態相同，馬達再次動作進入給水狀態。

  國際牌 21F 系列產品依其本體之不同可分爲：(1)標準型，(2)遠距離型，(3)器具用型等三種，如表 3-5 所示。其極棒（極帶）及使用之功能如表 3-6 說明。

另以 OMRON 廠牌 61F-G1 兩用型電路來說明其動作原理：

(2) 兩用型：

  圖 3-65 所示者爲國際牌 21F-G 單用型之基本電路圖，其只能作水塔或蓄水池之水位控制，而不能相互協調，互相控制水位之高低。圖 3-66 所示者爲 OM-RON 61F-G1 型基本電路，其動作原理如下：

① 當蓄水池水位上昇至 E_1' 時，$E_1' - E_2' - E_3'$ 被接通，U_1 電驛受電激勵，a 接點閉合，蓄水池滿水，等待水塔抽水，此時蜂鳴器不響。

表 3-5 國際牌 21 F 系列無浮球水位開關型別

1. 標準型

種　　　類	型　　號	品　　號	摘　　　　　要
一　　般　　用	21F-G	AF2104-8	一般給排水用
	21F-G1	AF2114-8	防止空轉／異常渴水警報
	21F-G2	AF2124-8	異常增水警報用
	21F-G3	AF2134-8	滿、渴水警報用
	21F-I	AF2154-8	液面表示用（三線配線專用）
整　　　套（一般用本體21F-G與電極保持器）	21F-GO	AF2103-8	一般給排水用（附3極80型電極保持器）
	21F-GO	AF2109-8	一般給排水用（附3極54型電極保持器）
盤　　　　　用	21F-GK	AF2105-8	一般給排水用（盤用）
	21F-G1K	AF2115-8	防止空轉／異常渴水警報用（盤用）
	21F-G2K	AF2125-8	異常增水警報用（盤用）
	21F-G3K	AF2135-8	滿、渴水警報用（盤用）
	21F-G4K	AF2145-8	液面表示防止空轉用（盤用）
	21F-IK	AF2155-8	液面表示用（盤用）（三線配線專用）
	21F-AK	AF2165-8	交互運轉用（盤用）（200V專用型）

2. 遠距離型

種　　　類	型　　號	品　　號	摘　　　　　要
一　　般　　用	21F-GL	AF2204-8	一般給排水用（遠距離型）
	21F-GIL	AF2214-8	防止空轉／異常渴水警報用（遠距離型）
盤　　　　　用	21F-GKL	AF2205-8	一般給排水用（盤用遠距離型）
	21F-GIKL	AF2215-8	防止空轉／異常渴水警報用（盤用遠距離型）

3. 器具用

種　　　類	型　　號	品　　號	摘　　　　　要
一般給排水用	21F-GF-100	AF2171	器具用無浮球（AC100V）
	21F-GF-200	AF2172	器具用無浮球（AC100V）

表 3-6　國際牌 21 F 系列極棒（帶）使用法及其功能

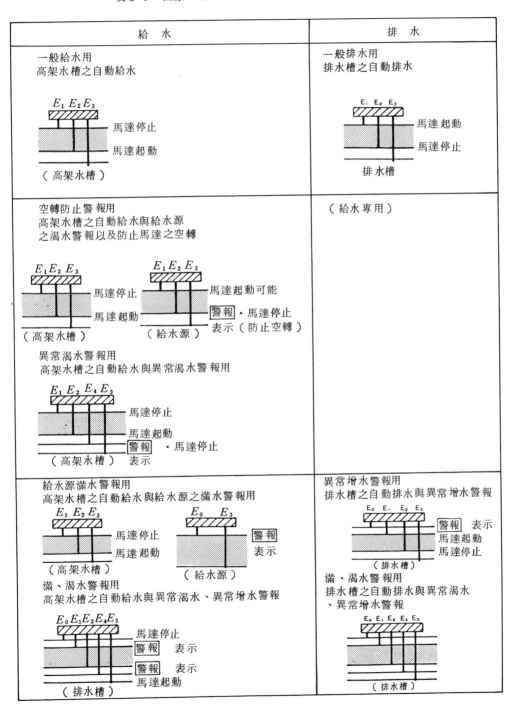

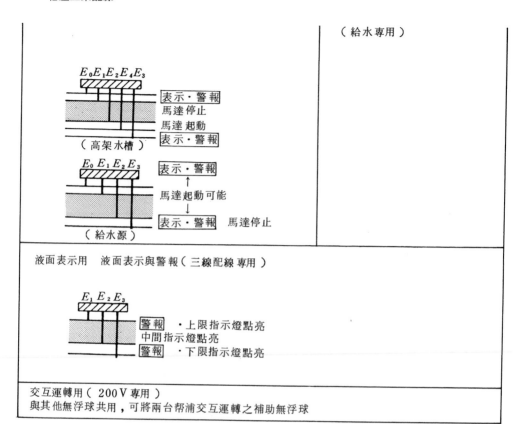

（給水專用）

$E_0 E_1 E_2 E_4 E_3$

表示・警報
馬達停止
馬達起動
表示・警報

（高架水槽）

$E_0 E_1 E_2 E_3$

表示・警報
↑
馬達起動可能
↓
表示・警報　馬達停止

（給水源）

液面表示用　液面表示與警報（三線配線專用）

$E_1 E_2 E_3$

警報　・上限指示燈點亮
中間指示燈點亮
警報　・下限指示燈點亮

交互運轉用（200V專用）
與其他無浮球共用，可將兩台幫浦交互運轉之補助無浮球

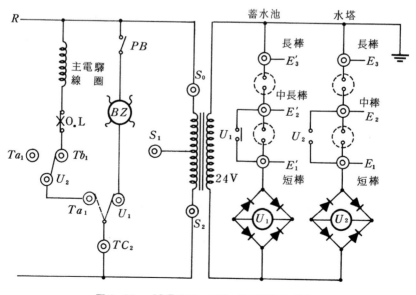

圖 3-66　OMRON　61F-G1型基本電路

② 水塔之水位若於 E_2 以上時，U_2 受激回路形成，U_2 接點打開，主電驛不動作，抽水機不運轉。

③ 當水塔水位降至 E_2 以下時，$E_1-E_2-E_3$ 間不再接通，U_2 不動作，U_2 之接點閉合，主電驛動作，抽水機開始運轉抽水。

④ 當水槽之水位上昇至 E_1 時，則 $E_1-E_2-E_3$ 接通，U_2 又動作，Tb_1 又打開，至電驛失磁，馬達停轉。

⑤ 當水塔之水位降至 E_1 以下，E_2 以上時，由於 U_2 接點之自保持，故 U_2 仍激磁。當水位下降至 E_2 以下時，E_1-E_2 間開路，U_2 失去激磁，Tb_1 閉合，主電驛動作。

⑥ 若蓄水池之水位因馬達抽水而降低至 E_2' 以下時，U_1 失去激磁，Tb_2 閉合 BZ 接通響叫。

⑦ 若要蜂鳴器不叫，可以 PB 將其切斷。

⑧ 故蓄水池缺水時，馬達絕不會動作抽水。一定要蓄水池滿水後，馬達始能接受控制轉動，避免馬達空轉燒毀。

(3) 交互運轉：

給水場合：

若有兩個蓄水池或給水源，供應單一高架水槽之供水時，兩給水源之抽水馬達可作交互運轉。即第一次由 A 機供應高架水槽用水，而第二次由 B 機供應高架水槽用水，作交互運轉。

排水場合：

若一水槽分別由兩抽水機擔任排水任務，可讓兩機交互運轉擔任排水任務。即第一次排水由 A 機動作處理，而第二次排水則由 B 機動作處理，達成交互運轉。

交互運轉之優點甚多：由 A 機與 B 機之交互運轉，可讓抽水馬達作相當時間的休息，增長抽水馬達之壽命，且高架水槽水位由兩蓄水池供應，可獲較足的水源供應。

OMRON 61F-A 可與 61F-G 系列中各種產品配合作給水、排水任務，現以給水場合來說明其動作原理，而其應用電路甚多，請見基礎篇。

動作原理：

① 61F-G 採電驛單元為動作元件，而 61F-A 採棘輪電驛為動作單元。在交替運轉組合元件中，61F-A 是必要的控制元件，而與之配合之各型水位處理元件，各有其特色。

61F-G1 是 OMRON 廠牌無浮球開關中，被使用最多者，其應用電路可可查看基礎篇。61F-A 可與 61F-G1 系列配合作排水、給水或渴水警報交互運轉。圖 3-67 所示者，為 61F-A 與 61F-G 型配合作給水、排水交互運轉之電路。

② 61F-A 於給水場合時使用給水用端子 Ta_1，Tb_1 與 61F-G 之 Ta，Tb 連接，而於排水場合時，其排水端子 Ta_2，Tb_2 與 61F-G 之 Ta，Tb 連接。

③ 61F-G 之 Tc 接 S_0，$Ta \rightarrow Ta_1 \rightarrow$ ⓧ。棘輪電驛線圈回路受 U 接點控制，當滿水時 U 受激，U 之接點切換一次，而ⓧ受激，T_1 成為接通狀態

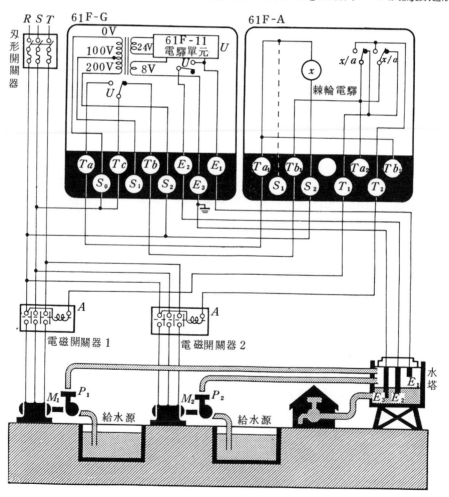

圖 3-67　OMRON 廠牌交互運轉給水場合電路

，但 U 接點打開，主線圈受激回路不形成。

④ 當水位降至 E_2 以下時，U 接點復歸，主電驛 1 動作。滿水之後 U 接點又切換，ⓧ再受激，棘輪電驛接點 b 閉合待用，而水位再次降至 E_2 以下時，主電驛 2 受激，抽水機 2 動作抽水，如此反覆不已。

電極棒、電極帶安裝法：

使用無浮球開關時，除其本體、電極保持器外，電極棒或電極帶是必要的元件，玆以國際牌及 OMRON 廠牌來說明其特性及接線法：

(1) 國際牌電極棒或電極帶安裝法：

由於國際牌內部基本電路採 SCR 與交流電橋電路，已具備有二線式使用時之電阻，故可容易的選擇二線式或三線式來使用。

二線式之意：E_1，E_2，E_3 電極棒使用時，必要有此三極，若想改為二線使用，則需於 $E_1(E_1')$，$E_2(E_2')$ 間接入電阻，電線則以兩條接線於 $E_1(E_1')$ 及 $E_3(E_3')$ 就可以代替三棒三線，節省電線。

電極棒：

國際牌電極棒與電極保持器組合者，有 54 型，80 型，50 型 3 種如圖 3-68。

① 54 型安裝方法：

適用於 $\phi 54$ 接頭，與以往品有互換性，電極支持器可拔出之獨特分離型，可以很容易地處理電極棒之安裝法，維護，其安裝方法如表 3-7。

② 80 型及 50 型之安裝方法：

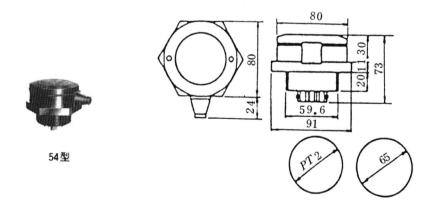

54型

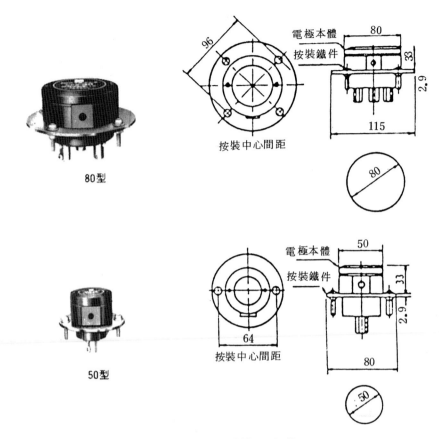

80型

電極本體
按裝鐵件
96
80
33
2.9
按裝中心間距
115
80

電極本體
按裝鐵件
50
64
33
2.9
按裝中心間距
80
50

50型

圖 3-68　國際牌無浮球開關電極棒

表 3-7　54 型之按裝方法

1. 本體之按裝 事先裝好之 φ54 接頭 把本體旋進	2. 把電極支持器 裝上並結線	3. 把電極支持器 插入本體	4. 放進墊片蓋上 蓋子，完了
本體　　旋進 φ54 接頭	螺絲起子 電極支持器 螺絲起子 電極棒		

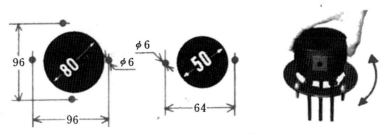

圖 3-69 80 型及 50 型按裝法

80 型，50 型可把電極支持器，安裝鐵件轉動約40°而鎖着，如圖3-69。
使用時應注意之事項：

① 使用於排水口或電極棒過長時，應使用隔離器，以避免極棒因受汚短路而
引起誤動作，隔離器如圖 3-70 。

② 80 型、54 型、50 型為 60°C，1kg/cm 用。若於高溫高壓處，應採高
溫高壓電極保持器，如圖 3-71 。

③ 埋入水泥時，應採埋入框架。
埋入框架施工圖如圖 3-72 。

AF8101
（磁器製1孔）
（80型 3極 5極用）

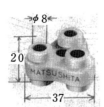

3極用
AF8103
（磁器製3孔）
（54型、3極用）

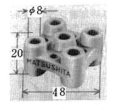

5極用
AF8105
（磁器製5孔）
（54型、5極用）

圖 3-70 隔離器

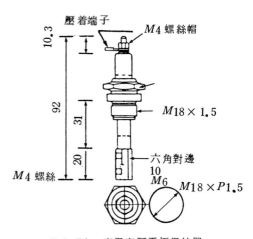

圖 3-71 高溫高壓電極保持器

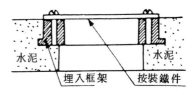

圖 3-72 水泥埋入用框架

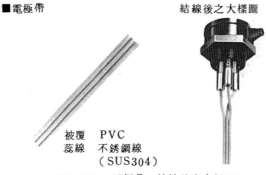

■電極帶　　　　　　　　　　　　　　結線後之大樣圖

被覆　　PVC
蕊線　　不銹鋼線
　　　（SUS304）

圖 3-73　電極帶、結線後之大樣圖

電極帶如圖 3-73。

使用電極帶之優點如下：

① 完全沒有短路之誤動作，最適於污水槽。因電極帶皮覆 PVC 絕緣體，不容易引起極間短路之誤動作。

② 長度可自由而適當地切斷使用。

③ 可配合水槽之深度或控制液面之水位，而取用適當的尺寸。

電極帶之安裝方法如表3-8。圖 3-74 為其完工圖樣。

表 3-8　電極帶按裝法

1. 電阻帶用連接器之按裝 於保持器之電極棒鎖進孔，把電極帶用連接器尖端以螺絲十分鎖緊固定	2. 電極帶之接續 電極帶之尖端皮覆留下狀態，插入電極帶用連接器之下方，以側面之二個螺絲充分鎖緊，其中之蕊線將與連接器接觸而可通電	3. 位置固定器之按裝 把電極帶以電極帶用位置固定器夾進，充分鎖緊Ⓐ或Ⓑ之螺絲，即與其中之蕊線接觸，這將成為電極板（務必使用Ⓐ或Ⓑ任何之一個螺絲孔）
	電極帶用 連接器 插入 電極帶	電極帶 ① 位置固定器
4. 位置固定器之按裝 位置固定器不同高度，以定E_1 E_2 E_3 之各個位置，這成為液體與導線之接觸面，亦即成為短、中、長之電極	5. 絕緣蓋之按裝位置 把位置固定器以絕緣蓋覆蓋，以防止水槽與電極之接觸事故	6. 終端蓋之按裝 把終端蓋覆蓋於電極帶終端，皮覆與終端蓋之間不使水侵入，而以接着劑確實接着之
E_1 E_2 E_3	絕緣蓋	接着劑 終端蓋

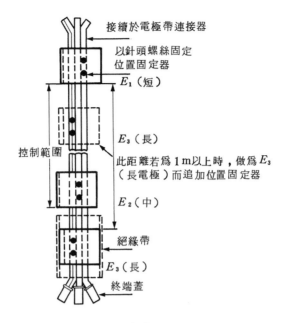

接續於電極帶連接器

以針頭螺絲固定
位置固定器

E_1（短）

E_3（長）

控制範圍

此距離若爲 1 m 以上時，做爲 E_3
（長電極）而追加位置固定器

E_2（中）

絕緣帶

E_3（長）

終端蓋

圖 3-74　電極帶完工圖樣

(2)　OMRON 廠牌電極棒或電極帶安裝法：

　　OMRON 廠牌電極棒與電極帶之安裝方法與國際牌者一樣。圖 3-75 爲其接線法，而圖 3-76 爲電極棒安裝法，而圖 3-77 爲電極帶安裝實例圖。圖 3-78 爲極棒固定器，圖 3-79 爲其極棒支持器之種類。

　　OMRON 61F-GP-N 型附有腳座，其腳座圖可參考基礎篇之電路。

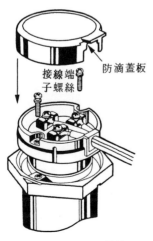

防滴蓋板

接線端
子螺絲

圖 3-75　電極支持器接線圖

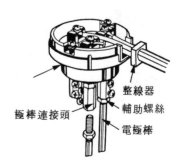

整線器

極棒連接頭

輔助螺絲

電極棒

圖 3-76　電極棒按裝法

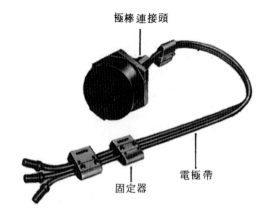

圖 3-77　電極帶完工圖樣

1 極用	3 極用	5 極用

圖 3-78　極棒固定器

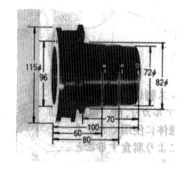

　　(a)防漏型　　　　　　　(b)可旋轉型　　　　　　(c)水泥埋入型

圖 3-79　OMRON 廠牌極棒支持器

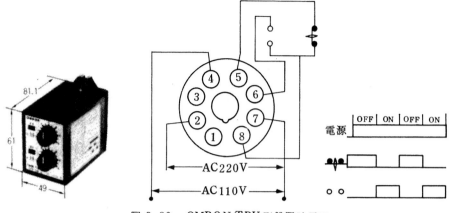

圖 3-80　OMRON *TDV* 型雙限時電驛

3-24　雙限時電驛 (Twin Timer)

圖3-80為OMRON廠牌TDV型雙限時電驛，右圖為其時序圖，說明如下：

(1)　本型雙時電驛之上端調整鈕用來作on延時調整用，而下端調整鈕為off延時調整之用。

(2)　本機僅有一限時接點，當通電後，經過預置之延時時間，接點始切換。而斷電時，限時接點須經預置延時時間後，始切換。

3-25　小型延時電驛

本型延時電驛係採氣囊式，時間規格僅有1、2、5秒三種，係通電延遲型。因其體積小，價錢便宜，故使用處所及數量甚多。

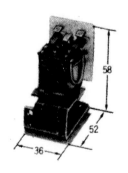

圖 3-81　OMRON廠牌*MKT*型小型延時電驛（ 2 *c* 接點）

圖 3-82　OMRON RD-$_2P$ 型斷電延時電驛

3-26　特殊斷電延時型電驛

　　RD-2P型斷電延時電驛用於需具瞬時停電時再起動之電路，其內部接線圖如圖 3-84，而其基本接腳圖如圖 3-83。

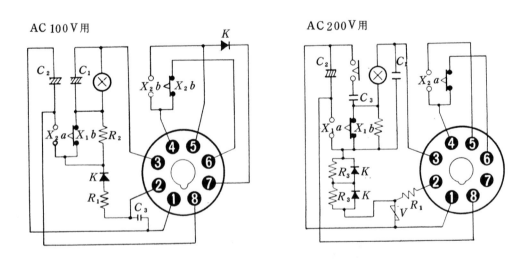

圖 3-83　OMRON RD-$_2P$ 型斷電延時電驛接腳圖

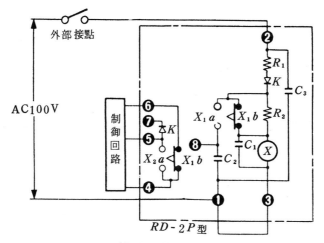

(a)電源 電壓AC110V時

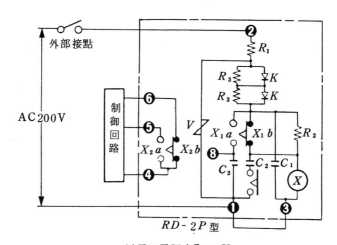

(b)電源電壓AC220V

圖 3-84　OMRON *RD-2P*型斷電延時電驛內部結線圖

3-27 自動時間開關 (Auto Time Switch)

　　圖8-85為自動時間開關，可於24小時中預定好幾段時間分別作on, off動作，如圖3-86者，為自動開關元件圖，動作原理說明如下：

動作原理：

(1)　通上電源時，同步馬達激磁旋轉，若圓盤上設有橘色與白色插梢來預置時間，而插梢亦隨圓盤而旋轉。

TB31

(a)國際牌　　　　　　　　　　　(b)OMRON 廠牌

圖 3-85　　自動時間開關

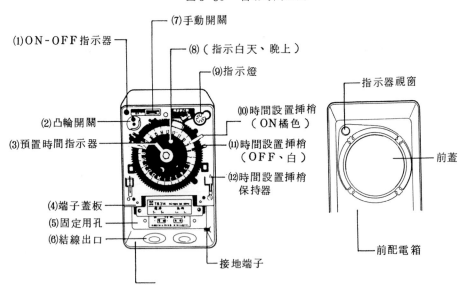

圖 3-86　　國際牌自動開關各部元件圖

(2)　橘色插梢表 on ，圓盤帶着插梢旋轉，若旋轉至凸輪開關後，插梢帶動凸輪開關之上半部，電路接點若爲 off 狀態，則轉爲 on 狀態；若爲 on 狀態，還是 on 狀態。

(3)　當白色插梢碰撞頭帶動凸輪開關下部 off 元件時，則凸輪開關使電路接點爲開啓狀態。

(4) 若時間未到時，想改變其 on-off 狀態，可以手動開關為之。

(5) on-off 指示器之指示顏色，on 時為橘色，off 時為空黑色。

圖 3-87 為其內部接線圖，而大電力應用時，應配合電磁開關使用，如圖 3-88 接線。

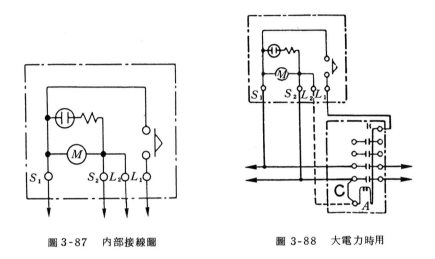

圖 3-87　內部接線圖　　　　　圖 3-88　大電力時用

另尚有較簡易者，其僅具一層碰撞頭，可作較簡易的定時開關用。

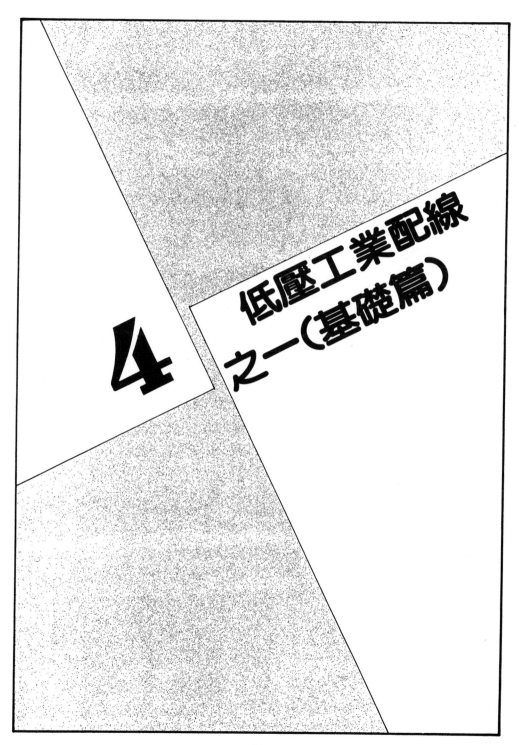

4

低壓工業配線
之一（基礎篇）

4-1　電動機之啓動、停止基本控制電路

(1)　接線圖：

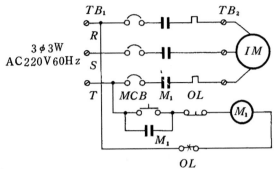

(2)　實際接線圖：

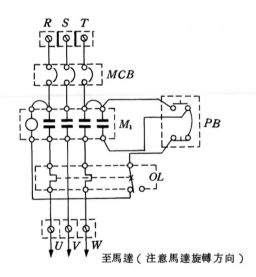

至馬達（注意馬達旋轉方向）

(3)　使用器材：

項　次	符　號	名　　　　稱	規　　　　格	數　　量
1	TB_1 TB_2	端子台	3 P 15 A	各 1 只
2	MCB	無熔絲開關或熔絲開關	3 P 30 AT 50 AF	1 只
3	M_1	電磁開關	5 a 15 A AC 220 V	1 只
4	PB	按鈕開關	二點式單層接點（附 ON , OFF）	1 只

(4)　動作說明：

① 接上電源時，電動機不動作。

② 按下 PB-on 時，則電動機啟動運轉。

③ 過載時，OL 跳脫，電動機停止運轉，此時，需將 OL 復歸後，按 PB-on 始有效。

④ 按下 PB-off 時，則電動機立刻停止運轉。

(5) 時序圖：

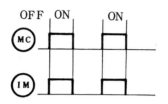

4-2　電動機之啟動、停止控制電路

通電優先：亦稱動作優先，如圖4-1(a)所示，當ON、OFF兩按鈕同時按下時，

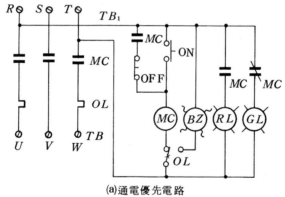

(a)通電優先電路

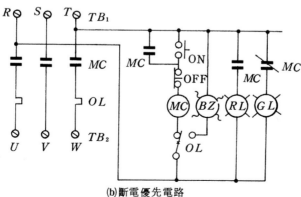

(b)斷電優先電路

圖 4-1　電動機基本控制電路

則線圈受激,馬達開始運轉,即 on 優先電路,故稱之為通電優先。

斷電優先:亦稱復歸優先,如圖4-1(b)所示,當 on、off 兩按鈕同時按下時,則線圈不受激,馬達不運轉,即 off 優先電路,故稱之為斷路優先。

(1) 接線圖:

(2) 使用器材:

項 次	符 號	名 稱	規 格	數 量
1	MC	電磁開關	AC 220 V 15 A 5 a 5 b	1 只
2	PB	按鈕開關	二點式單層接點	1 只
3	GL , RL	指示燈	AC 220/18 V 30 ϕ	綠、紅各 1
4	BZ	蜂鳴器	AC 220 V 3″ ϕ	1 只

(3) 動作說明:

①　接上電源時,電動機不動作,但綠色指示燈亮。

②　按下 on 按鈕時,則電動機啟動運轉,紅燈亮,而綠燈熄。

③　過載時,OL 跳脫,電動機停止,蜂鳴器響。而同時,紅燈熄綠燈亮;此時,若不將 OL 復歸,按 PB-on 無效。

④　按下 off 按鈕時,電動機立刻停止,紅燈熄,綠燈亮。

(4) 時序圖:

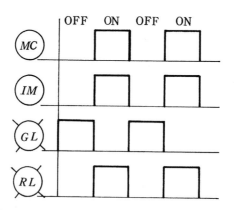

4-3　寸動控制電路

通常按下 PB-ON 按鈕後,電路即自己保持,以使電動機繼續運轉。但有些特殊場合,只需讓電動機作短暫的運轉。亦即當按下 PB-ON 按鈕時,電動機轉動,而放開按鈕時,電動機又恢復停止狀態,此種控制方式稱為寸動控制(inching)。

寸動控制使用於吊車、冲床等場合，另可使用於大型自動窗簾控制。

(1)　基本電路：

　　動作說明：

　　① 當接上電源時，電動機不運轉。

　　② 當按下 PB-ON時，電動機轉動。

　　③ 當放開 PB-ON時，電動機不動作。

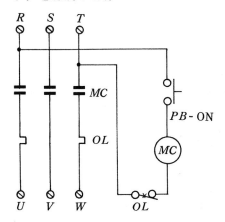

(2)　相關電路：

　　① 寸動控制電路之一：

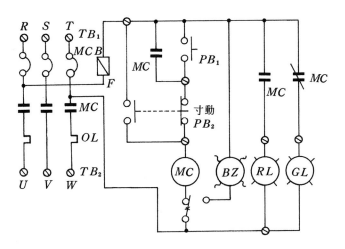

　　(A)　使用器材表：

項 次	符 號	名 稱	規 格	數 量
1	MCB	無熔絲開關	3P 50 AF 30 AT	1只
2	MC	電磁開關	5a 5b AC 220 V 15 A	1只
3	PB₁	按鈕開關	1a	1只
4	PB₂	按鈕開關	1a 1b	1只
5	RL , GL	指示燈	AC 220/18 V 30 φ	紅、綠各1
6	TB₁ , TB₂	端子台	3P 20 A	2只
7	TB₃	端子台	16 P 20 A	1只
8	BZ	蜂鳴器	AC 220V 3″	強力型1只

(B) 動作說明：

(a) 接上電源時，電動機不動作，綠燈亮，紅燈熄。

(b) 按下 $PB1$ 時，電動機啓動運轉，綠燈熄，紅燈亮。

(c) 當電動機過載時，OL 動作，電動機停止，綠燈亮，紅燈熄，而
蜂鳴器鳴叫。（若 OL 沒復歸，按 PB_1 ，PB_2 按鈕均無效。）

(d) 當輕按 $PB2$ 時，電動機停止運轉，綠燈亮，紅燈熄。

(e) 再往下壓 $PB2$ 至底時，電動機寸動動作，即一按至底電動機運
轉，而放手時，電動機停止運轉。

(C) 時序圖：

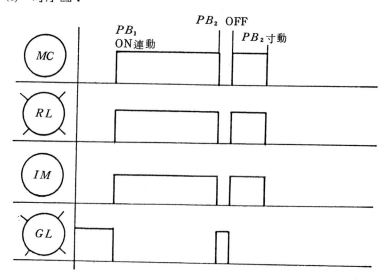

② 寸動控制電路之二：

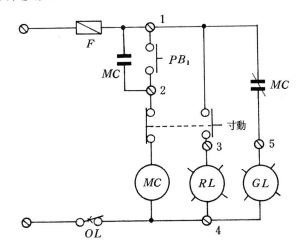

③ 寸動控制電路之三：

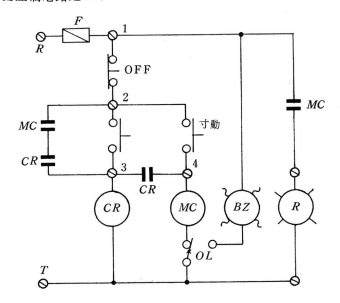

④ 寸動控制電路之四：

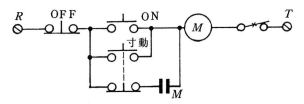

⑤　寸動控制電路之五：

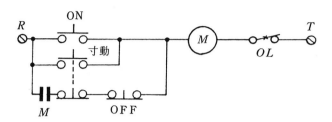

⑥　寸動控制電路之六：

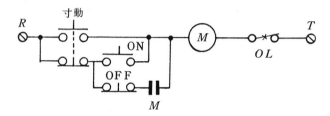

⑦　寸動控制電路之七：

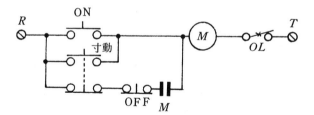

⑧　寸動控制電路之八：

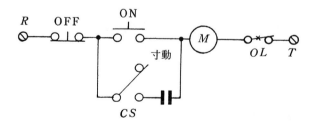

⑨　寸動控制電路之九：

　　（附寸動指示電路）

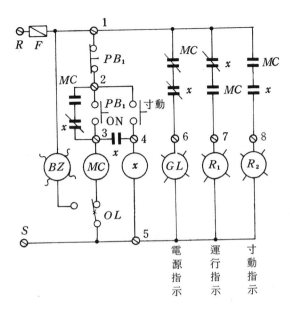

(A)　使用器材：

項 次	符 號	名　　　稱	規　　　格	數 量
1	MC	電磁開關	AC 220 V 15 A	1 只
2	NFB	無熔絲開關	3 P 50 AF 30 AT	1 只
3	PB_1	按鈕開關	$1a1b$	1 只
4	PB_2	按鈕開關	$1a$	1 只
5	GL	指示燈	AC 220 V 30φ	綠色 1 只
6	R_1 , R_2	指示燈	AC 220 V 30φ	紅色各 1 只
7	TB	端子台	3 P 20 A	1 只
8	TB	端子台	16 P 25 A	1 只
9	x	電力電驛	OMRON MK 2 P	1 只

(B)　動作說明：

(a)　接上電源時，電動機不動作，但綠燈亮，　R_1　及　R_2　皆熄。

(b)　按下 PB_1-ON 時，電動機運轉，綠燈熄，　R_1　亮 R_2　熄。

(c)　當電動機過載時，蜂鳴器鳴叫，電動機不運轉，而綠燈亮，R_1 及 R 皆熄。（若不將 OL 復歸，則按 PB_1 或 PB_2 按鈕開關無效。）

(d)　當按下 PB_1-OFF時，電動機停止運轉，綠燈亮， R_1 及 R_2 均熄。

(e)　當按下 PB_2 時，電動機作寸動， R_1 及 G_1 均熄，而 R_2 亮。

4-4　多處控制電路

兩處或兩處以上來控制一部電動機或器具，使其動作或不動作者，稱之為多處控制。作此種電路時，只要確認一個要領，卽可自由發揮，而可作二處、三處……等多處控制。要領卽是將所有的 ON 按鈕接點與主電磁接觸器之 a 接點並聯，再串接所有的 OFF 按鈕接點卽可。

(1)　基本電路：

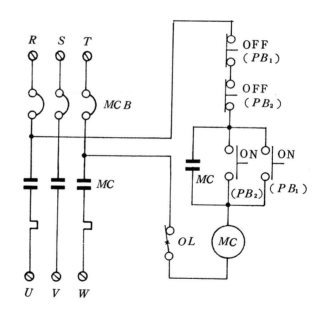

①　使用器材：

項　次	符　　號	名　　　　　稱	規　　　　　格	數　　量
1	MCB	無熔絲開關	3 P 15 AT 50 AF	1只
2	MC	電磁開關	$5a$ AC 220 V 15A	1只
3	PB_1 , PB_2	按鈕開關	$1a1b$	各 1 只

② 動作說明：

(A) 當接上電源時，電動機不動作。

(B) 當按下 PB_1 - ON 或 PB_2 - ON 按鈕時，電動機開始運轉。

(C) 當按下 PB_1 - OFF 或 PB_2 - OFF 按鈕時，電動機停止運轉。

(2) 相關電路：

① 多處控制電路之一：

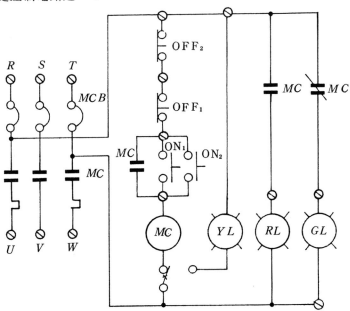

② 多處控制電路之二：

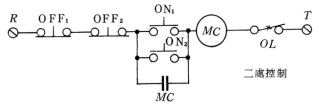

二處控制

③ 多處控制電路之三：

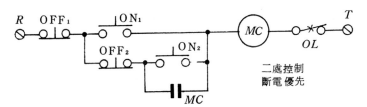

二處控制
斷電優先

④ 多處控制電路之四：

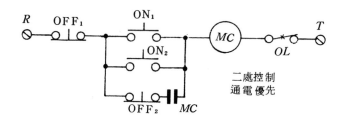

二處控制
通電優先

⑤ 多處控制電路之五：

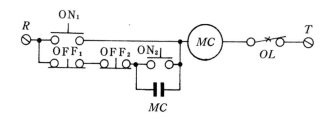

⑥ 多處控制電路之六：

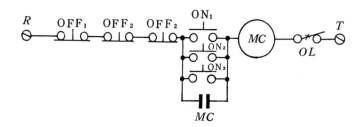

4-5 順序控制電路

依據事先所設定的順序次序，逐級進行控制各項電器動作，稱之爲順序控制。意即兩個或兩個以上的電器，可由二個或二個以上的地方加以個別控制，但其動作順序必須受到限制，或壓下按鈕開關後，電器負載會依預先設定的順序而動作。

順序控制的應用場合很廣，如洗衣機、冰箱、升降機、壓縮機、自動販賣機、廣告燈、發電場……。

⑴ 基本電路：

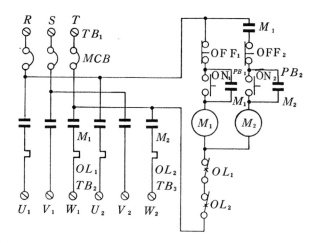

①　使用器具：

項　次	符　　號	名　　　　稱	規　　　　格	數	量
1	MCB	無熔絲開關	3 P 50 AF 30 AT	1	只
2	PB_1 , PB_2	按鈕開關	1 a 1 b	2	只
3	M_1 , M_2	電磁開關	AC 220 V 15 A	2	只
4	TB_1 , TB_2 TB_3	端子台	3 P 20 A	3	只

②　動作說明：

　(A)　當接上電源時，電動機不動作。

　(B)　當按下 PB_1 - ON 按鈕後，M_1 機動作。

　(C)　再按下 PB_2 - ON 時，則 M_2 機動作。

　(D)　未按下 PB_1 - ON ，而先按 PB_2 - ON 時，則 M_2 機不能動作。

　(E)　按 OFF$_2$ 時，M_2 機不動作。按 OFF$_1$ 時，兩機均應不動作。

　(F)　任一 OL 跳脫，則 M_1 ，M_2 兩機均應停止運轉。

(2)　相關電路：

①　順序控制電路之一：

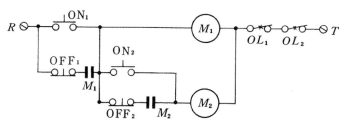

② 順序控制電路之二：

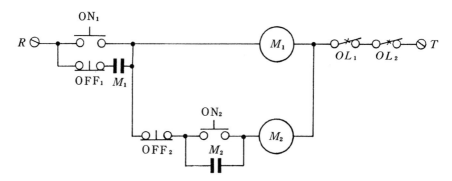

③ 順序控制電路之三：

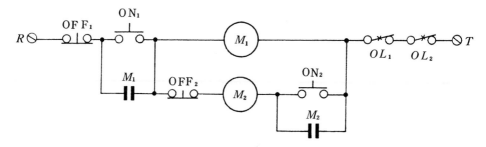

④ 順序控制電路之四：

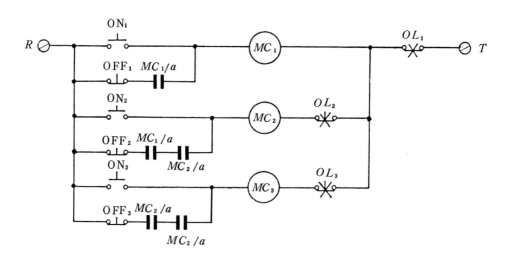

⑤　順序控制電路之五：

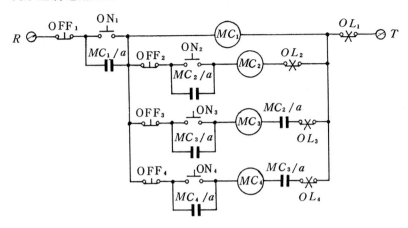

⑥　順序控制電路之六：

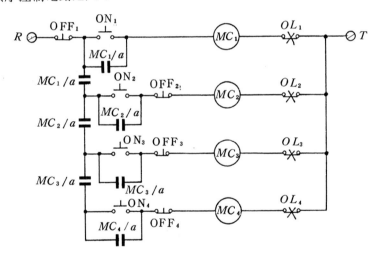

⑦　順序控制電路之七：

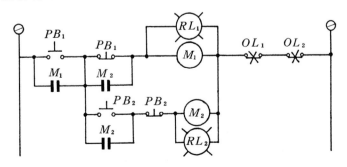

⑧ 順序控制電路之八：

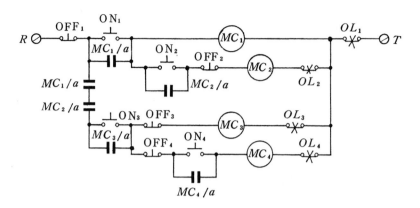

⑨ 順序控制電路之九：

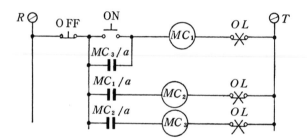

⑩ 順序控制電路之十：

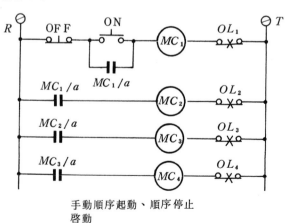

手動順序起動、順序停止
啓動
$MC_1 \rightarrow MC_2 \rightarrow MC_3 \rightarrow MC_4$
停止
$MC_1 \rightarrow MC_2 \rightarrow MC_3 \rightarrow MC_4$

⑪　順序控制電路之十一：

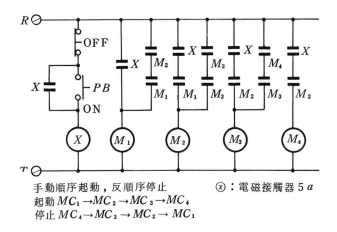

手動順序起動，反順序停止　　　　　Ⓧ：電磁接觸器 5 a
起動 $MC_1 \rightarrow MC_2 \rightarrow MC_3 \rightarrow MC_4$
停止 $MC_4 \rightarrow MC_3 \rightarrow MC_2 \rightarrow MC_1$

⑫　順序控制電路之十二：

（追次控制電路）

兩機中，若有一機先啓動，則另一機就不能有先起動的情形，且後啓動的
電動機尚未切斷時，另一機絕不可能切斷者，稱之為追次電路。

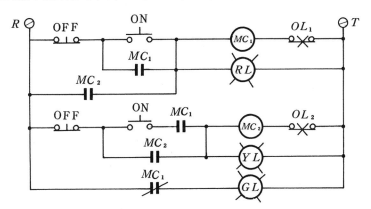

⑬　順序控制電路之十三：

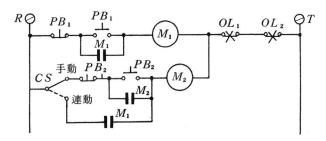

⑭ 順序控制電路之十四：

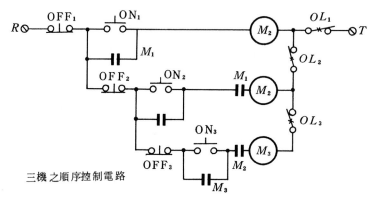

三機之順序控制電路

⑮ 順序控制電路之十五（順序啓動，反順序停止電路）：

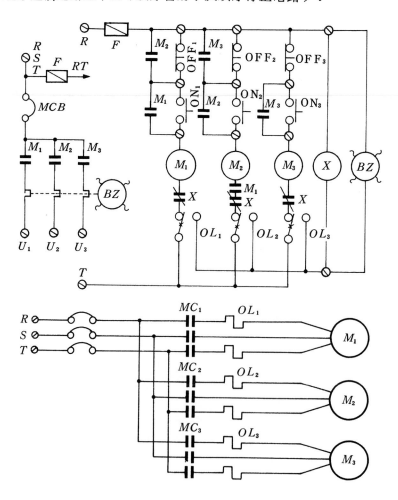

⑯ 順序控制電路之十六（手動順序啓動，順序停止）：

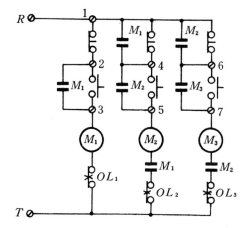

⑰ 順序控制電路之十七（手動順序啓動，反順序停止）：

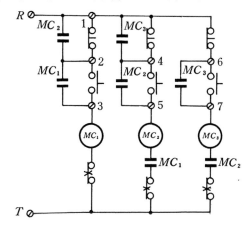

⑱ 順序控制電路之十八（附寸動控制）：

(A) 使用器具：

項 次	符 號	名 稱	規 格	數 量
1	NFB	無熔絲開關	3 P 30 AT 50 AF	1 只
2	MS	電磁開關	AC 220 V 15 A（5 HP）	1 只
3	GL , RL , YL	指示燈	AC 220 V 30 ϕ	綠、紅、黃 各 1 只
4	TB_1 , TB_2 TB_3	端子台	3 P 20 A	各 1 只
5	PB_4	按鈕開關	$1a\,1b$	1 只
6	PB_5	按鈕開關	$1a\,1b$ 二層式	1 只

(B)　線路圖：

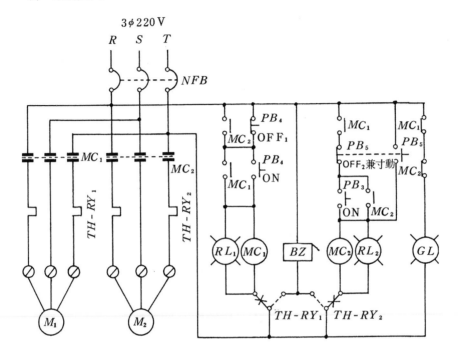

(C)　器具配置圖：

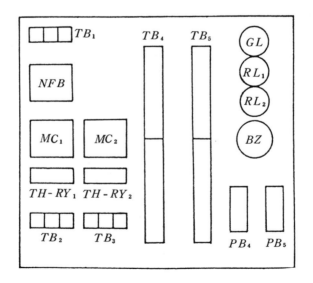

(D)　動作說明：

　　(a)　電源接上時，電動機不動作運轉，GL 亮，RL₁ 及 RL₂ 均

熄。

(b) 按下 PB_4-ON 按鈕後，M_1 機動作，RL_1 亮，RL_2 及 GL 均熄，而 M_2 機不動作。

(c) 當按下 PB_3-ON 後，M_2 機動作，RL_2 亮，此時 M_1 機繼續運轉，RL_1 亮，而 GL 熄。

(d) 當按下 PB_5 寸動開關後，M_2 機可作寸動控制，但 M_1 機仍繼續運轉；若不作寸動控制時，M_2 機應停止運轉。

(e) 當按下 PB_4-OFF 按鈕時，M_1 機停止運轉，若 M_2 機未先按下 PB_5-OFF 而停轉時，按下 PB_4-OFF 按鈕時，兩機均停。

(g) 當 OL_1，OL_2 兩者之一動作跳脫時，蜂鳴器鳴叫。

4-6　自動順序控制電路

(1) 基本電路：

① 線路圖：

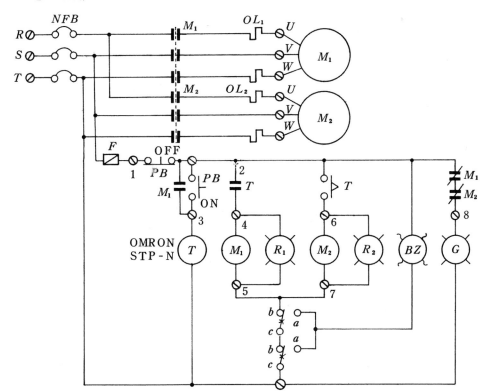

② 時序圖：

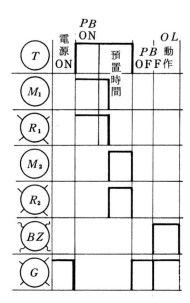

③ 使用器具：

項 次	符 號	名 稱	規 格	數	量
1	NFB	無熔絲開關	3 P 30 AT 50 AF	1	只
2	M_1 , M_2	電磁開關	AC 220 V 15 A（5HP ）	2	只
3	PB	按鈕開關	$1a1b$	1	只
4	T	限時電驛	OMRON STP-N	1	只
5	R_1 , R_2 G	指示燈	AC 220 V	紅、紅、綠 各 1 只	

④ 動作說明：

(A) 當接上電源時，兩電機均不動作，R_1 及 R_2 熄，G 亮。

(B) 當按下 PB-ON 時，M_1 機立刻啓動運轉，而 M_2 機不運轉，R_1 亮，R_2 及 G 熄。

(C) 經一段時間後，M_1 機停止運轉，M_2 機開始啓動運轉，R_1 及 R_2 均亮，G 熄。

(D) 當按下 PB-OFF 時，兩機均停止運轉，R_1 及 R_2 熄，G 亮。

(E) 運轉過程中，若任一 OL 遇過載情況而跳脫，則兩機均停止運轉，且蜂鳴器鳴叫。

(2)　相關電路：

①　自動順序控制電路之一：

說明：

M_1機先啓動運轉，經一段時間後，M_2運轉，按下OFF按鈕後，兩機同時停止運轉。

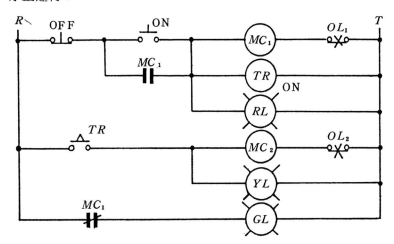

②　自動順序控制電路之二：

M_1，M_2機同時啓動運轉。停止時，M_1先停，經一段時間後，M_2始停。

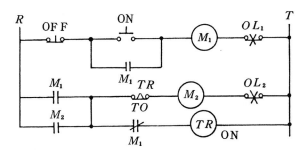

③　自動順序控制電路之三：

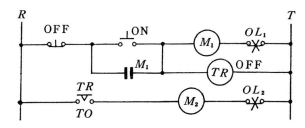

④ 自動順序啓動電路之四：

M_1 機先啓動運轉，經一段時間後，M_2 機始運轉；M_1 機先停轉，稍後
M_2 機始停轉。

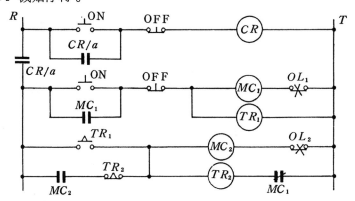

⑤ 自動順序啓動電路之五：

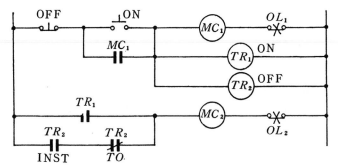

⑥ 自動順序控制電路之六：

啓動時：M_1 先啓動運轉，經一段時間後，M_2 始運轉；再經一段時間後，
M_2 自動停止。

停止時：M_1，M_2 同時停止。

過載時：M_1 之 OL 跳脫不影響 M_2 機，但 M_2 機之 OL 動作跳脫後，M_1 及
M_2 均應停止運轉。

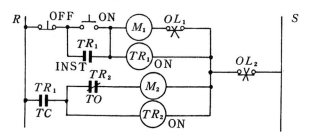

⑦　自動順序控制電路之七：

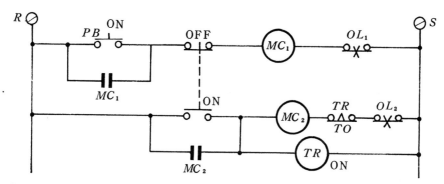

⑧　自動順序控制電路之八：

按下 PB 按鈕開關後，M_1 啓動運轉，按下 PB-OFF 按鈕後，M_1 停止運轉，M_2 開始運轉；經一段時間後，M_2 自動停止運轉。

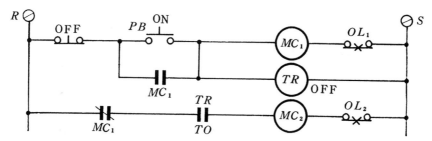

⑨　自動順序控制電路之九：

按下 PB-ON 按鈕後，電動機經一段時間延遲後，始啓動運轉，按下 PB-OFF 按鈕後，電動機經一段時間延遲後，始停止運轉。

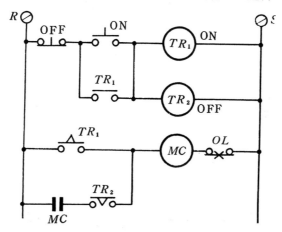

⑩　自動順序控制電路之十：

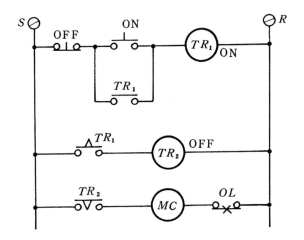

⑪　自動順序控制電路之十一：

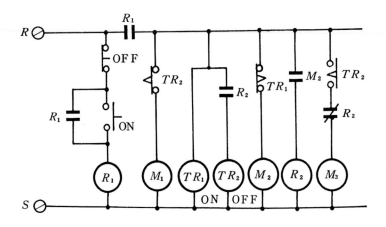

⑫　自動順序控制電路之十二：

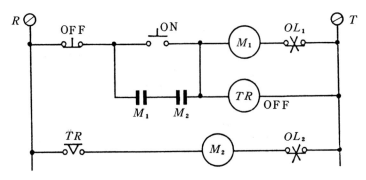

⑬　自動順序控制電路之十三：

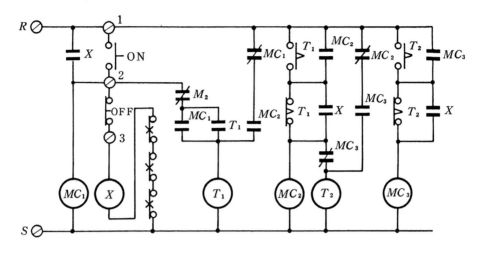

⑭　自動順序控制電路之十四：

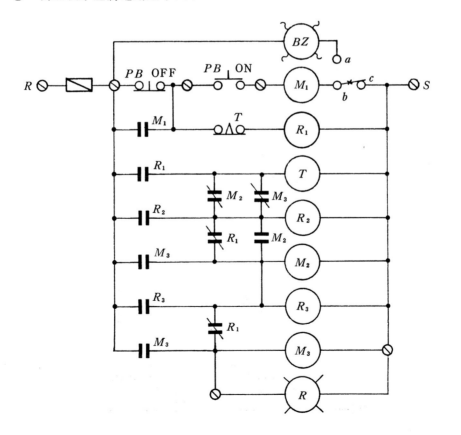

⑮ 順序控制電路之二十二（順序啟動，反順序停止）：

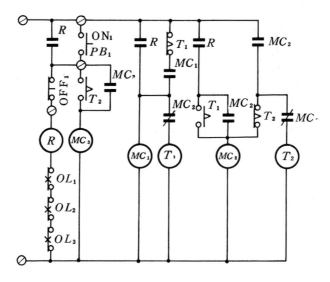

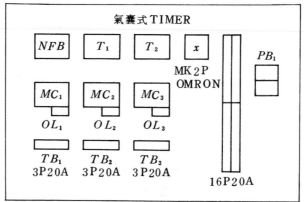

⑯ 順序控制電路之二十三：

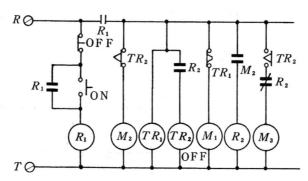

4-7　自動交替運轉（點滅）電路與循環順序運轉電路

　　兩部電動機，甲機先啓動運轉，經一段時間後，甲機停止運轉，乙機開始運轉；再經一段時間後，乙機停止運轉，甲機開始運轉，如此週而復始的交替運轉者，稱之爲交替運轉或交互運轉。

　　兩只電燈，甲燈先點亮，經一段時間後，乙燈點亮，甲燈熄；再經一段時間後，乙燈熄，甲燈亮，如此週而復始的交替點亮者，稱之爲交替點滅或交互點滅電路。

　　交替點滅與交替運轉原理相同，只是負載的對象不同；而交替電路與循環順序運轉之原理相同，只是稱呼及負載數量之不同。交替運轉者爲兩部電機作相互間的交替；而循環順序電路，却可控制兩部或兩部以上，以交替運轉的原理來擴大利用。一般若想停止此等電路之週而復始動作，只要按下 PB-OFF 按鈕即可。

(1)　基本線路：

①　線路圖：

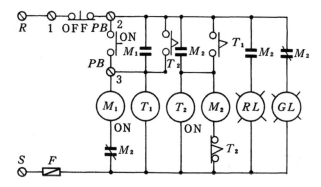

②　使用器具：

項　次	符　　號	名　　　　稱	規　　　　格	數　　量
1	MCB	無熔絲開關	3 P 30 AT 50 AF	1　只
2	M_1 , M_2	電力電驛	AC 220 V , MK2P	各　1　只
3	T_1 , T_2	限時電驛	AC 220 V OMRON STP-N	各　1　只
4	PB	按鈕開關	1 a 1 b	1　只
5	TB_1 , TB_2 TB_3	端子台	3 P 20 A	各　1　只
6	TB_4	端子台	16 P 20 A	各　1　只
7	RL , GL	指示燈	30 ϕ	紅、綠各 1

③　動作說明：

(A)　當接上電源後，電驛均不動作。此時，紅燈熄，綠燈亮。

(B)　當按下 *PB - ON* 按鈕後，紅燈熄，綠燈亮。

(C)　經一段時間後，紅燈亮，綠燈熄。

(D)　再經一段時間後，紅燈熄，綠燈亮。

(E)　反覆(B)至(D)之動作。

(F)　當按下 *PB - OFF* 按鈕時，此時紅燈熄，綠燈亮。

(2)　相關電路：

若將主電磁開關之負載端子台，接上電動機，則電動機作交替運轉；若接上燈，則可作點滅電路者。

①　交替運轉電路之一：

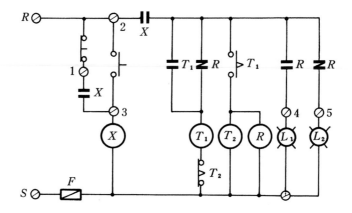

②　交替運轉電路之二：

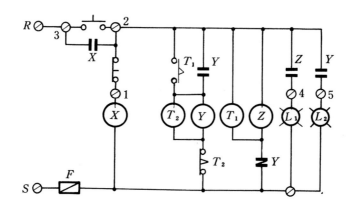

③　交替運轉電路之三：

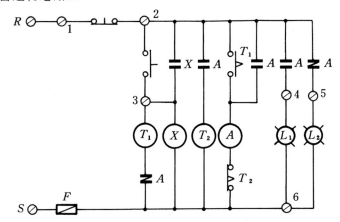

④　交替運轉電路之四：

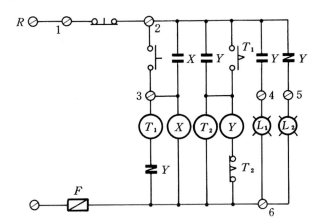

⑤　交替運轉電路之五：

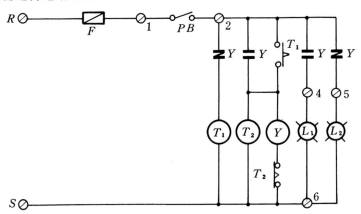

⑥　交替運轉電路之六：

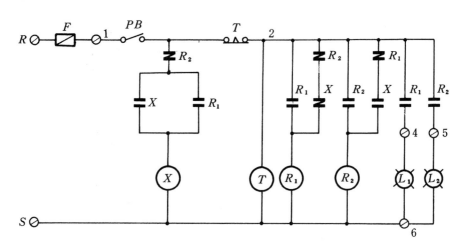

⑦　自動交替運轉電路之七：

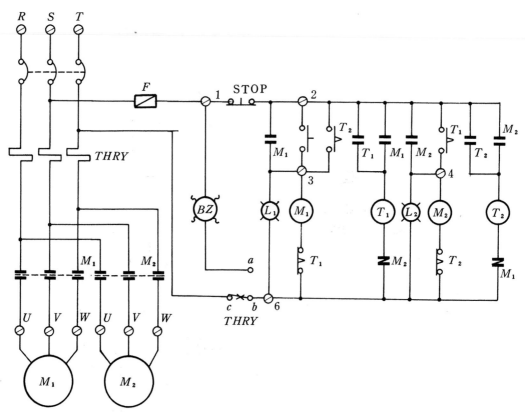

⑧　自動交替運轉電路之八：

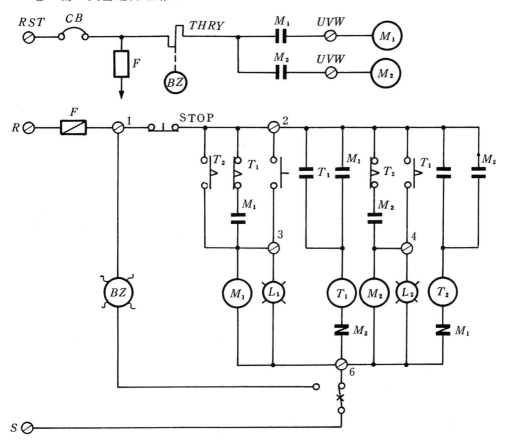

⑨　自動交替運轉電路之九：（單ON，單OFF　DELAY電驛型）
　　本線路使用ON　DELAY及OFF　DELAY電驛及一電力電驛來取代雙
　　ON　DELAY者。

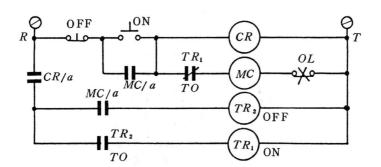

⑩　自動交替運轉電路之十（雙 ON　DELAY 電驛型）：

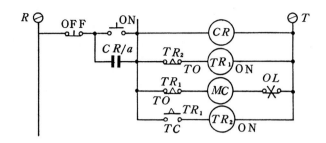

⑪　自動交替運轉電路之十一：

L.S：極限開關

此地之 LS 相當於一個 ON　DELAY 電驛，其時間可由帶動凸輪之電動機的轉速來決定。

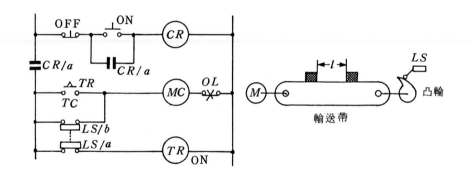

⑫　自動交替運轉電路之十二：

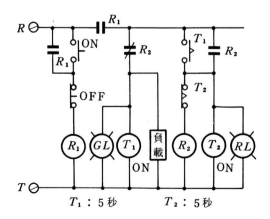

⑬　自動交替運轉電路之十三：

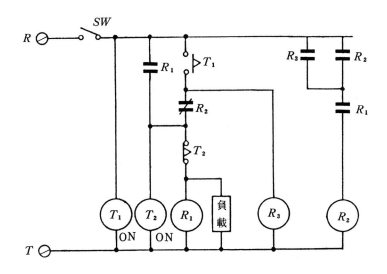

⑭　自動循環控制電路之一：

三部電動機之自動循環順序控制電路（三燈之自動循環順序點滅電路）。

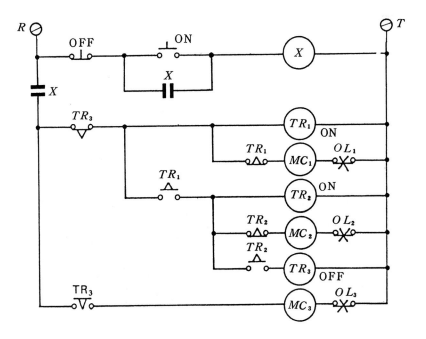

⑮ 自動循環控制電路之二：

三部電動機之自動循環順序控制電路（三燈之自動循環順序點滅電路）。

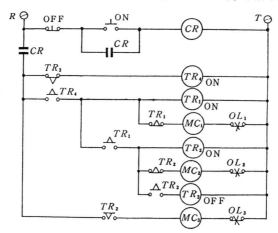

⑯ 自動循環順序控制電路之三：

四部電動機之自動循環控制電路（四燈之自動循環點滅電路）。

兩台電動機之自動循環控制電路，請參考交替運轉電路。

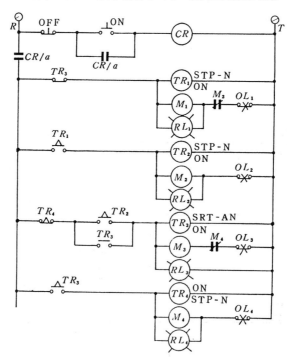

⑰ 自動循環控制電路之四：

四部馬達（燈）之自動循環順序運轉（點滅）

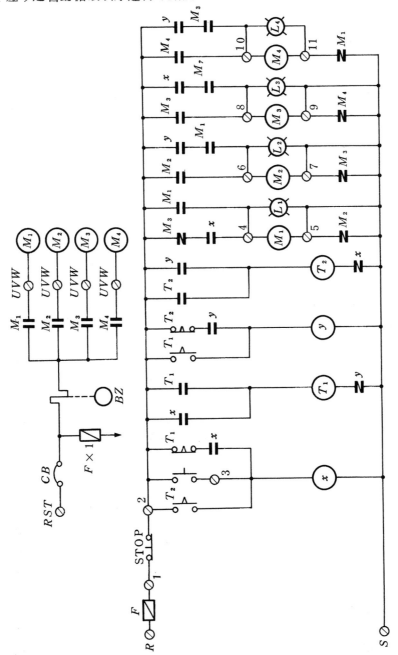

⑱ 自動循環控制電路之五：

主電路如⑰圖 。

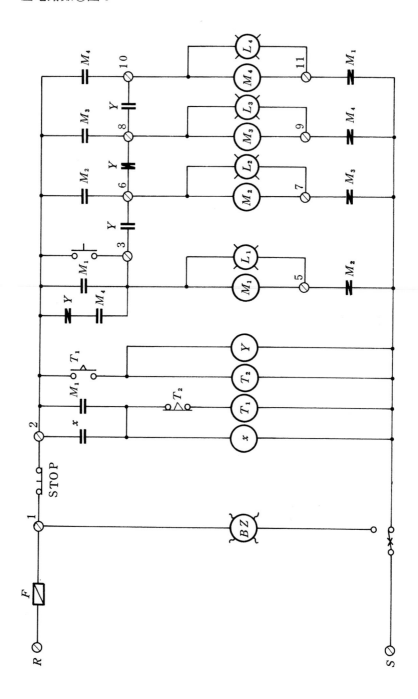

⑲　自動循環控制電路之六：

　　主電路如⑰圖。

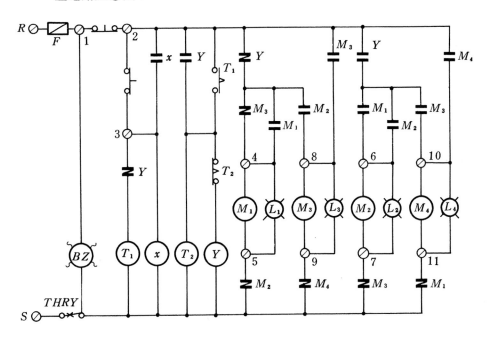

4-8　外加訊號作循環交互運轉（點滅）電路

　　外加訊號之來源可使用壓力開關、打孔紙或磁帶，配合光電開關或磁性開關將外來訊號轉爲電性接點之變化，以達控制目的。例如：以同步電動機帶動儲存有信

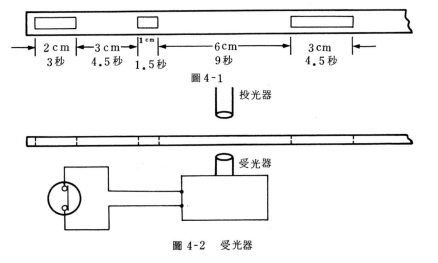

圖 4-2　受光器

號之打孔紙帶，如圖4-1所示，當紙帶打孔部份在投光器與受光器中間時，光線穿過紙帶的打孔部份而未被遮斷，光電開關不動作。

　　如圖4-2，當紙帶未打孔部份在投光器與受光器中間時，光線未能穿過紙帶而被遮斷，則光電開關動作。動作與不動作的時間長短可由打孔之長度來決定。如此受控制器具，隨事先製作的操作命令而自動地操作，操作人員只要在開始時，送入操作命令（訊號），如按一下按鈕，而其後可說是完全自動。

應用電路：

(1)　外加訊號作交互運轉（點滅）之一：

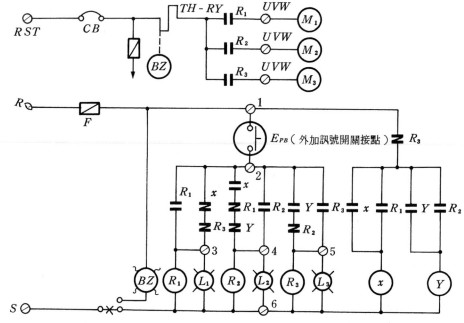

(2)　外加訊號控制作循環交互運轉電路之二：

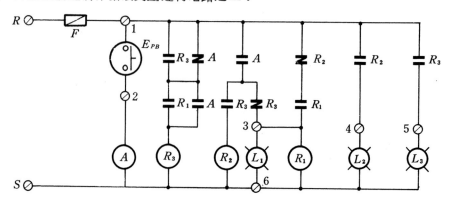

(3)　外加訊號作循環交互運轉電路之三：

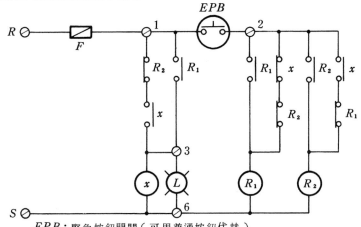

EPB：緊急按鈕開關（可用普通按鈕代替）

(4)　外加訊號作循環交互運轉電路之四：

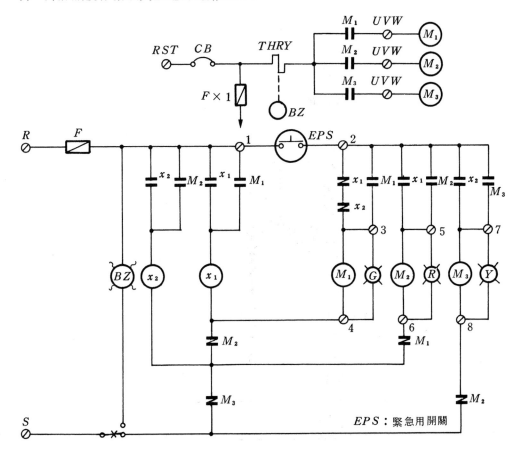

EPS：緊急用開關

(5) 外加訊號作循環交互運轉電路之五：

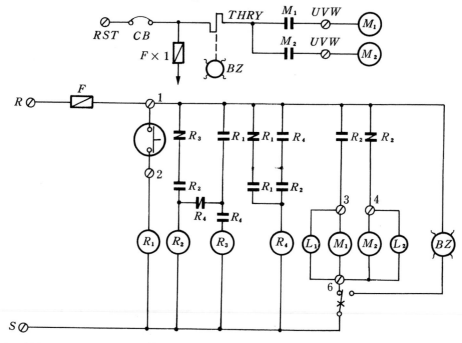

(6) 外加訊號作循環交互運轉電路之六：

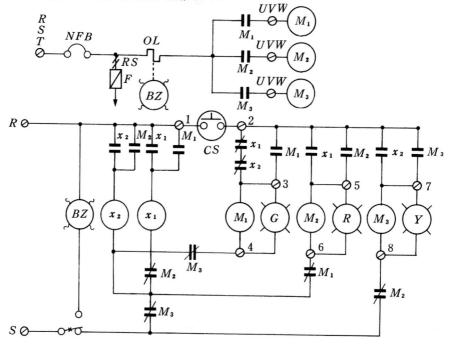

4-9　正逆轉控制電路

一般正逆轉電路依使用器具的不同，可分爲鼓型開關及電磁開關控制法。對於額定電壓之不同又分爲單相感應電動機、單相三線式及三相電壓馬達正逆轉控制。

於電磁開關控制正逆轉的場合，其控制線路需設有連鎖裝置，以防止兩電機同時動作，造成短路情況。其連鎖裝置可分爲機械連鎖及電氣連鎖兩種。所謂機械連鎖係利用按鈕開關之 B 接點串接電路而成，電氣連鎖係以電磁開關之 B 接點，串接另一電磁開關之電路來形成。

三相感應電動機若想改變其旋轉方向，只要任意對調三相感應電動三相電源引線中之兩條即可，如圖 4-3，但若連續改變兩次，則其轉向不變。

而於單相馬達之場合，若想將其旋轉方向改變，只要將其啓動繞組電源線對調即可，如圖 4-4。

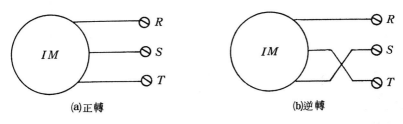

圖 4-3　3φ 感應電動機正逆轉場合

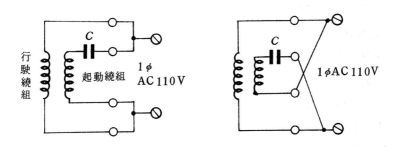

圖 4-4　單相馬達正逆轉

(1)　3φ 電動機正逆轉基本電路：

①　基本電路：

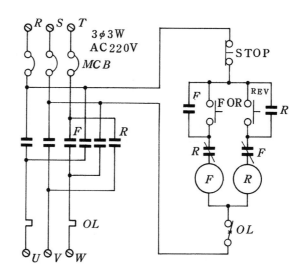

② 使用器具：

項　次	符　　　號	名　　　　　　　稱	規　　　　　　　格	數	量
1	MCB	無熔絲開關	AC 220 V 30 AT	1	只
2	FR	電磁開關	AC 220 V 15 A 5 a 2 b	2	只
3	PB	按鈕開關	1 a	各　1	只
4	PB	按鈕開關	1 b	1	只
5	TB_1	端子台	3 P 20 A	1	只

③ 動作說明：

本機採電磁連鎖法，即利用電磁開關本身之 b 接點，去限制另一電路之動作。

(A) 當接上電源時，電動機不運轉。

(B) 當按下 FOR 按鈕時，電動機正轉。

(C) 若不將 STOP 按下，以切斷電動機，使其停止正轉，則按 REV 按鈕時，電動機不逆轉，逆轉用電磁開關亦不動作。

(D) 按下 STOP 按鈕，將電動機正轉停止，再按 REV 時，電動機逆轉。

(E) 剛接上電源後，先按 REV 按鈕，則電動機先逆轉，若先按 FOR 按鈕，則電動機正轉。

(F) 不管電動機是正轉，亦或逆轉，按下 STOP 按鈕後，電動機停轉。

(2)　單相感應電動機正逆轉電路：

　　單相感應電動機有①電容式，②推斥式，③啓動推斥式，④分相式⑤蔽極式等五種，通常使用者爲電容式及推斥式等兩種。大凡其粗分爲電容式之啓動線圈電路中，串接一啓動用之電容器，而分相式則串接一離心開關。正逆轉時，單相式應改變其運轉線圈電源端頭。

　　①　分相式、電容式單相感應電動機正逆轉時之主電路：

　　　　通常單相感應馬達作正逆轉控制時，其兩組繞組中，以改變啓動線圈之電源端頭接法爲原則，但分相因離心開關具方向性，故只能改變其運轉線圈。

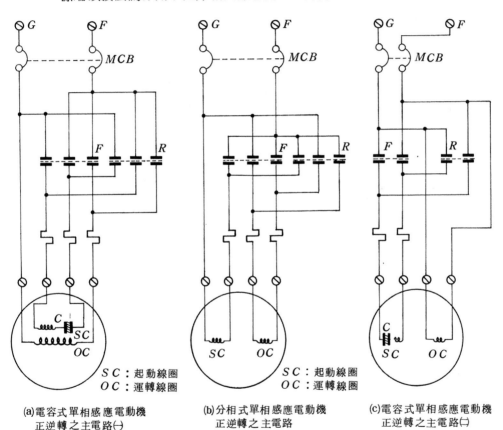

(a)電容式單相感應電動機
　正逆轉之主電路㈠

(b)分相式單相感應電動機
　正逆轉之主電路

(c)電容式單相感應電動機
　正逆轉之主電路㈡

　　②　控制電路：

　　　　控制電路如三相感應電動機之控制電路，只是將 R 改爲 G，而 T 改爲 F，電磁開關改爲 110V 級卽可。

(3)　相關電路：

① 正逆轉控制電路之一：

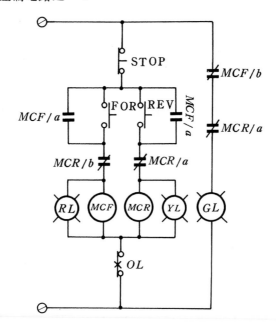

② 正逆轉控制電路之二：

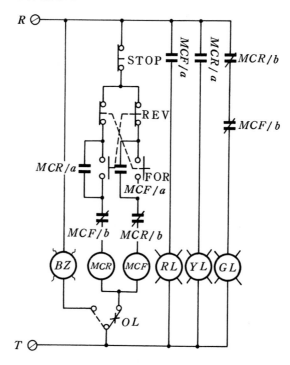

③　正逆轉控制電路之三：

　　本控制圖之 PB 探三點雙層式按鈕開關，係電磁連鎖及機械連鎖均附上者，STOP 按鈕定要接上，否則可能因操作之不熟習而無法使電機停下來。

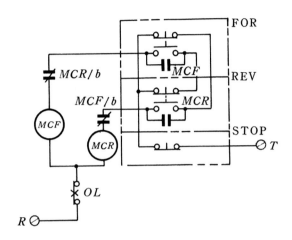

④　正逆轉控制電路之四：

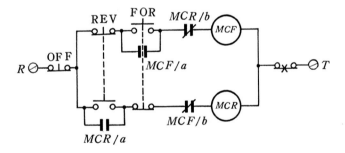

⑤　正逆轉控制電路之五：

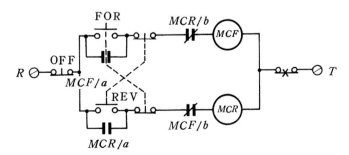

⑥ 正逆轉控制電路之六：

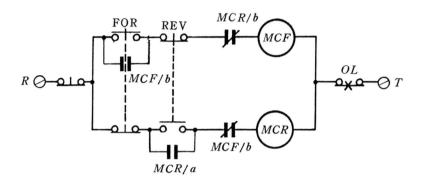

⑦ 正逆轉控制電路之八（二處控制）：

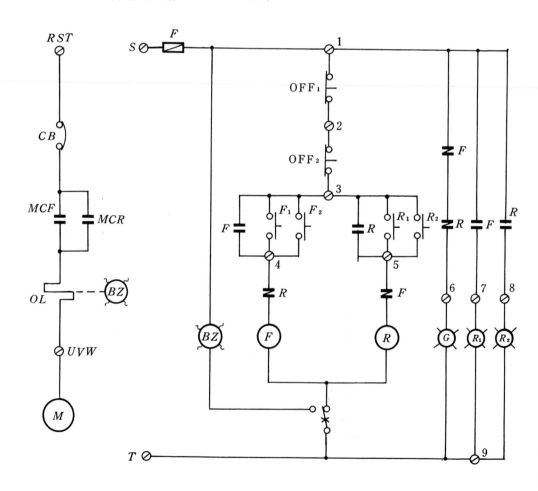

⑧　正逆轉控制電路之九：（本電路加附寸動電路）

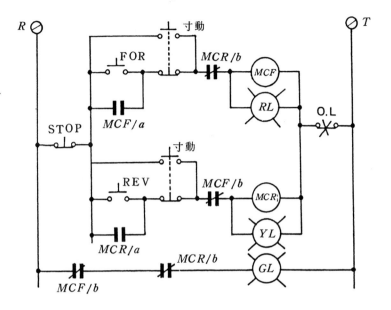

⑨　正逆轉控制電路之十：本電路寸動電路可有可無，其由 CS 決定

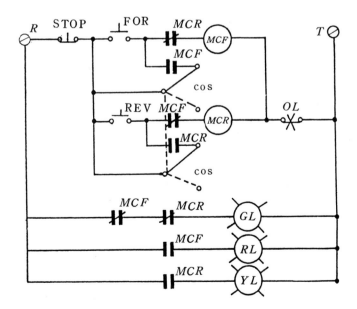

4-10 自動循環正逆轉(中間附休息時間)電路

本電路採兩只限時電驛，一擔任運轉時間的設置，即正轉與逆轉動作時，運轉多少時間由一只限時電驛設置；而另外一只限時電驛則擔任休息時間的設置，即正轉與逆轉，或逆轉與正轉間，需休息多少時間由另一只限時電驛設置。

(1) 基本電路：

① 線路圖：(如下頁)

② 使用器具：

項　次	符　　　號	名　　　　　稱	規　　　　　格	數　　量
1	MCB	無熔絲開關	$AC\,220V\,30AT\,50AF$	1　　只
2	F、R	電磁開關	$5a\,5b$ $AC\,220V\,15A$(5HP)	各　1　只
3	PB	按鈕開關	$1a\,1b$(ON，OFF)	2　　只
4	X,Y,A	電力電驛	OMRON MK2P	各　1　只
5	T_1,T_2	限時電驛	OMRON STP-N	各　1　只
6	BZ	蜂鳴器	$AC\,220V\,3''$強力型	強力型1只
7	L_1,L_2	指示燈	$AC\,220V\,30\phi$	黃、紅1只

③ 動作說明：

(A) 接上電源時，電動機不動作，L_1 及 L_2 不亮。

(B) 當按下PB-ON按鈕後，電動機開始正轉，L_2亮，而L_1不亮。

(C) 經運轉一段時間後，電動機自動停止運轉，此時 L_1 及 L_2 均不亮。

(D) 電動機休息一段時間後，開始作逆轉，此時，L_1亮，而L_2不亮。

(E) 電動機逆轉一段時間後，自動停止運轉。此時，L_1 及 L_2 不亮。

(F) 經一段休息時間後，電動機開始又作正轉，週而復始的作(B)至(F)的動作。

(G) 若要結束電動機之運轉，只要按下 PB-OFF 即可。

(H) 電動機正轉與逆轉的時間相同。且正、逆轉間的休息時間相同。

(2) 相關電路：

① 自動循環正逆轉電路之一：

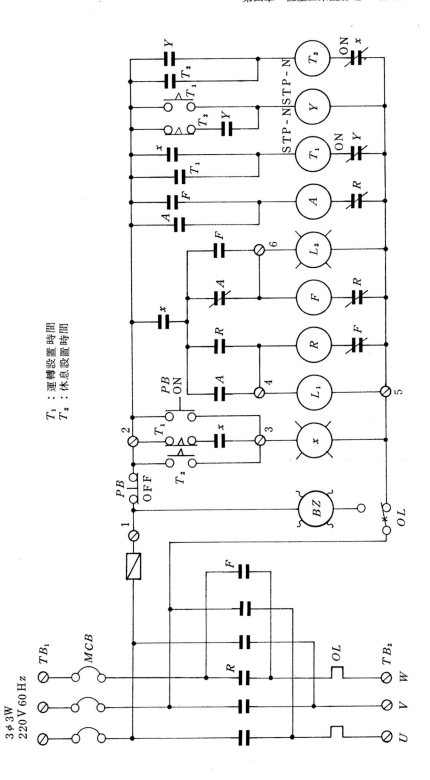

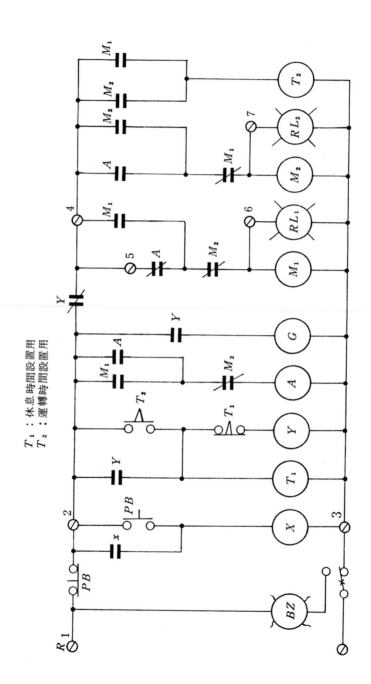

4-11　剎車控制電路

電動機之剎車電路有(1)機械式剎車，(2)逆轉剎車及(3)直流剎車等，解釋如下：

(1)　機械式剎車：

如圖4-5所示，電動機運轉時線圈激磁，吸開剎車片。當停止運轉時，剎車片回復迫使主軸停止。

(2)　逆轉剎車：

逆轉剎車又稱逆轉制動，係利用逆轉時的反轉距使轉軸停止旋轉。

(3)　直流剎車：

電動機停止受電時，在定子繞組加上一DC電源，使定子繞組產生一靜止磁場。而轉子此時因慣性關係仍繼續旋轉，但旋轉同時，鼠籠轉子切割靜止磁場產生感應電流，這一感應電流又使轉子產生磁場和直流靜止磁場異極相互吸引。結果阻止了轉子的慣性旋轉，使電動機停止旋轉。

直流剎車時間的長短，視所加直流電壓的大小及電動機直流電阻、電感等大小而定；直流電流的大小，約為額定電流之50～80％；電流太小時，則剎車力不夠，而電流太大，則線圈將會發熱而燒毀。本處只介紹直流剎車及逆轉制定，因其原理簡單，只略舉其常用電路，而不詳加分析。

應用電路：

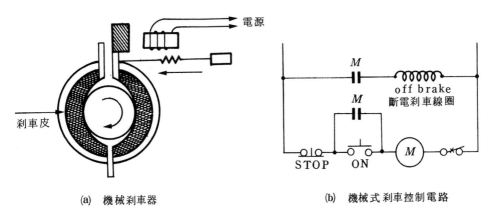

(a)　機械剎車器　　　　　(b)　機械式剎車控制電路

圖4-5

① 直流剎車電路：

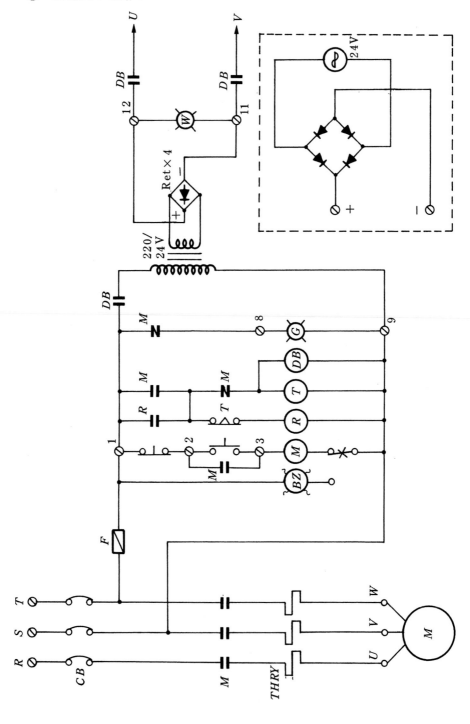

② 正逆轉控制－逆轉制動電路之一：

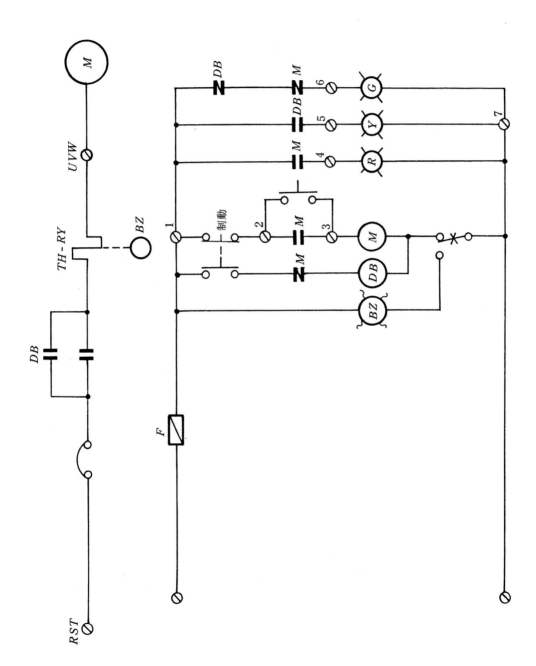

③ 正逆轉控制—逆轉制動電路之二：

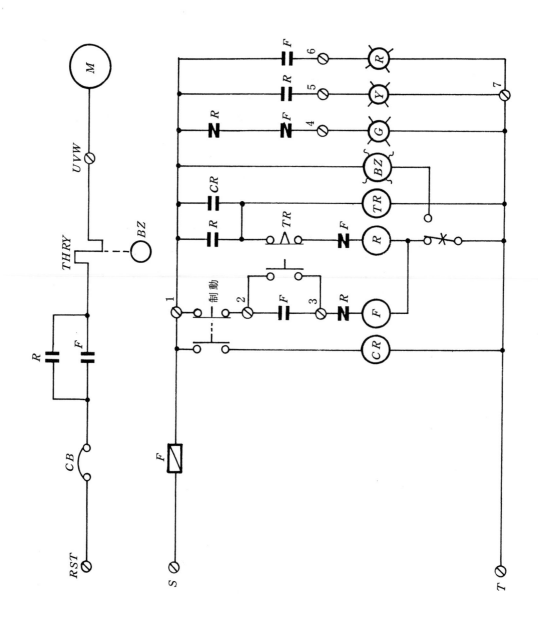

④　自動正逆轉附刹車控制電路之一：

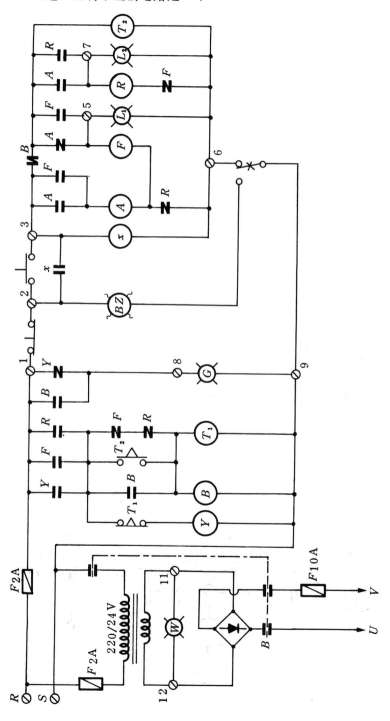

⑤ 自動正逆轉附剎車控制電路之二：

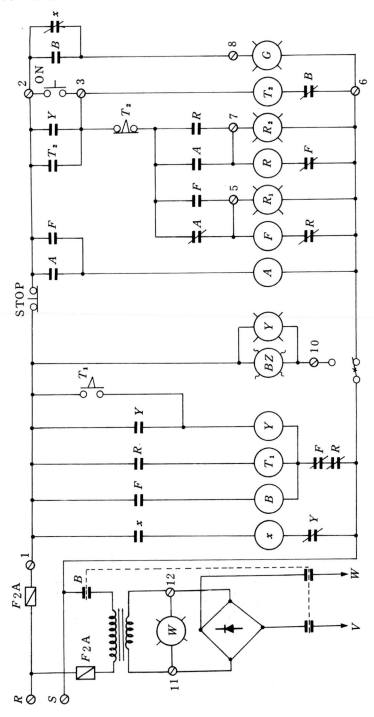

4-12　故障警報電路

當過載情況發生時，OL 動作跳脫，其接點切換，接通蜂鳴器而鳴叫，告知故障情況發生。將故障情況排除後，按下 OL 復歸桿，則電路就可重新操作，稱之爲單復歸法。

另一類過載警報電路，只作單復歸，電路還無法重新操作，必須按下復歸按鈕後，電路才得以重新操作，本處討論者爲此，我們稱之爲雙復歸法。

(1)　基本電路：

①　電路圖：

off 按鈕作用：

(A)　試蜂鳴器。

(B)　故障時可切斷蜂鳴器。

(C)　作爲 off 按鈕用。

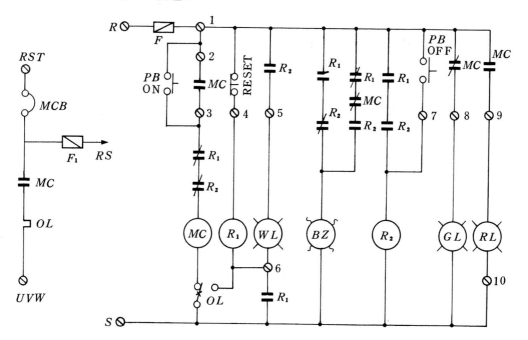

②　使用器具：

項　次	符　　　　號	名　　　　　　　稱	規　　　　　　　　格	數	量
1	MCB	無熔絲開關	3P 30AT 50AF	1	只
2	MC	主電磁開關	AC 220V 5HP	1	只
3	R_1, R_2	電力電驛	AC 220V MK 3P	各　1	只
4	REST	復歸按鈕	1b	1	只
5	PB-ON PB-OFF	按鈕開關	1a	各　1	只

③　動作說明：

(A)　接上電源後，電動機不運轉。

(B)　按下 PB-ON 按鈕後，電動機運轉。

(C)　按下 PB-OFF 按鈕後，電動機停止運轉。

(D)　在運轉進行中，若電動機發生故障情況，OL 動作跳脫，電動機不運轉。

(E)　按下 OL 復歸桿，再按 PB-ON 按鈕，電動機仍不運轉。

(F)　再按 REST（復歸）按鈕後，按 PB-ON 按鈕，電動機才能再次啟動運轉。

(2)　相關電路：

①　故障警報電路之一：

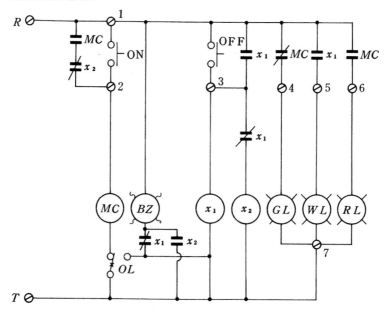

② 故障警報電路之二：

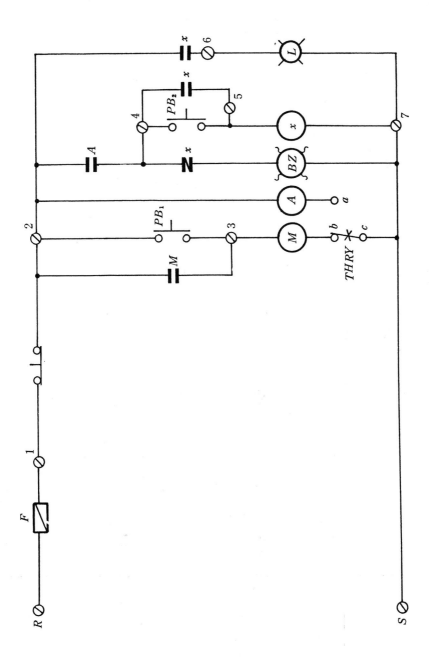

③ 故障警報電路之三：

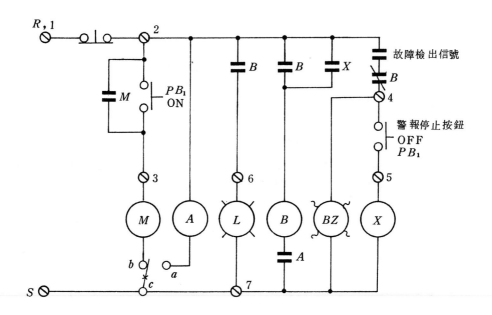

④ 故障警報電路之四：

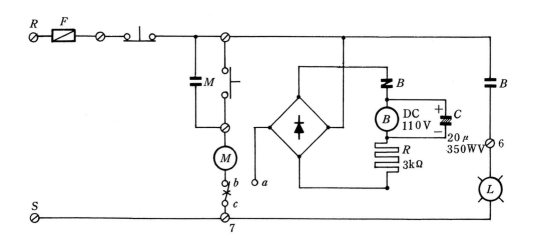

⑤ 故障警報電路之五：

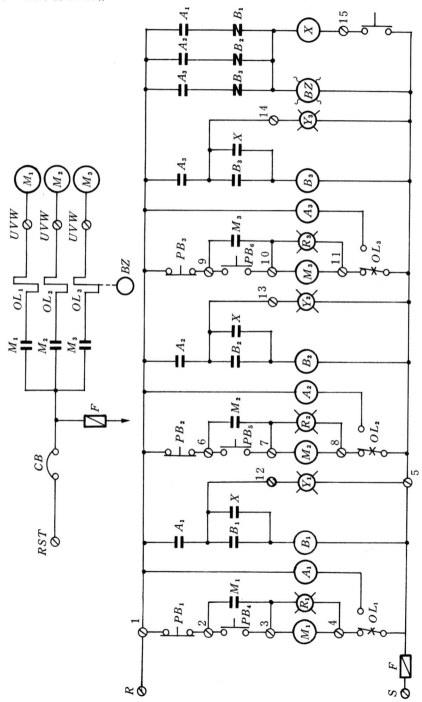

⑥ 故障警報電路之六：

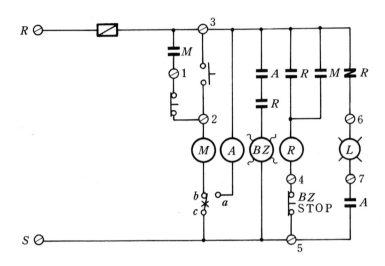

4-13 接地故障與欠相保護電路

(1) 接地故障：

　　三具單相變壓器如圖4-6接線，正常時於二次側，因三相電壓向量爲零，故 A 、B 端點間電壓爲零，L_4 不亮，x 亦不動作，而 L_1，L_2，L_3 三燈亮度爲正常時之 ¼。

　　當一次側有一線接地，接地相電壓爲零，接地相電燈不亮，其他兩相電壓升高爲110 V，即不接地之二相電燈全亮，V_{AB} 電壓升高至190 V。此時，L_4 全亮，而

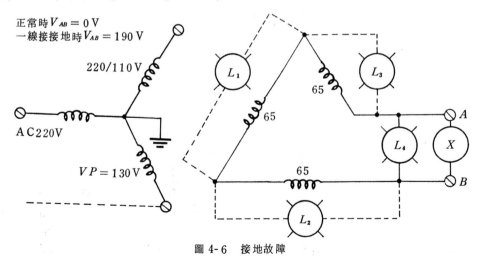

圖 4-6　接地故障

電驛 x 亦動作。

　　若將 x 之接點接至蜂鳴器，則蜂鳴器鳴叫示警。

(2)　欠相保護：

　　欠相是由三相電源中，某一相斷線所引起者，或因三相電動機內部斷線，三相電源與三相電動機接續不良所致，電路情況如圖4-7所示。

　　①　未欠相前：

　　　　$I_1 = \sqrt{3}\, i_1 = \sqrt{3}\, i_n$ ，而 $i_1 = i_2 = i_3 = i_n$

　　②　欠相之後：

　　　　$i_3' = i_1 + i_2 = 2\, i_n$

　　　　而　　$I_1' = i_1 + i_3' = 3\, i_n$

　　　　$\dfrac{i_3'}{i_3} = \dfrac{2\, i_n}{i_n} = 2$ ，而 $\dfrac{I_1'}{I_1} = \dfrac{3\, i_n}{\sqrt{3}\, i_n} = \sqrt{3}$

　　故發生欠相時，電動機相電流200％過載，而其他二線電流成為原來線電流之 $\sqrt{3}$ 倍。電動機之定子線圈，將因過載而過熱，而致燒毀，故增設保護電路是須行的。

(1)　接地警報電路：

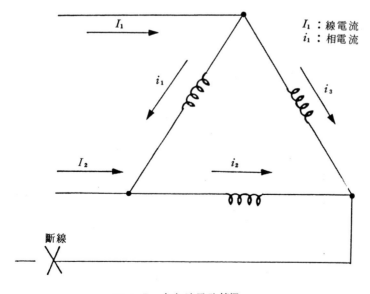

圖 4-7　欠相時電路情況

① 線路圖:

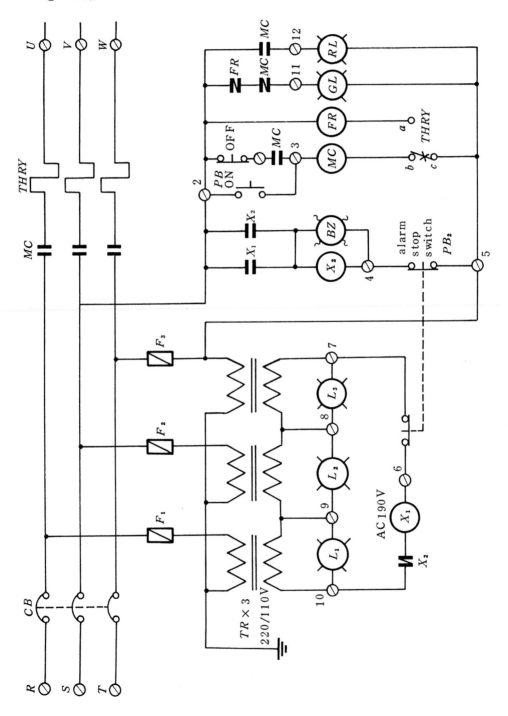

② 使用器具：

項　次	符　　號	名　　　　　　稱	規　　　　　　格	數	量
1	CB	無熔絲開關	AC 220 V 30 AT 50 AF	1	只
2	MC	主電磁開關	AC 220 V 5 HP	1	只
3	FR	閃爍電驛	AC 220 V OMRON MKF-P	1	只
4	x_2	電力電驛	MK 2 P　220V	1	只
5	x_1	電力電驛	MK 2 P　190V	1	只
6	BZ	蜂鳴器	220 V 3″ 強力型	1	只
7	PB_1	按鈕開關	$1a1b$	1	只
8	PB_2	蜂鳴器 停止按鈕	$2b$ 連動	1	只

③ 動作說明：

(A) 當接上電源時，電動機不動作，GL 亮，RL 熄，L_1 L_2 及 L_3 微亮。

(B) 當按下 PB-ON時，電動機動作運轉，RL 亮，GL 熄，而 L_1、L_2 及 L_3 微亮。

(C) 當接地故障發生時，蜂鳴器鳴叫，接地相燈不亮，其餘兩燈（未接地者）全亮，電動機仍運轉，RL 燈亮，GL 燈熄。此時，需及時按下 PB-OFF 按鈕，將電動機停止運轉。若想停止蜂鳴器鳴叫，可按 PB_2 按鈕。

(D) 當過載情況發生時，電動機停止運轉，GL 燈閃爍示警，BZ 鳴叫。

(2) 欠相保護電路：（如下頁上圖）

(3) 相關電路：

① 欠相保護電路之一：（如下頁下圖）

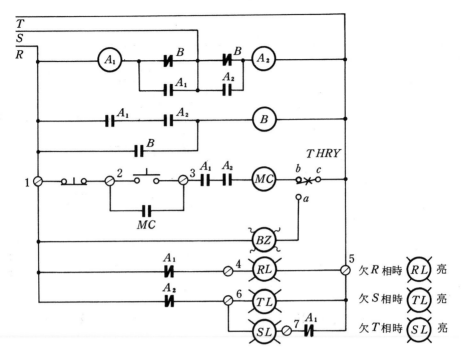

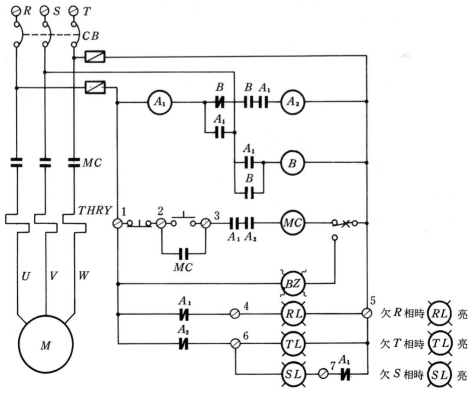

4-14 電源(電動機)停電自動切換電路

一般電力負載，如遇電路異常停電時，即成空有設備而無法使用。倘若在特殊場合，如通信設備、高樓、百貨公司、機場、車站等，一旦停電而不能迅速供電，就可能發生混亂，甚至影響安全，如自備有發電機或直流電源，以備主電源（電力公司供電）停電時，自動切換使用。

另所需考慮者，是主電源修復而再供電時，電路應可自動的切換至原狀態，而由主電源負載供電。

除停電可自動切換外，再考慮的是欠相時，也可自動切換。

(1) 基本電路：

① 使用器具：

項　次	符　　號	名　　　　　稱	規　　　　　格	數　　量
1	MCB CCB	無熔絲開關	AC 220V 30AT 50AF	各 1 只
2	A , B	電磁開關	AC 220V 15A	各 1 只
3	R	電力電驛	AC 220V MK2P	1 只
4	L₁, L₂	指示燈	紅、黃 AC 220V 30φ	各 1 只

② 電路圖：

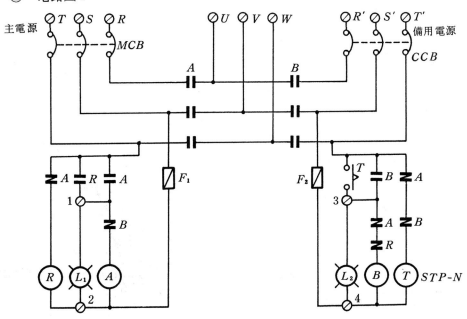

③ 動作說明：

   (A) 當MCB接上後，負載電源由主電源供電， L_1 亮， L_2 熄。

   (B) 當主電源斷電時，經一段時間後，負載電源由備用電源供電。此時 L_2 亮，而 L_1 熄。

(2) 相關電路：

① 電源自動切換電路：

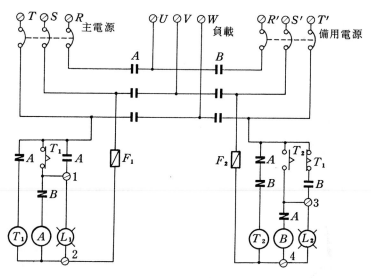

② 停電、欠相電源自動切換電路之一：

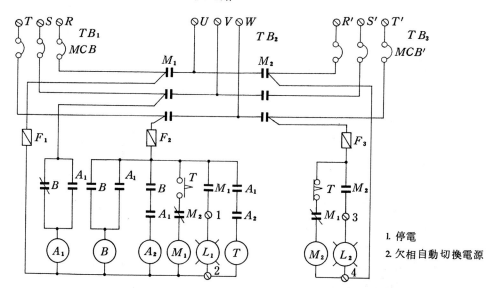

1. 停電

2. 欠相自動切換電源

③　停電、欠相電源自動切換電路之二：

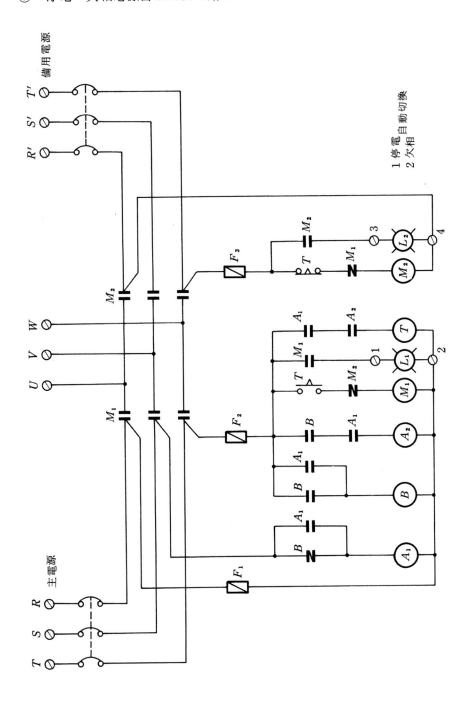

④ 電源自動切換電路：

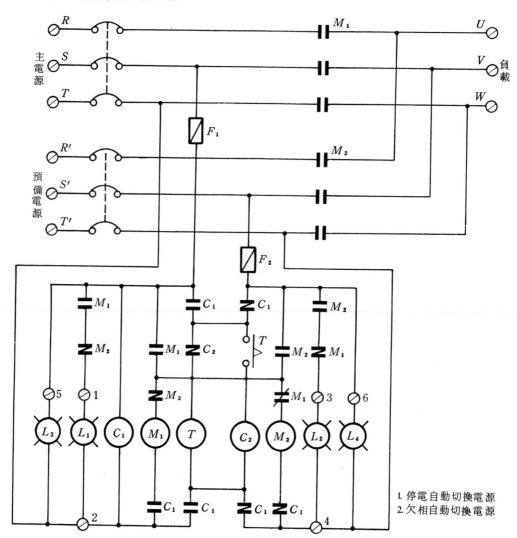

1. 停電自動切換電源
2. 欠相自動切換電源

4-15 自動、手動切換電路

很多控制場合需要既能自動，又可手動的電路。平時，由電路自動的操作整個過程，必要時，可由人力來加以操作。諸如紅綠燈信號控制，平時可由電路來控制，但交通頻繁時，可由交通警察來加以控制，以達疏散交通的效果。本處介紹自動及手動切換電路的應用，是最適宜的。

(1) 基本電路：

① 線路圖：

單一電動機手動、自動切換控制電路：

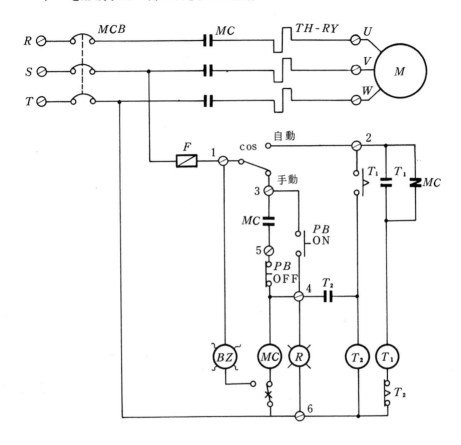

② 使用器具：

項　次	符　　號	名　　　　　稱	規　　　　　　格	數	量
1	MCB	無熔絲開關	AC 220 V 30 AT 50 AF	1	只
2	MC	主電磁開關	AC 220V 15A	1	只
3	T_1, T_2	限時電驛	AC 220 V　STP-N	2	只
4	cos	選擇電驛	1a 1b（附公共接點）	1	只
5	TB_1, TB_2	端子台	3 P 20 A	1	只
6	TB_3	端子台	16 P 20 A	1	只
7	PB	按鈕開關	1a 1b	1	只

③ 動作說明：

    (A) 接上電源時，電動機不動作。

    (B) 將cos開關切至手動處，電動機仍不運轉。

    (C) 按下PB-ON按鈕後，電動機啓動運轉。

    (D) 按下PB-OFF按鈕後，電動機停止運轉。

    (E) 將cos開關切至自動處，電動機不會運轉。

    (F) 俟一段時間後，電動機啓動運轉。

    (G) 電動機運轉一段時間後，自動停止運轉。

    (H) 電動機運轉中，遇過載情況，則OL跳脫，蜂鳴器鳴叫。

(2) 相關電路：

    ① 切換控制電路之一（連續運轉，寸動之切換電路）：

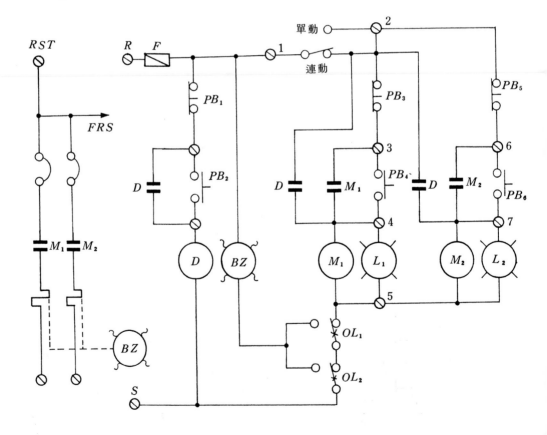

② 切換控制電路之二（單動、連動控制電路）：

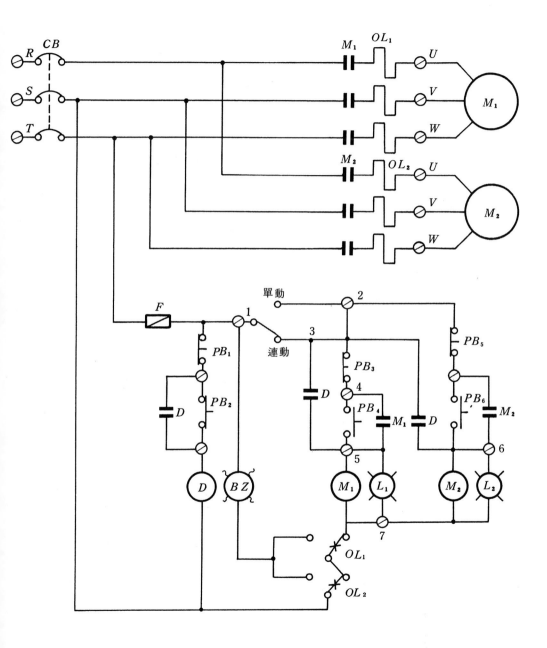

③　切換控制電路之三（手動、自動點滅電路）：

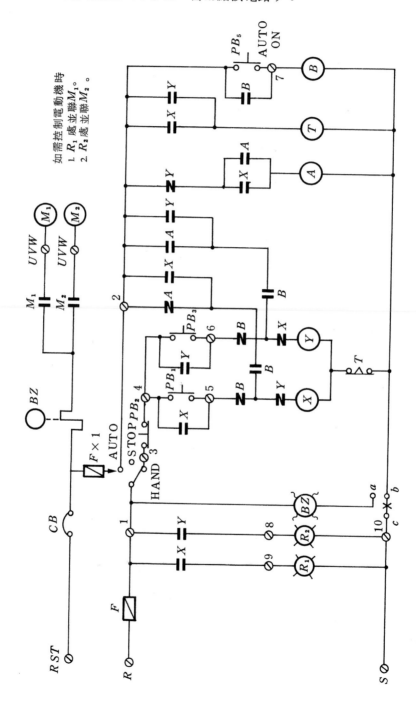

④　切換控制電路之四（手動、自動正逆轉控制電路）：

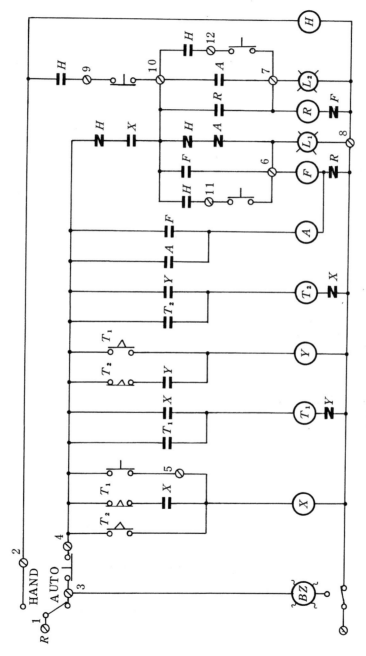

⑤ 切換控制電路之五（手動、自動循環正逆轉附剎車電路）：

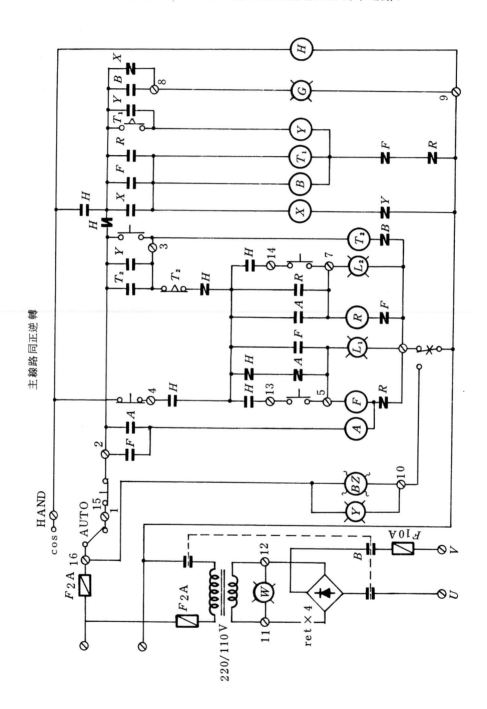

⑥　切換控制電路之六（手動、自動循環正逆**轉**附利車電路）：

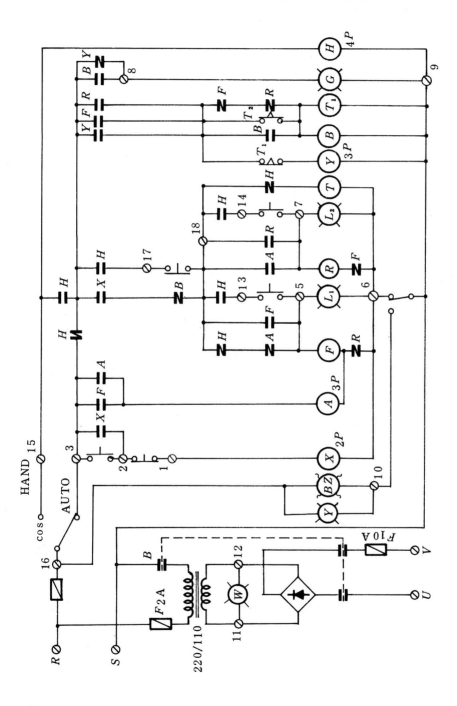

4-16　交通號誌燈控制電路

(1)　基本電路圖：

①　線路圖：（綠、黃燈不閃爍）

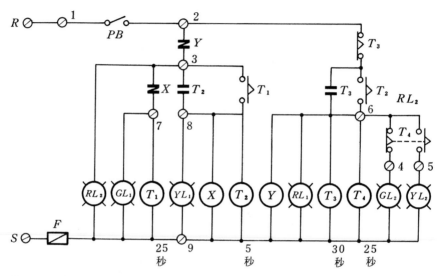

②　使用材料：

項　次	符　　　號	名　　　　稱	規　　　　格	數　　量
1	PB	單切開關		1　只
2	T_1, T_2, T_3, T_4	限時電驛	AC 220 V OMRON STP-N	各　1　只
3	X, Y	電力電驛	AC 220 V MK2P	各　1　只
4	RL	指示燈	AC 220 V 30 ϕ	紅燈 2 只
5	GL	指示燈	AC 220 V 30 ϕ	綠燈 2 只
6	YL	指示燈	AC 220 V 30 ϕ	黃燈 2 只

③　動作說明：

(A)　當接上電源時，各燈不亮。

(B)　將單切開關投入後，RL_2 及 GL_1 亮。

(C)　經一段時間後，RL_2 及 YL_1 亮。

(D)　再經一段時間後，GL_2 及 RL_1 亮。

(E)　又一段時間後，YL_2 及 RL_1 亮。

(F)　再一段時間後，RL_2 及 GL_1 亮。

(G)　重複(B)至(G)之動作。

(H)　若想停止其動作，只需將 PB 開路即可。

(2)　相關電路：

①　交通號誌燈控制電路之一（綠燈不閃爍）：

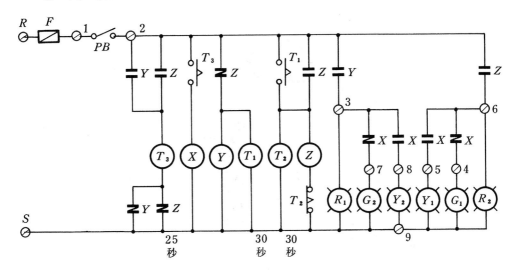

交通號誌燈控制電路之二（綠燈不閃爍）

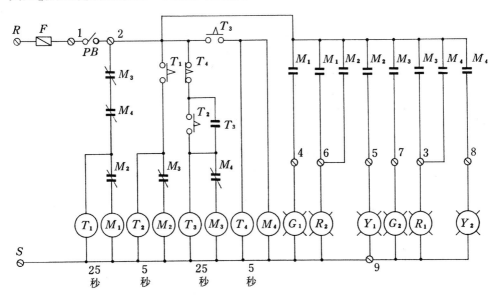

② 交通號誌燈控制電路之三（綠燈不閃爍）：

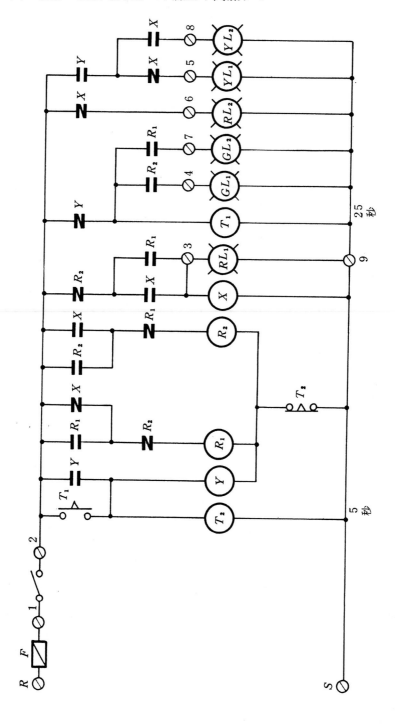

③　交通號誌燈控制電路之四（綠燈閃爍）：

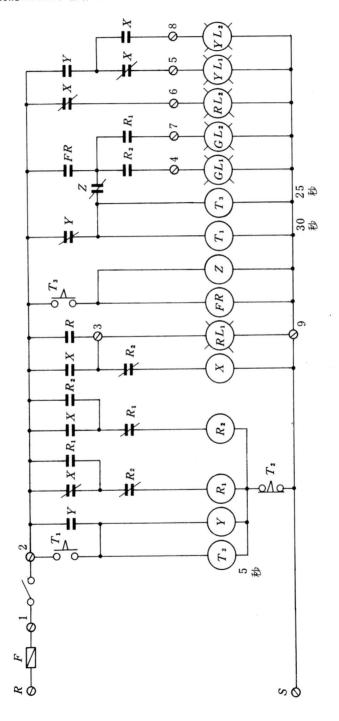

④ 交通號誌燈控制電路之五（綠燈閃爍）：

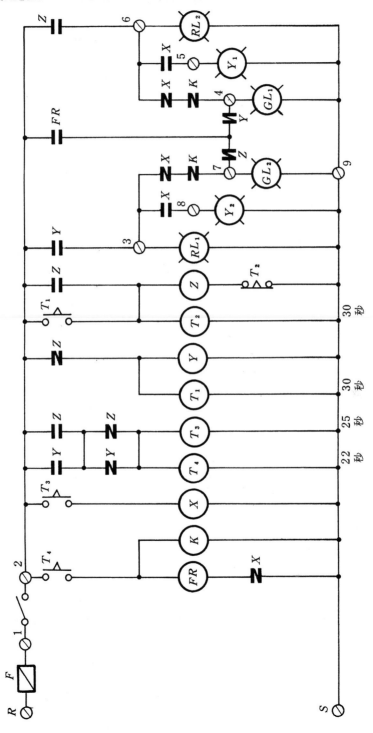

⑤　交通號誌燈控制電路之六（綠、黃燈閃爍）：

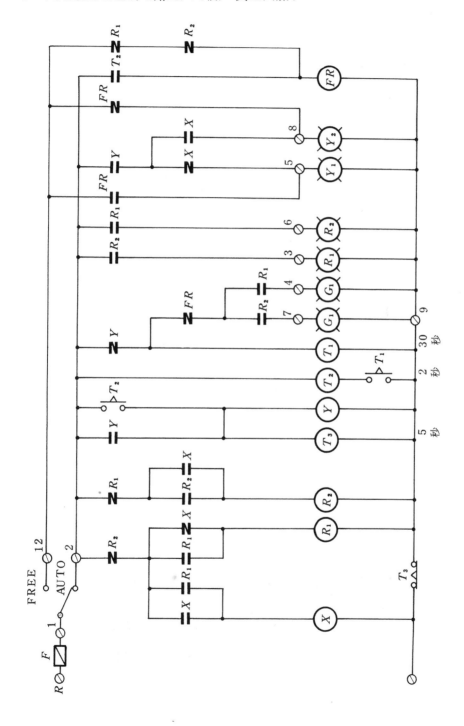

⑥　交通號誌燈控制電路之七（自由、自動、停止切換，黃、綠燈閃爍電路）：

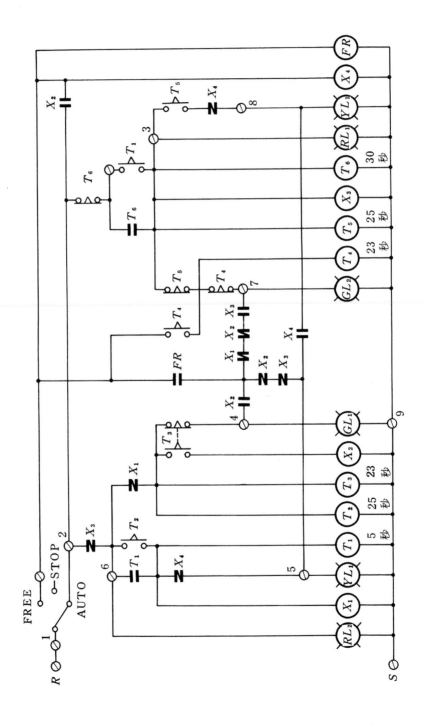

⑦　交通號誌燈控制電路之八（黃、綠燈閃爍，附 free , hand , auto操作切換）：

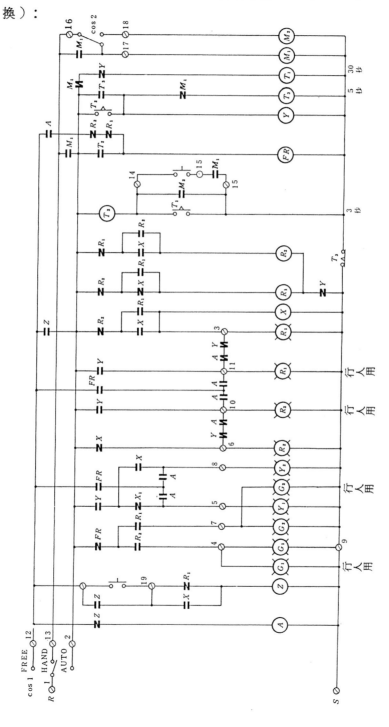

4-17 極限開關控制電路(位置控制電路)

　　極限開關用於控制場合時，常與位置之極限有關，故又常稱位置控制。例如：受控制器具走至 LS 處自動切斷電路，再者作反向處處理，更甚者，又去從事各種複雜之控制處理，本處僅就昇降梯控制電路加以解釋，希望讀者能舉一反三，擴大應用。

(1) 基本電路：（正逆轉、LS 控制電路）

　　① 電路圖：

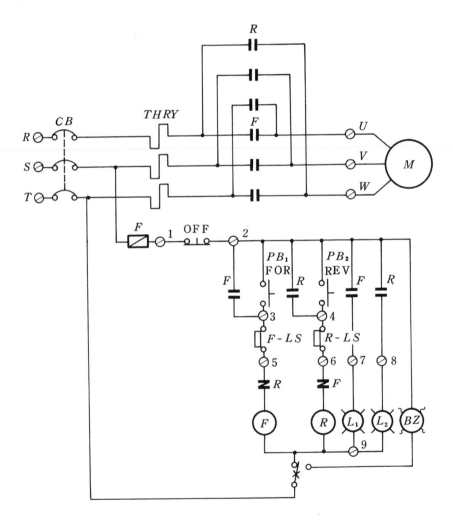

② 使用器具：

項　次	符　　號	名　　　　　稱	規　　　　　格	數　　量
1	CB	無熔絲開關	AC 220 V 30 AT 50 AF	1　只
2	F、R	電磁開關	AC 220 V 15 A（5 HP）	1　只
3	L_1, L_2	指示燈	AC 220 V 30 ϕ	黃、紅各 1
4	LS	極限開關	15 A 以上　　　$1a1b$	2　只
5	TB_1, TB_2	端子台	3P 20 A	1　只
6	TB_3	端子台	16 P 20 A	1　只
7	PB_1, PB_2	按鈕開關	$1a$	各　1　只

③ 動作說明：

(A) 接上電源時，電動機不動作，L_1 及 L_2 不亮。

(B) 按下 FOR 按鈕後，電動機正轉。此時，按 REV 按鈕無作用，L_1 亮。

(C) 當物件移動，碰使 F-LS 動作，將電路切斷，電動機停轉。此時，L_1 及 L_2 不亮。

(D) 當按下 REV 按鈕後，電動機逆轉。此時，按 FOR 按鈕無作用，L_2 亮。

(E) 當物件移動，碰使 R-LS 動作，切斷電路，電動機停轉。此時，L_1 及 L_2 不亮。

(F) REV 與 FOR 按鈕，先按者，先行其動作，而另一按鈕在其動作結束前無作用。

(G) 若物件碰着 R-LS 或 F-LS 其一而動作時，則該方按鈕按下時，無作用。

　　極限開關之作用甚多，可幫我們作手不能及處，或危險地方之切斷，或變換轉向工作，其體積雖小，但幫忙處甚多。其中，利用之電路多不能勝舉，讀者當可從本小節之利用中體會其用途及好用之處。

(2) 相關電路：

① LS 控制電路之一（自動正逆轉）：

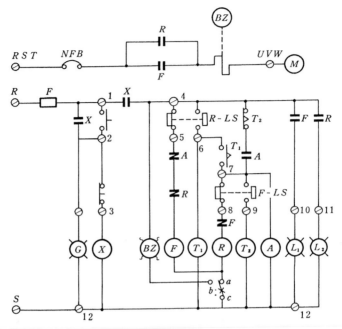

② LS 控制電路之二（位置、地點控制）：

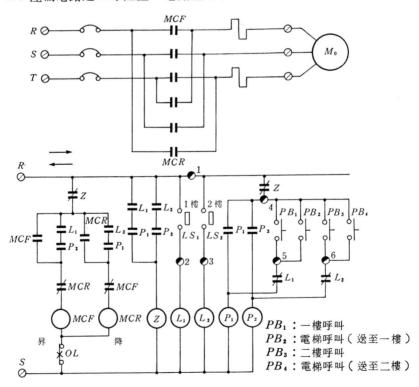

PB_1：一樓呼叫

PB_2：電梯呼叫（送至一樓）

PB_3：二樓呼叫

PB_4：電梯呼叫（送至二樓）

③　*LS* 控制電路之三（位置、地點控制）：

一樓⇄二樓⇄三樓升降梯控制㈡

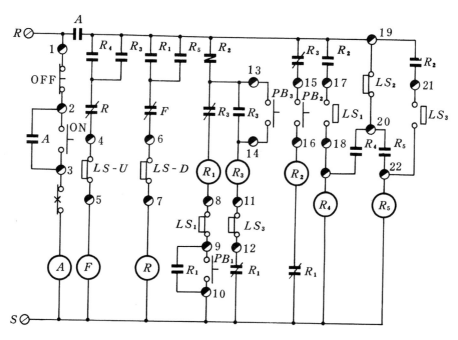

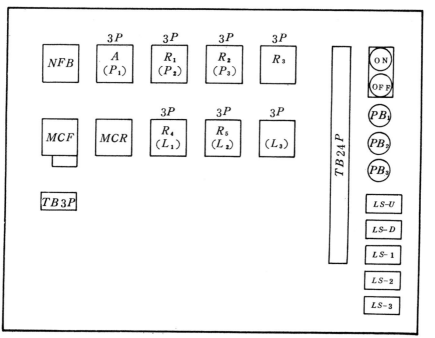

④ LS 控制電路之四（位置、地點控制）：
　　㈢一樓⇄二樓⇄三樓升降梯控制㈢

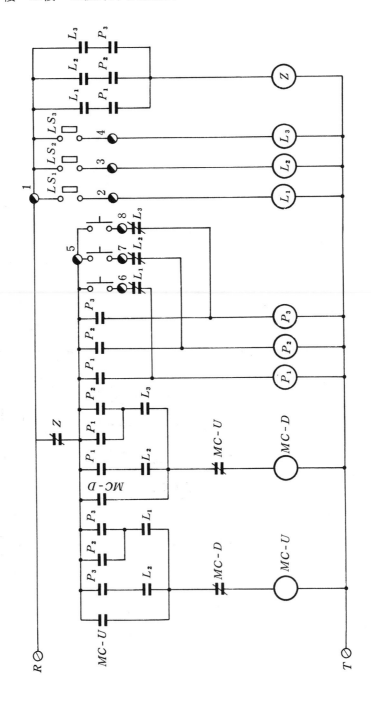

⑤ *LS*控制電路之五（位置、地點控制）：

一樓⇄二樓升降控制（使用 keep relay ）

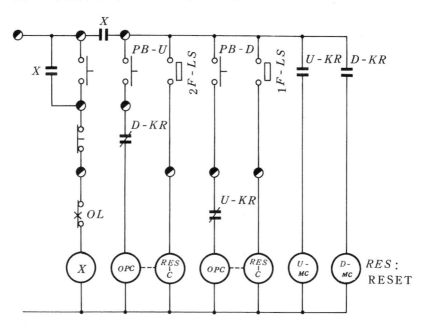

4-18 自動點滅器控制電路

自動點滅係光控制之一種，使用硫化鎘板、電熱絲及雙金屬片所構成。硫化鎘板又稱 cds cell ，其特性為：當光線增強時，其電阻降低；光線減弱時，其電阻增大。

如圖 4-8 接線，硫化鎘板串接電熱絲。光強時，cds 電阻變小，通過電熱絲的電流增大，使電熱絲迅速加熱，導致雙金屬片彎曲，使接點開路，切斷電源；光弱

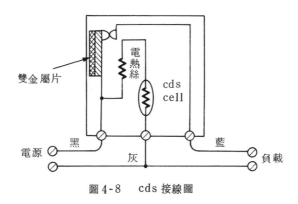

圖 4-8　cds 接線圖

時，cds電阻變大，電流變小，雙金屬片冷却恢復原狀，接點接通電源隨之接通。

自動點滅器有110V及220V用兩種。

(1) 基本電路圖：110V級cds自動點滅器電路。

① 110V級自動點滅器接脚圖：

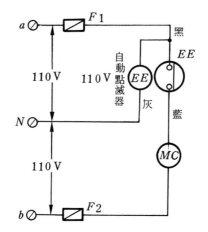

② 控制電路圖：

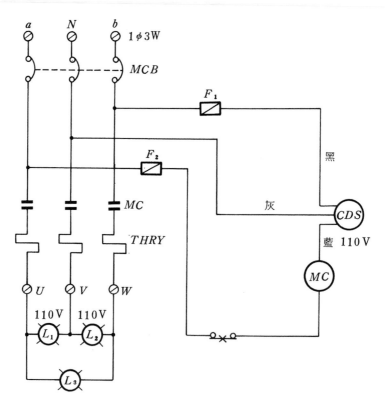

③ 使用器具：

項　次	符　　號	名　　　　　　稱	規　　　　　　格	數　量	
1	MCB	無熔絲開關	3P1φ3W15AT 50 AF	1	只
2	MC	電磁開關	220 V 15 A	1	只
3	L_1, L_2 L_3	電燈泡	110 V	各 1	只

④ 動作說明：

(A) 中性線不可接保險絲。

(B) 接上電源時，電燈不亮。

(C) 以手遮住 cds 之受光面，電燈點亮。

(D) 若要 cds 無作用，得將MCB打開，使電源開路。

(2) 相關電路：

① 自動點滅器控制電路之一：

廣告燈控制電路（110 V）

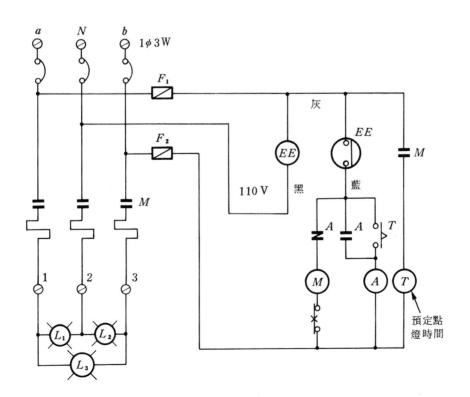

② 自動點滅器（110級）控制電路之二：

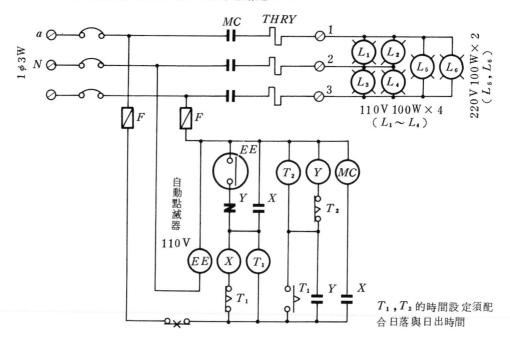

③ 自動點滅器（1φ3W）控制電路之三：

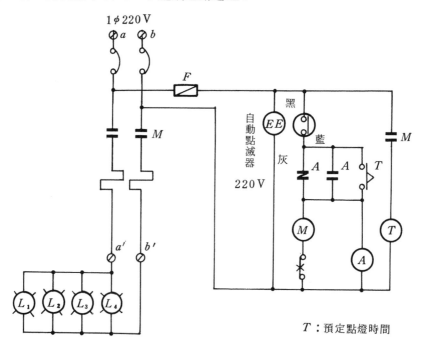

T：預定點燈時間

⑷　自動點滅器（ $3\phi\,3W$ ）控制電路：

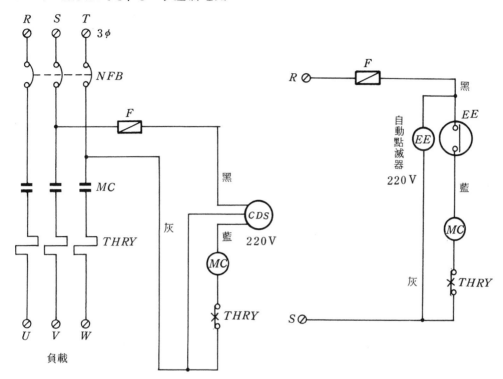

4-19　儀表接線

⑴　比壓器

　　比壓器又稱儀器用電壓互感器或表用變壓器。使用比壓器可以使高電壓隔離，減少測量的危險性，並可使用小額電壓表配合其變壓比來量取高電壓。

　　比壓器簡稱 PT ，通常其二次側電壓值均爲 $110\,V$ ，故可以 $110\,V$ 級之電表配合變壓比來量取高電壓，但有些表頭爲方便計已配合比壓器事先換算，刻上高壓刻度，使用時需注意。

⑵　比壓器接線法：

　　①　$Y-Y$ 接法：

　　　　如圖4-9，本法係使用於 $3\phi\,4W$ 式者。

　　②　△－△接法：

　　　　如圖4-10，本法較少用，如僅係量取系統電壓用時，可以 $V-V$ 接線來達成，較爲經濟。

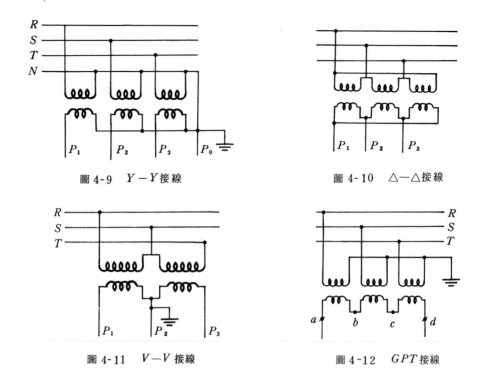

圖 4-9　*Y－Y* 接線　　　　　　　圖 4-10　　△－△接線

圖 4-11　　*V－V* 接線　　　　　　圖 4-12　　*GPT* 接線

③　*V － V* 接法：

 V － V 接法如圖 4-11 接線，可以減去一個單相變壓器，而仍可測量三相電壓，使用法需注意其中性點（二次側）需接地，以防浮離電壓之產生，危害工作人員。

④　*Y － △* (open △) 法：

 此種接法係用於接地警報用，整個回路可稱爲 GPT，如圖 4-12。

(3)　比流器：

 又稱儀表用電流互感器、表用互感器，簡稱 CT。詳見常用配電器具單元。

(4)　比流器接線法：

①　*Y* 接線：

 如圖 4-13，用於三相系統中線電流，有效、無效電力之量度或線間故障保護。

②　*V* 接線：

 如圖 4-14，使用本法可以節省一只 CT。但考慮日後改成 3ϕ 4W 式，故目前配線盤常使用三只 CT 接成 *Y* 型。

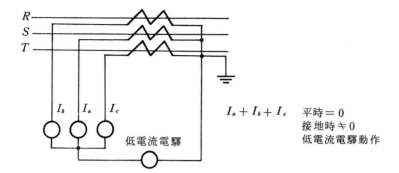

圖 4-13　Y 接線

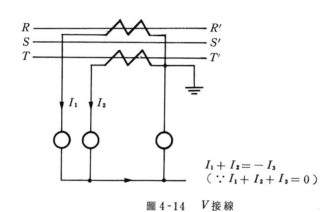

圖 4-14　V 接線

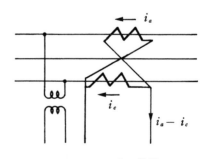

圖 4-15　△接線

圖 4-16　交叉接線

③　△接線：

　　如圖 4-15 ，三條引出線引出二線電流之差，此法大都用於差動電驛較多。

④　交叉接法：如圖 4-16 所示者。

　　參考低壓元件單元，求比流器配合電表頭所示之比值來求得貫穿數，但電流表頭應依負載性質選定不同的電流表，如 10HP 電動機負載額定電流為 27A ，不考慮

啟動電流，其測量運轉時之電流值應選用 $0 \sim 50/5A$。15HP 額定電流 40A，應選用 $0 \sim 75/5A$ 電流表；而 30HP 之額定電流 76A，應選用 $0 \sim 100/5A$ 之電流表。

但若 10HP 考慮啟動電流，如 $Y - \triangle$ 啟動之場合，其額定電流為 $30 \times 6 \times \frac{1}{3}$ $= 60A$。此時，所需選用 $75/5A$ 之電流表。

(5) 電壓切換開關（VS）接線法：

分 $3\phi 3W$ 及 $3\phi 4W$ 二種，如圖 4-17所示。

(6) 電流切換開關（AS）接線法：

分 $3\phi 3W$ 及 $3\phi 4W$ 二種，如圖 4-18。

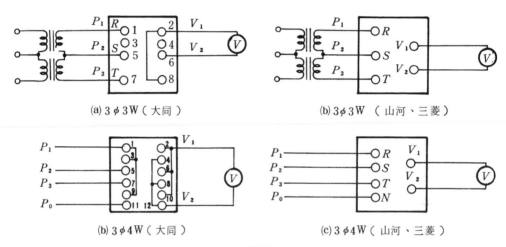

(a) $3\phi 3W$（大同）   (b) $3\phi 3W$（山河、三菱）

(b) $3\phi 4W$（大同）   (c) $3\phi 4W$（山河、三菱）

圖 4-17 VS 接線簡圖

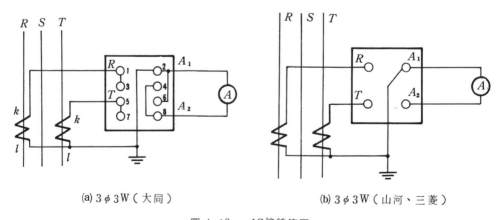

(a) $3\phi 3W$（大同）   (b) $3\phi 3W$（山河、三菱）

圖 4-18 AS 接線簡圖

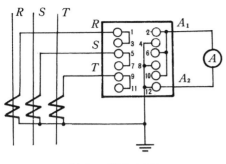

(c) 3 φ 4 W（大同）

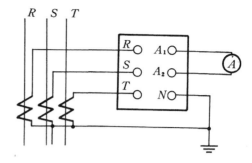

(d) 3 φ 4 W（山河、三菱）

圖 4-18（續）

(7) 功率因數計接線：

分 3 φ 3 W 及 3 φ 4 W 二種，3 φ 3 W 與 1 φ 3 W 之外部接法一樣。

計器內均有電壓線圈及電流線圈，其接線法如圖 4- 19 。三相平衡時取三相電壓與 R 相電流如圖 4- 18 (a)，或取 ST 相電壓與 R 相電流如圖 4- 18 (b)。

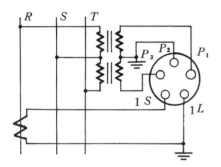

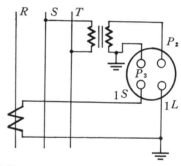

(a)(b) 3 φ 3 W 平衡負載

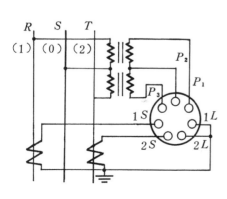

(c) 1 φ 3 W 與 3 φ 3 W 不平衡負載

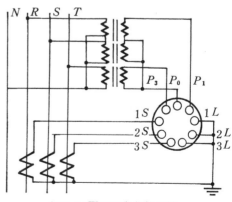

(d) 3 φ 4 W 不平衡負載接線

圖 4- 19　功率因數計接線法

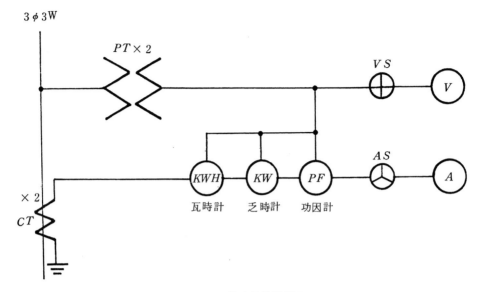

圖 4-20　儀表接線單線圖

(8) 瓦時計與乏時計、功率因數計及CT、PT電壓表，VS電流表，AS配合接線時，應注意下列事項：

① 如圖4-20所示，AS及電流表應置於線路尾端，以避免其他計器因AS之切換，使其他計器失效。

② 瓦時計、乏時計、功因計之電流線圈應與電流表串聯。

③ 瓦時計、乏時計、功因計之電壓線圈應與電壓表並聯。

④ 比壓器之中性點，CT之二次側 l 端及接地線，均應實際實施接地。

　　AS及VS常用廠牌有山河、三菱及大同三種，大同牌之接線均於外部實施，而山河及三菱廠牌部份於內部接妥，只要接好外部接線就可，應注意其接點之排列。

(9) 儀表接線：

① 3φ3W式儀表接線：

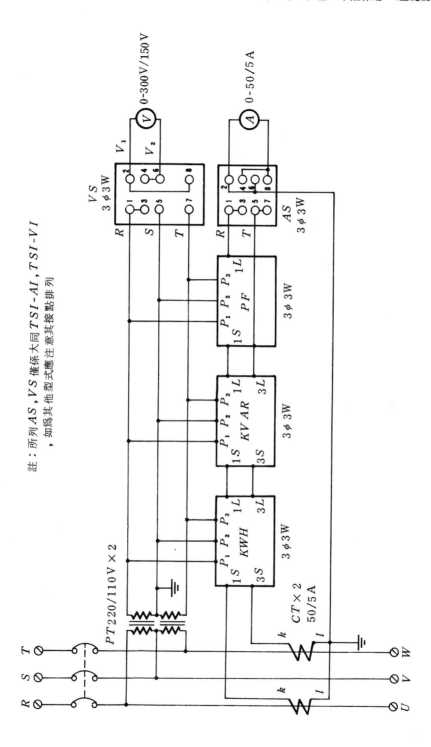

註：所列 AS，VS 僅係大同 $TSI-AI$，$TSI-VI$ ，如為其他型式應注意其接點排列

② 1φ3W及3φ3W不平衡時之儀表接線：

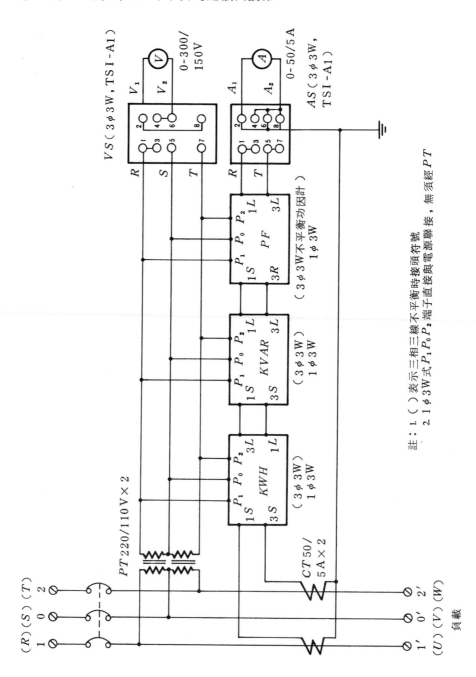

③ 3φ4W式儀表接線：

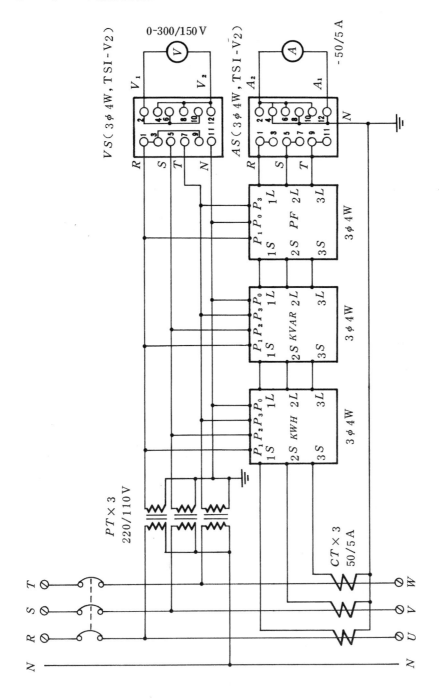

④ 3φ4W（接地系統）儀表接線：

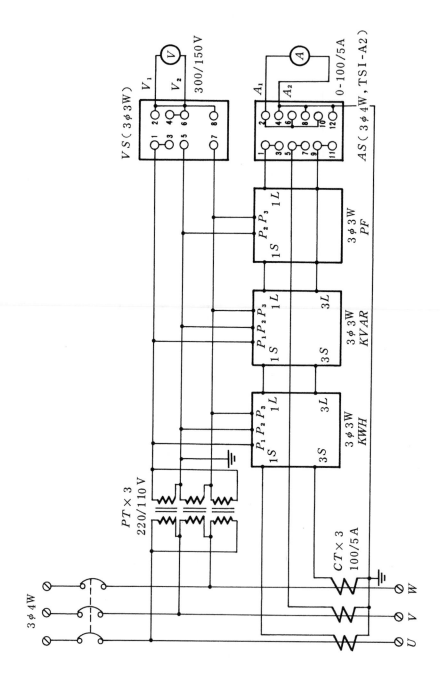

4-20　無浮球液面控制電路

本篇已於低壓配線單元介紹過，本處只略舉要點加以介紹：

無浮球液面控制電路，係以電極代替浮球，將電極間流通之電流予以放大，去推動電磁開關動作，指揮抽水機作功，其電極間之電壓約為 $6V \sim 24V$（DC）。

在給水控制時，電極放於水塔中，而使用無浮球控制器中之 b 接點，於排水控制時，電極放在供水源水槽中，使用的是 a 接點來達成控制。若想作排水、給水同時控制時，則可將兩具的 a（排水）與 b（給水）接點串接。使用國際牌21F-G兩具，但也可使用一具來達成排水與給水控制，如21-G1。

一般市面上常見之廠牌有山河、國際及歐母龍等，山河廠牌接線本人無資料，僅列舉國際牌21F系列，及OMRON廠牌61-F系列，加以分析：

(1)　國際牌：（三線、二線共用型）（引用日本NATIONAL省力化推進器具型錄）

　　21F-G無浮球開關接線順序：

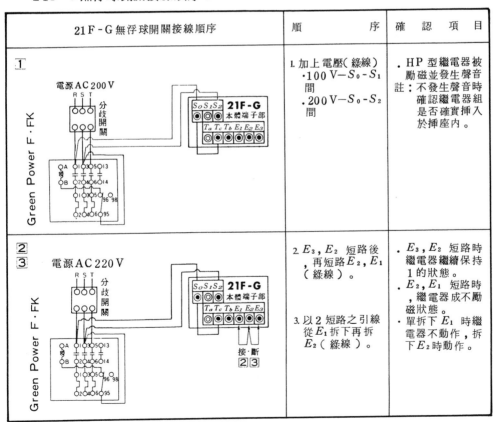

21F-G 無浮球開關接線順序	順　　　序	確　認　項　目
① 電源AC200V	1. 加上電壓（綠線） ・100V－S_0-S_1 間 ・200V－S_0-S_2 間	・HP 型繼電器被勵磁並發生聲音 註：不發生聲音時確認繼電器組是否確實插入於插座內。
②③ 電源AC220V	2. E_3, E_2 短路後，再短路 E_2, E_1（綠線）。 3. 以 2 短路之引線從 E_1 拆下再拆 E_2（綠線）。	・E_3, E_2 短路時繼電器繼續保持 1 的狀態。 ・E_2, E_1 短路時，繼電器成不勵磁狀態。 ・單拆下 E_1 時繼電器不動作，拆下 E_2 時動作。

21F-G無浮球開關接線順序	順　　序	確　認　項　目
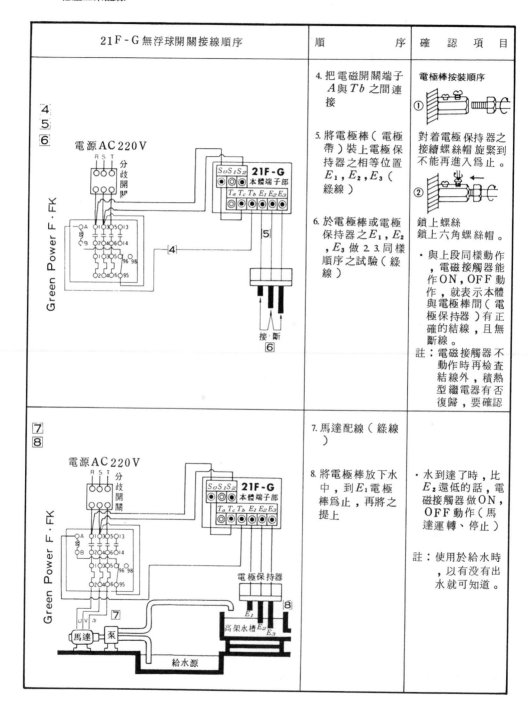	4. 把電磁開關端子 A 與 Tb 之間連接 5. 將電極棒（電極帶）裝上電極保持器之相等位置 E_1,E_2,E_3（綠線） 6. 於電極棒或電極保持器之 E_1,E_2,E_3 做 2.3.同樣順序之試驗（綠線）	電極棒按裝順序 ① 對着電極保持器之接續螺絲帽旋緊到不能再進入為止。 ② 鎖上螺絲 鎖上六角螺絲帽。 ・與上段同樣動作，電磁接觸器能作ON,OFF動作，就表示本體與電極棒間（電極保持器）有正確的結線，且無斷線。 註：電磁接觸器不動作時再檢查結線外，積熱型繼電器有否復歸，要確認
	7. 馬達配線（綠線） 8. 將電極棒放下水中，到 E_1 電極棒為止，再將之提上	・水到達了時，比 E_2 還低的話，電磁接觸器做ON,OFF動作（馬達運轉、停止） 註：使用於給水時，以有沒有出水就可知道。

(2)　OMRON 廠牌無浮球開關：

表 4-1　61F 型液面控制器型別、性能表

項　目 \ 形　式	基　　本　　形 形 61F-G　　形 61F-G3 形 61F-G1　　形 61F-G4 形 61F-G2　　形 61F-I	一般用（普用）插付型（pluge） 形 61F-GP	緊密桁型（compact plug） 形 61F-GP-N
定格電壓	AC 100/200V（共用）50/60Hz（共用）	AC 100,200V　50/60Hz（共用）	
電壓變動範圍	定格電壓的 85～110%	定格電壓的 85～110%	
電極間電壓（2次電壓）	AC8V	AC8V	
消耗電力	約 3.2VA（type）	約 3.2VA（type）	
動作抵抗	約 4kΩ以上	約 4kΩ以下	
復歸抵抗	約 15kΩ以下	約 15kΩ以下	
制御輸出	AC200V 5A（抵抗負荷）	AC200V 5A（抵抗負荷）	AC200V 2A（抵抗負荷）
壽命　電氣的	50 萬回以上	50 萬回以上	10 萬回以上
壽命　機械的	500 萬回以上	500 萬回以上	500 萬回以上
使用周圍溫度	-10～55°C	-10～55°C	
使用周圍濕度	45～85% RH	45～85% RH	
絕緣抵抗	100MΩ以上（DC500VMΩ計）	100MΩ以上（DC500VMΩ計）	
耐電壓	AC1500V 50/60Hz 1分間	AC1500V 50/60Hz 1分間	
使用電纜線長度	1km以下	1km以下	
內部接線圖			

· 上表所列器，僅用於常溫之下者，另特殊場合使用者，於型號後加附英文字代表，高溫者用 T 代表，遠距離用以 L 代表，高感度使用者以 H 代表

表 4-2 基本形、使用條件別、單元分類表

項目 ＼ 用途	高溫用	遠距離用	高感度用	低感度用	2線式用
形式	形 61F-11T	形 61F-11L	形 61F-11D	形 61F-11D	形 61F-11R
動作抵抗	約 5kΩ 以上	1.8～3.5kΩ（2km用）0.7～2.0kΩ（4km用）	約 70kΩ 以上	約 1.8kΩ 以上	約 1.1kΩ 以上
復歸抵抗	約 15kΩ 以下	2～4kΩ（2km用）0.8～2.5kΩ（4km用）	約 300Ω 以下	約 5kΩ 以下	約 15kΩ 以下
使用電纜線之長度	600m 以下	2km、4km 以下	50m 以下	1km 以下	800m 以下
使用周圍溫度	-10～70°C	-10～55°C			
一般用電驛單元之互換性	有	有	無	有	無
銘板覆帶顏色	紅	黃	青	無	綠

型　　別	電　驛　單　元 61F-11□型的使用數
G　type	1 個
G 1 type	2 個
G 2 type	2 個
G 3 type	3 個
G 4 type	5 個
I　type	2 個

(a)電驛單元　　　　　　　　(b) 61F 系列各型採用電驛之個數

圖 4-22　　61F-G 系列基本型液面控制器結構

上兩表使用到電纜者，應採完全絕緣處理，其線徑可採 0.75mm^2 之三心電纜。

　　通用之無浮球液面控制器分爲基本型、插梢型及緊密插梢型三種。電驛基本單元外觀如圖 4-22(a)，三型無浮球開關中，基本型係以電驛基本單元組合而成，更換損壞元件非常簡易。

　　插梢型採腳座形態配線，其內部線路圖如表 4-1。

　　緊密插梢型，小巧玲瓏，如粉盒包裝，其配線亦採腳座形，內部線路圖如表 4-1 所示。

61F-G 系列（兩用型）液面控制器：

　　能作排水與給水場合液面控制者，謂之兩用型。只能作排水，或只能作給水工作之液面控制器，爲單用型。

　　61F-G 系列不具缺水警示及溢水警示電路。

　　動作說明：

　　. 給水場合：

　　(A)　當水位升至 E_1 時，電動機停止運轉。

　　(B)　當水位降至 E_2 以下時，電動機起動運轉。

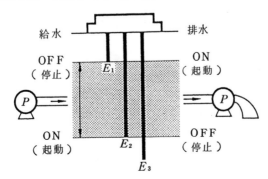

・排水場合：

(A)　當水位升至 E_1 時，電動機開始啓動運轉。

(B)　當水位降至 E_2 以下時，電動機停止運轉。

要訣：

　　在給水控制場合時，電極放於水塔，係利用液面控制器之 b 接點。而在排水控制場合時，電極應放於水源水槽中，係利用液面控制器裏之 a 接點來控制抽水機之動作與否。

①　61F-G基本型給水場合接線圖：

(A)　排水場合 Tb 換接 Ta 。

(B)　E_3 接地配線定需實施。

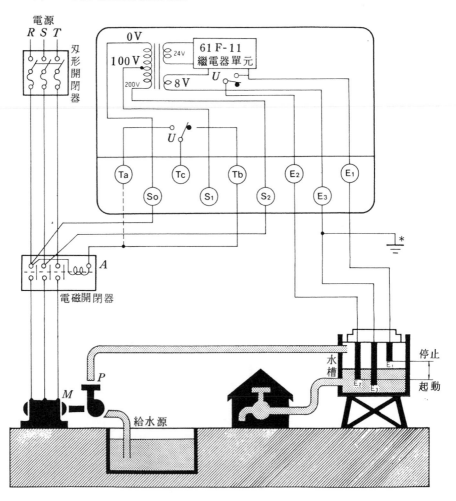

(C)　$S_0 - S_1$，AC110V。

(D)　$S_0 - S_2$，AC220V。

② 61F-G 插梢型給水場合接線圖：（61F-GP 型）

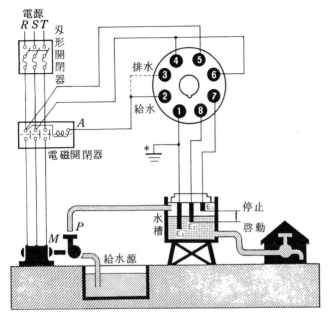

・5，6 脚爲電源接線脚
・E_3 需接地

③ 61F-G 緊密插梢型給水場合接線圖：（61F-GP-N 型）

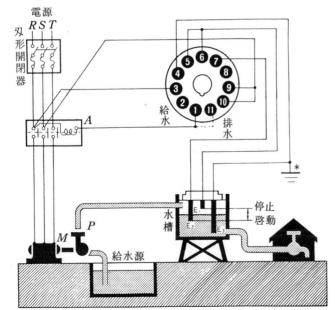

・3-9 脚爲電源接線脚
・E_3 需接地

④　61F-G給水場合電極棒採3線式之接線圖：

(A)　E_3應確實接地。

(B)　排水場合Tb換接Ta。

(C)　E_1與E_3應確實接上電阻R。

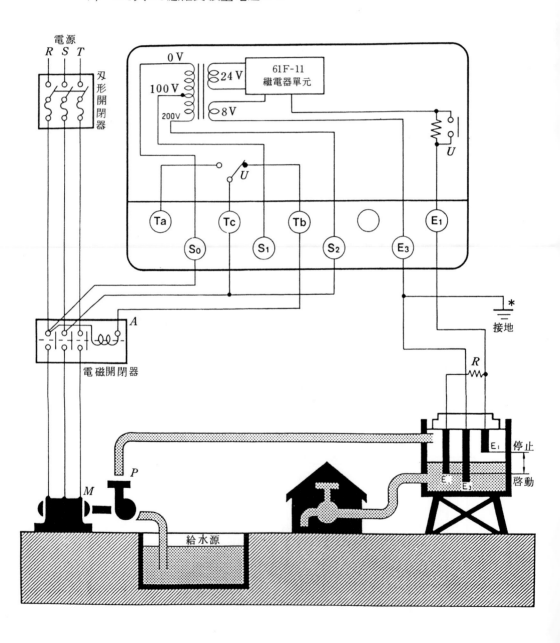

⑤　61F-G1系列(單用型)液面控制器：

61F-G1系列，只能作給水場合，水槽水位、給水源水位之自動控制及渴水警報電路控制之用，而不具排水場合及溢水警報功能。

動作說明：

- 當水槽水位升至 E_1 時，抽水機停轉。
- 當水槽水位降至 E_2 以下時，抽水機啓動抽水。
- 當給水源水位升至 E_2' 以上時，始讓抽水機具啓動條件。
- 當給水源水位降至 E_2' 以下時，抽水機不具啓動條件。即水槽水位降至 E_2 以下時，抽水機亦不會起動。此時，電鈴電路與空轉警示燈動作。

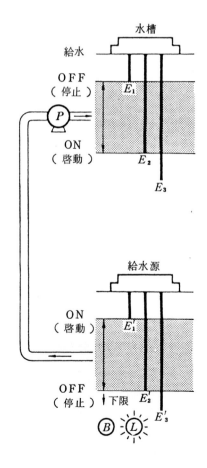

(A) 61F-G1基本型給水場合兼空轉警示接線圖：

(a) 測試用接鈕：

用於停電復電時，水槽之水低至 E_2 時啓動馬達之用。

(b) E_3 應確實接地。

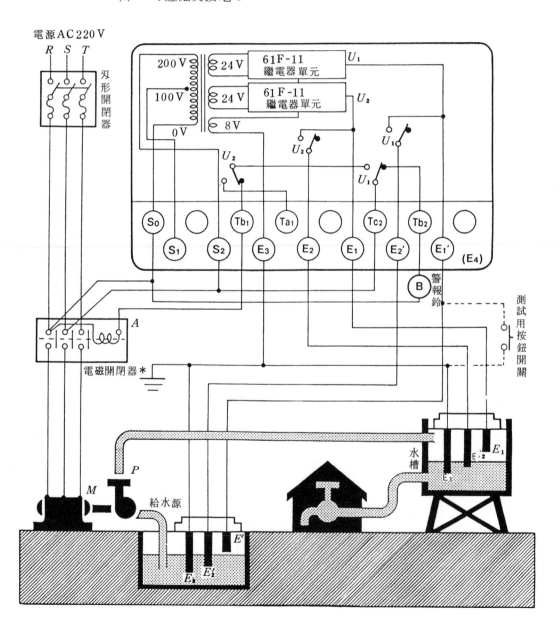

⒝　61F-G1插梢型給水場合兼空轉警示接線圖：

端子配置

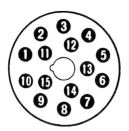

（緊密插梢型腳座圖）

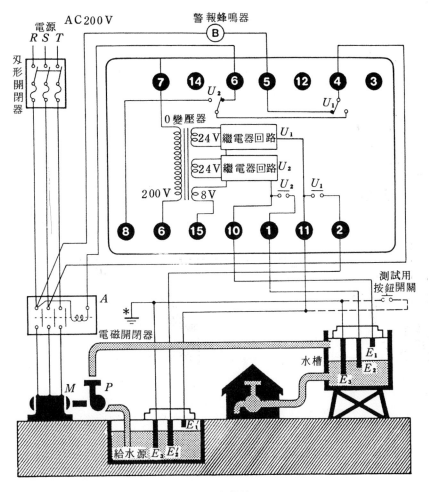

E_3應確實接地

(C) 61F-G1系列（基本型）給水場合兼渴水警報電路圖：

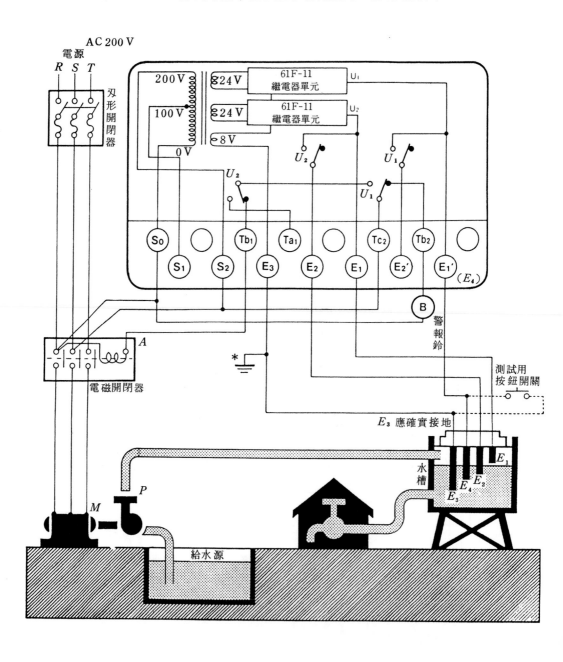

(D)　61F-G1插梢型給水場合兼渴水警報電路圖：

端子配置

（緊密插梢型腳座圖）

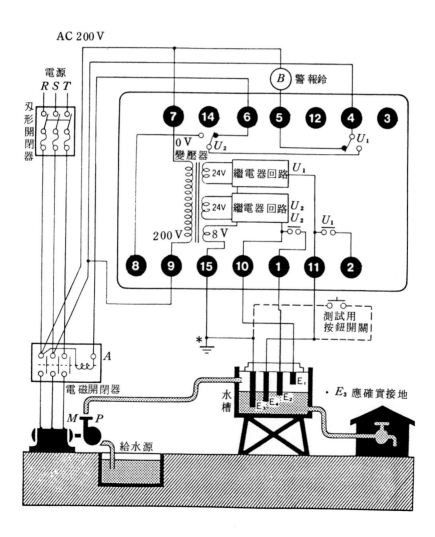

⑥　61F-G2系列（兩用型）液面控制器：

61F-G2系列能作溢水警報及排水、給水場合水位之自動控制。

動作說明：

・給水場合（水槽）：

(a)　當水位升至E_1以上時，電動機停止運轉。

(b)　當水位降至E_2以下時，電動機動作抽水。

・排水場合（水槽）：

(a)　當水位升至E_1以上時，電動機動作抽水。

(b)　當水位降至E_2以下時，電動機停止運轉。

・溢水場合（水槽）：

當水位升至E_4以上時，溢水警報電路接通，電鈴響叫。

・本型式可作給水及排水水位控制。

・本型式不能作低水位警報控制。

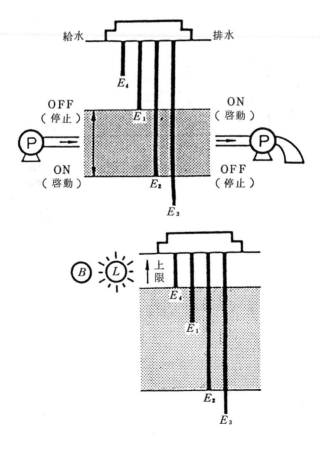

(A) 61F‐G2 系列（基本型）給水場合水位自動控制兼溢水警報電路。

(a) G_2 系列另有揷梢型。

(b) E_3 應確實接地。

(c) 排水場合 Ta_1 換接 Tb_1。

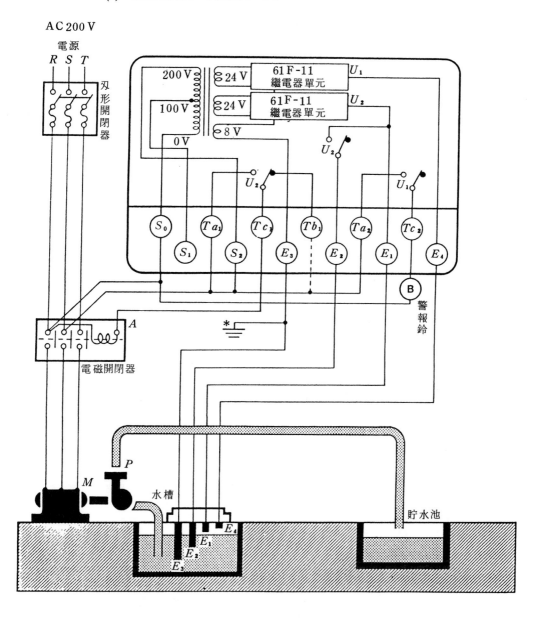

(B) 61F-G2 插梢型給水場合水位自動控制兼溢水警報電路：

端子配置

（緊密插梢型接線端子）

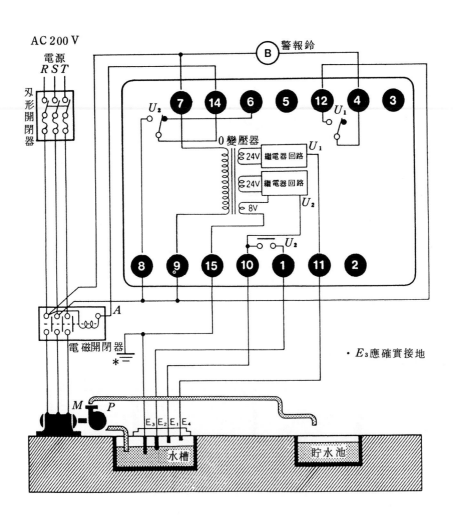

⑦　61F-G3系列（兩用型）液面控制器：

排水、給水場合自動水位控制兼水槽滿水、渴水警報用。

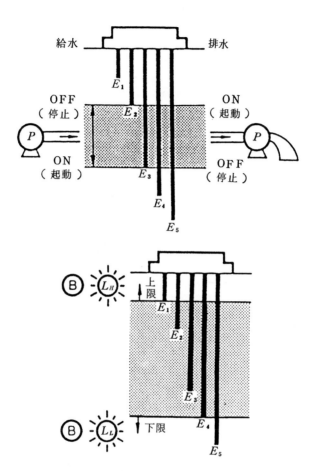

動作說明：

　　・排水與給水自動水位控制動作如其他形式。

水槽滿水、渴水警報：

　　・如圖當水位升至 E_1 以上時，上限燈亮，蜂鳴器響叫。當水位降至
　　　E_4 以下時，下限燈亮，蜂鳴器響叫。

(A)　61F-G3基本型給水場合水位自動控制兼渴水、滿水警報電路：

　　(a)　E_5 應確實接地。

　　(b)　排水場合時，Tb 換接 Ta 。

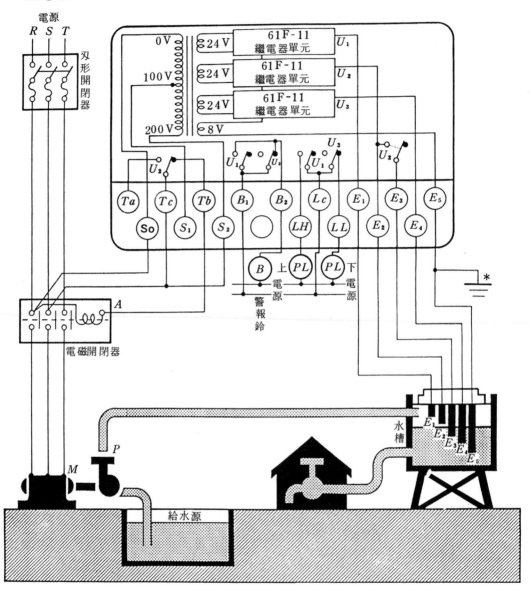

⑧ 61F-G4系列（單用型）液面控制器：

用於給水源的水位表示，空轉防止、高架水槽之水位表示、給水場合之自動運轉控制之用。

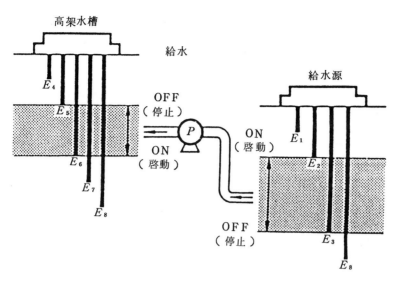

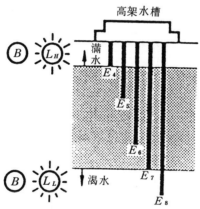

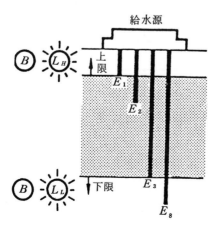

61F-G4系列應用線路圖：

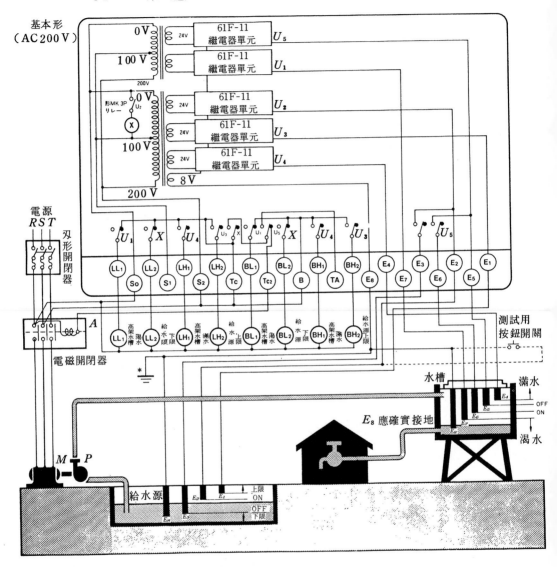

⑨ 61F-GI 系列液面控制器：

用於表示液面狀態的場合，兼附警示電路。

動作說明：

(a) 當水位降至 E_2 下限時，警報器鳴叫，下限指示燈亮。

(b) 當水位升至 E_2 時，警報電路不動作，中限燈亮。

(c) 當水位升至 E_1 上限時，上限指示燈亮，警報鈴鳴叫。

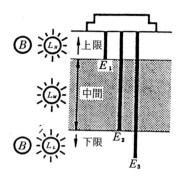

(A) 61F-GI 基本型應用電路：

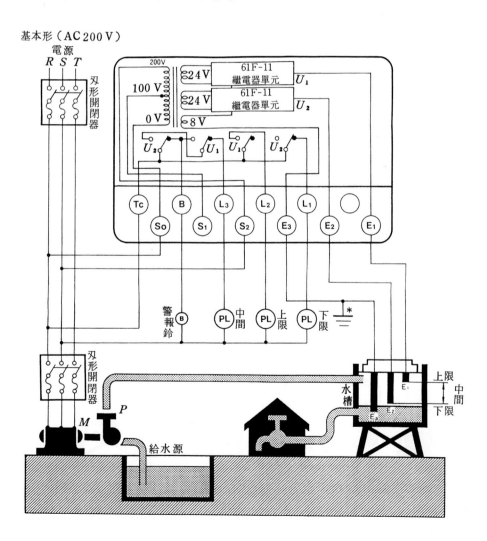

(B)　61F-GI 之應用電路：

端子配置

（緊密插梢型腳座圖）

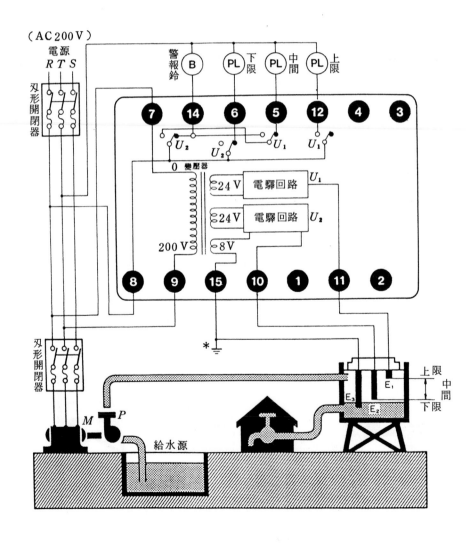

⑩　61F-A系列（交互運轉）液面控制器：

　61F-A 可與其他系列配合作交互運轉，所謂交互運轉是於兩給水源場合時，第一次如由甲水源供水，則第二次應由乙水源供水。若於排水場合，則甲水源排水後，乙水源於下一次始能排水，再一次又讓甲水源排水。讀者應可想到61F-A 裏應有一棘輪電驛來指揮全局。

(A)　61F-G型與61F-A組合電路（AC200V給水場合）：

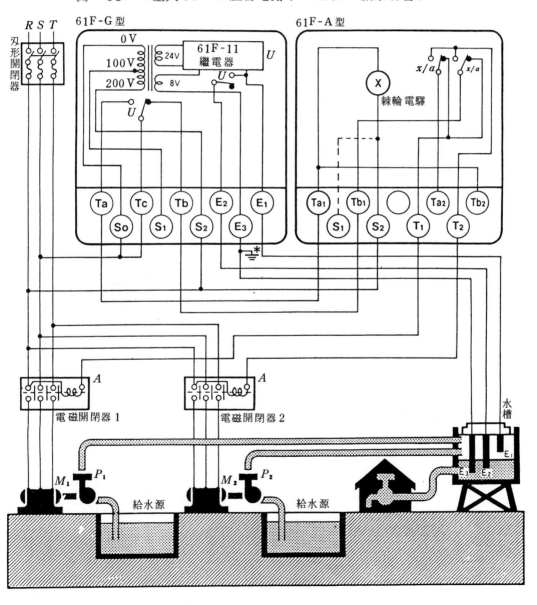

(B) 61F-G1與61F-A組合交互運轉電路（AC220V給水場合）：

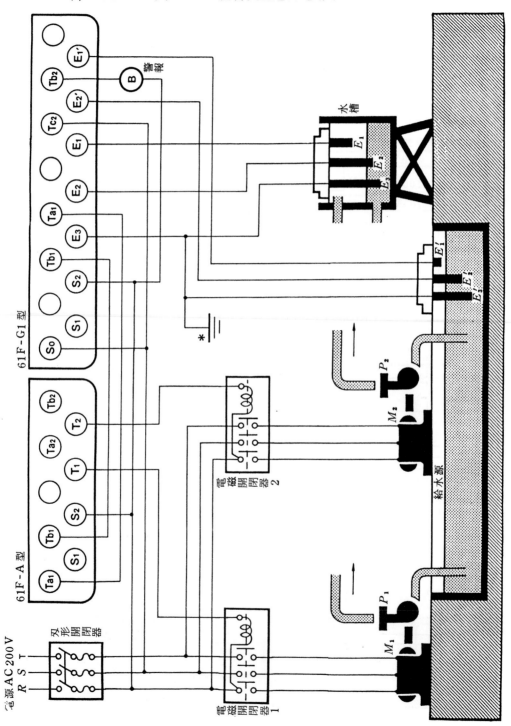

(C)　61F-G2與61F-A組合交互運轉電路（AC220V排水場合）：

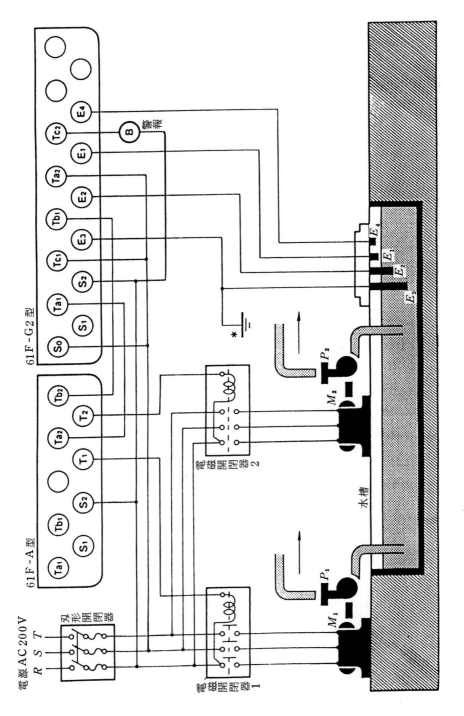

(D)　61F-G3與61F-A組合交互運轉電路（AC220V給水場合）：

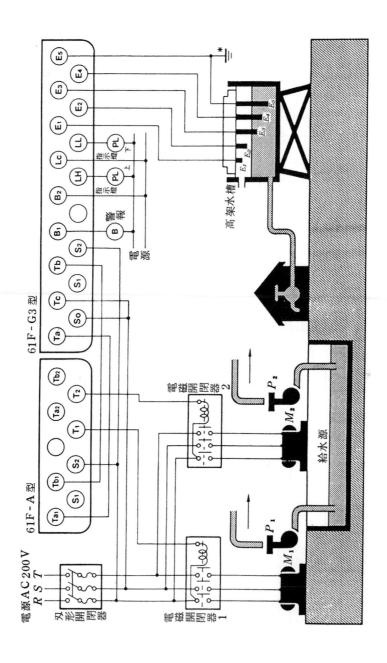

(E)　61F-G4與61F-A組合交互運轉電路（AC220V給水場合）：

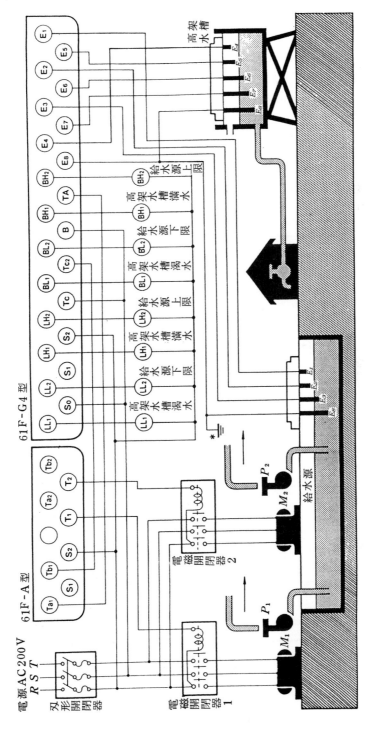

⑪ 61F-M2型（兩用型）液面控制器：

可直接接至馬達（抽水機），而不需藉另一電磁開關來作間接控制。AC 220V時，其控制馬達容量為 0.1～3.7kW，而於110V時，只能控制 0.1～0.75kW之馬達。

(A) 切換端子：排水、給水切換用。

(B) AC110V場合接線僅用 RS 電源及 UV 負載端即可。

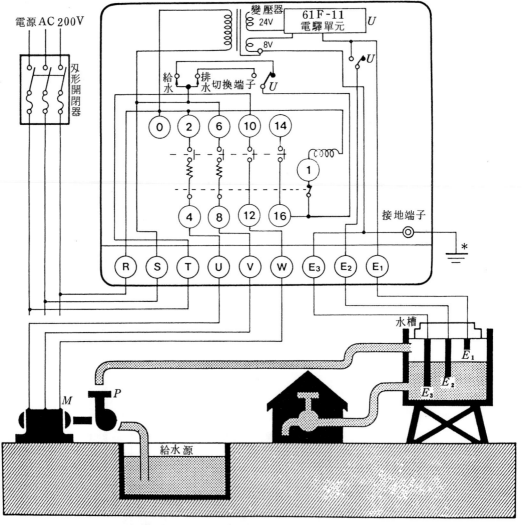

⑫ 61F-03B，04B型液面控制器：

(A) 本體：

用於雷電異常誘導保護用；山間或高架水槽用本型最爲適宜。

(B) 性能：

放電開始電壓	DC 90 V ± 20 V
耐衝擊電壓	200 kV　1 × 40 μs
耐衝擊電流	6,000 A　1 × 40 μs

(C) 內部接線圖：

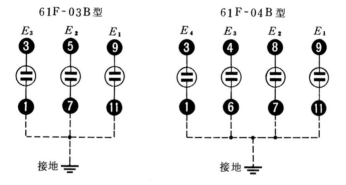

(D) 外部接線圖：

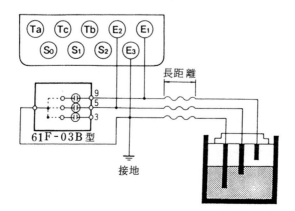

(E) 配線方法（近距離）：

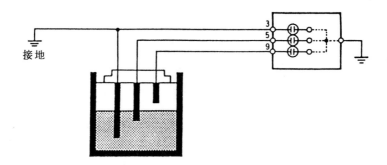

接地

⑬ 61F 系列與 SE 靜止型馬達保護電驛組合：

61F 系列可與 SE 靜止型馬達電驛組合，擴大保護作用。

61F 與 SE 馬達電驛之組合配線圖：

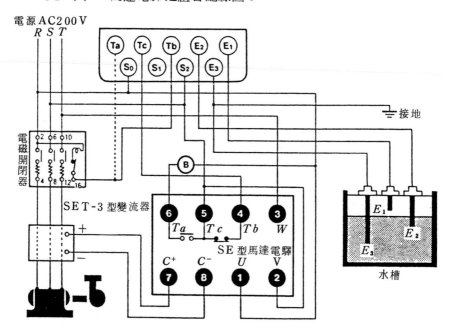

4-21 三相感應電動機啓動控制電路

三相感應電動機一般可分爲鼠籠式及繞線式兩種，兩者定子構造相同，鼠籠式轉子係以銅條或鋁條埋於轉子鐵心，兩端再用端絡環予以短路而成，而繞線式則以繞圈繞組繞於轉子而形成者。

三相感應電動機之啟動法有下列幾種：

(1) 全電壓啟動法：

又稱直接啟動法，其啟動電流約為滿載電流之 5～8 倍，故 15HP 以下馬達啟動，始得用此法。

全電壓啟動之電路如一電磁開關之基本控制法，本處不再累述。一般直接啟動用電磁開關要考慮之安全係數約為 1.5 倍，鼠籠式電動機之啟動電流約為滿載電流之 6 倍。1.5×6＝9，故應採用 A 級電磁開關。

(2) 降壓啟動法：

一般降壓啟動法有三種：①$Y-\triangle$ 啟動法，②自耦變壓器啟動法，③電抗器啟動法，分析如下：

① $Y-\triangle$ 啟動法：

又稱星形啟動法，係利用電磁開關來控制感應電動機之繞組，使其以星形接線啟動，而以 △ 形運轉的一種方法。

Y 型啟動電流只有 △ 形起動電流之 ⅓ 倍，如圖 4-23 所示。星形啟動接線時，每相之電壓為電源電壓之 $1/\sqrt{3}$，則每相電流 $I_Y = \dfrac{V/\sqrt{3}}{Z} = \dfrac{V}{\sqrt{3}\,Z}$，而 △ 形啟動接線時，每相之啟動電流

$$I = \frac{V}{\sqrt{3}} \times \sqrt{3}$$

$$I_Y = \frac{V/\sqrt{3}\,Z}{V\sqrt{3}/\,Z} = \frac{1}{3}$$

故用星形啟動時，可以減少啟動時之衝擊電流。$Y-\triangle$ 形依其主電路之不同可分為 (a)YD 型，(b)EYD 型兩種，如圖 4-23 所示。

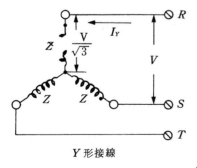

Y 形接線

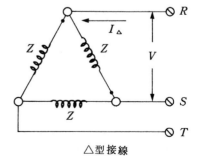

△ 型接線

圖 4-23

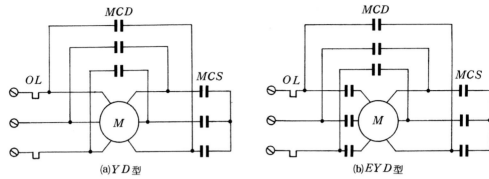

(a)YD型   (b)EYD型

圖 4-24   Y 一△ 啓動法主電路

比較起來 ，YD型所需使用的電磁接觸較 EYD型少了一個，其價格較爲便宜是其優點。但 EYD 型在電動機停止運轉時 ，使電源電壓離開電動機線圈，對電動機本身及保養、檢修甚爲方便，而且安全，另在長期停用時，可防止電動機之劣化。

器具容量的選定：

(A) YD型：如圖 4-25 。

(a)   MCD之選用：須選用 $I_n / \sqrt{3}$ 之A級電磁接觸器，（ I_n 爲電動機之額定電流 ）。

(b)   MCS之選用：圖 4-26 (a) MCS爲Y 接線 ，(b)圖爲△接線，(b)圖中MCS僅需負擔(a)圖MCS接點電流量之 $1 / \sqrt{3}$ 。但MCS在Y 切換爲△時 ，3 個接點不能同時脫離 ，瞬間成爲V 型接線，同時在Y 一△切換瞬間 ，負載電壓加於接點兩點，接點間應會生電弧，而減少接點壽命，故(a)(b)圖兩種方法，MCS 均應採用相同容量，即等於或大於 $I_n / 3$ （因Y 型啓動爲額定電流之⅓）。

【例】 3ϕ 220V 30HP（22 kW）電動機，其額定電流爲 80A ，則 MCD須採額定電流爲 50A 或採 20HP 容量之接觸器 。MCS可採額定電流爲 35A ，或採 10HP 容量之接觸器 。

(c) OL（THRY 積熱電驛）之選用：

如圖 4-25 (a)所示之OL 串接得之電流爲電動機之額定電流I_n 。

如：AC 220 V 30HP（22 kW）額定電流 80A ，則OL 應採 80A級 。

如圖 4-25 (b)所示之OL 串接得之電動機電流爲電動機之相電流

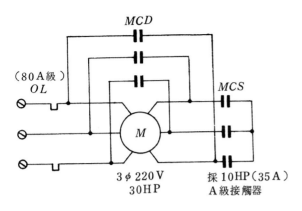

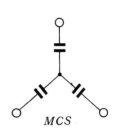

(a)Y 型啓動

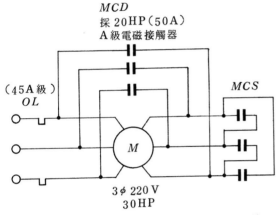

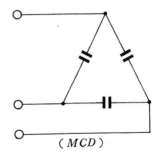

(b)△型運轉

圖 4-25　　YD型Y—△啓動法額定容量

，其大小爲電動機額定電流之 $1/\sqrt{3}$ 倍，則 OL 可採45A級。

(B)　EYD型：

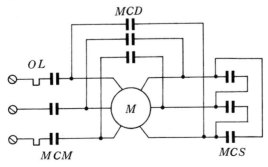

圖 4-26　　EYD型主電路

(a) 在 $Y-\triangle$ 切換間，MCM並不切離電源者，其MCM，MCD選用 $I_n/\sqrt{3}$ A級電磁接觸器，用MCS採 $I_n/3$ A級接觸器（與YD型同樣選用）。

(b) 在 $Y-\triangle$ 切換間，Y 切換$\triangle$時，以MCM切斷電源，使$\triangle$接線直接產生者，MCS可選用 $\dfrac{I_n}{\sqrt{3\times3}} \doteqdot 0.2\,I_n$ 之A級接觸器，MCD及MCM採 $I_n/\sqrt{3} \doteqdot 0.58\,I_n$ 之A級接觸器。如：AC 220V 75HP（55 kW）電動機之額定電流192A。

・MCS採 15HP 或 40A 之A級接觸器。

・MCM、MCD採 50HP 或 125A 之A級接觸器，如圖 4-27。

② 自耦變壓器降壓啓動法：

又稱啓動補償器降壓啓動法：以 3ϕ 單繞變壓器（自耦變壓器）之二次電壓加於感應電動機之端子，以抑制啓動電流來啓動，而於啓動完畢後，將 3ϕ 單繞變壓器隔開，而以全電壓加入感應電動機予以運轉之法，如圖 4-28 。

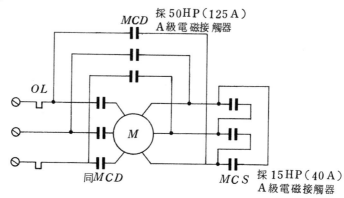

圖 4-27　EYD型電磁接觸器容量之選擇

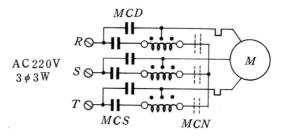

圖 4-28　補償器啓動法主電路

③ 電抗啓動法或一次電阻啓動法：

在啓動時，一次串接電阻或電抗器降壓啓動，以抑制啓動電流，啓動後再以全壓運轉之法。

啓動電流（一次側線電流）＝直接全壓啓動時之 $1/a^2$ 倍。

啓動電壓（二次側電壓）＝直接全壓啓動時之 $1/a$ 倍。

啓動轉距＝直接全壓啓動時之 $1/a^2$ 倍。

一般補償器啓動法與電抗器啓動法所採之抽頭爲 $50\%\sim65\%$ 及 80%，抽頭選用情形依負載情況而定，兩者電磁開關之選用如下：

$\mathrm{MCD}=I_n$（電動機額定電流），需採 A 級接觸器。

MCS 之最大啓動電流爲 80% 抽頭者，故 $\mathrm{MCS}=0.72\,I_n$，而需採用 A 級者，若接有 MCN（虛線部份）者，$\mathrm{MCN}=0.72\,I_n$（A 級），如圖 4-29。

變速法：

三相感應電動機可由控制定部及轉部來加以控速。控制定部之方法有：①改變外加電壓，②變頻法，③變極法，④定部旋轉法。而控制轉部以變速之方法有：①二次電阻法，②二次電抗法，③轉部加電壓法。

(1) 二次電阻變速法：

一般繞線式之啓動與變速法，均採二次電阻法，由電工機械之觀念得：在一定電壓、頻率與轉距下，轉差率 S 應與轉部電阻成正比，即改變轉子電阻之大小，以控制轉差，順以控速。另採二次電阻，可抑制啓動電流，增加啓動轉距，如圖 4-30。

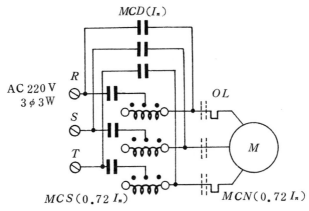

圖 4-29 電抗器啓動法主電路

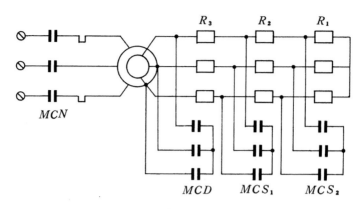

圖 4-30　二次電阻啓動法主電路

(2)　變極啓動法及控速法：

改變極速可以改變感應電動機之轉速，而降低轉速，可以改善啓動特性，故有變極啓動法。

一般感應電動機運轉之基本條件爲定部與轉部之極數應相同，改變定子極數時，繞線式感應電動機轉部極數不能隨之改變，故不能使用此法，而鼠籠式感應電機（單繞組感應電動機）一次極數改變時，二次側隨之改變，故常以此法啓動或變速。

① 　如圖 4-31 (a)所示，頭接頭、尾接尾之接法，極數爲 2 極。

② 　圖 4-32 (a)係並聯 Y 接線只有二極，圖 4-32 (b)係串聯△接線，極數是四個，所以並聯 Y 型接線，其速度爲串聯△型之兩倍，此種接法適合於定轉距電動機。又高速時係 Y 型，其馬力爲低速者之兩倍。

③ 　圖 4-33 (a)係並聯 Y 型，圖 4-33 (b)係串聯△型接線，(a)圖中，內部相線圈因採尾接尾的串接法，故此種並聯 Y 型接線極速爲四極。(b)圖內部相線

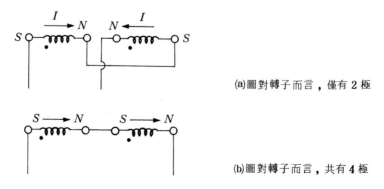

(a)圖對轉子而言，僅有 2 極

(b)圖對轉子而言，共有 4 極

圖 4-31　變極啓動法及變速法

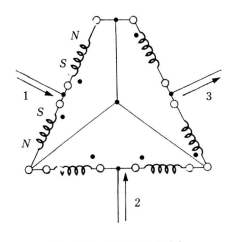 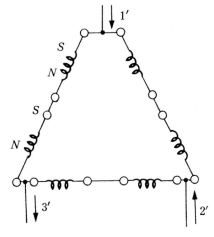

(a)二極$Y-Y$並聯（ 高速 ）　　　　　　(b)四極△串聯（ 低速 ）

圖 4-32　定轉距接線

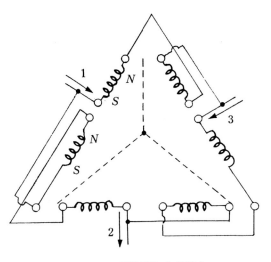 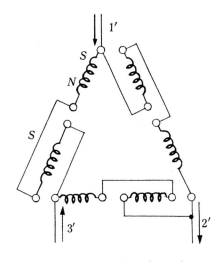

(a)四極並聯Y接線（ 低速 ）　　　　　(b)二極串聯△形接線（ 高速 ）

圖 4-33　定馬力接法

圈也因採尾接尾的方法，極數爲二極，此種接法適用於定馬力數之電動機。

④　各類變極電動機接線圖：

㈠ 定轉距電動機：

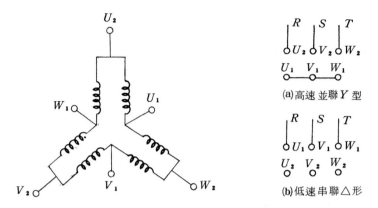

(a)高速 並聯 Y 型

(b)低速串聯△形

㈡ 定馬力電動機：

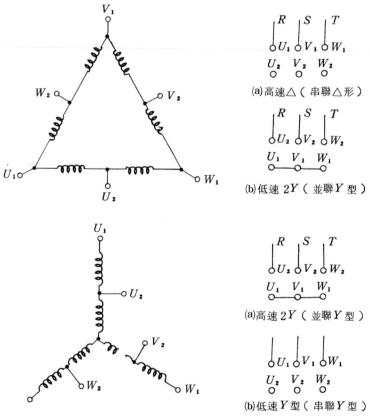

(a)高速△（ 串聯△形 ）

(b)低速 $2Y$（ 並聯 Y 型 ）

(a)高速 $2Y$（ 並聯 Y 型 ）

(b)低速 Y 型（ 串聯 Y 型 ）

註：U_1，V_1，W_1 如爲順時針方向，則 U_2，V_2，W_2 需爲逆時針，否則轉向將相反

相關電路：

(A) $Y-\triangle$自動啟動電路（YD型）之一：

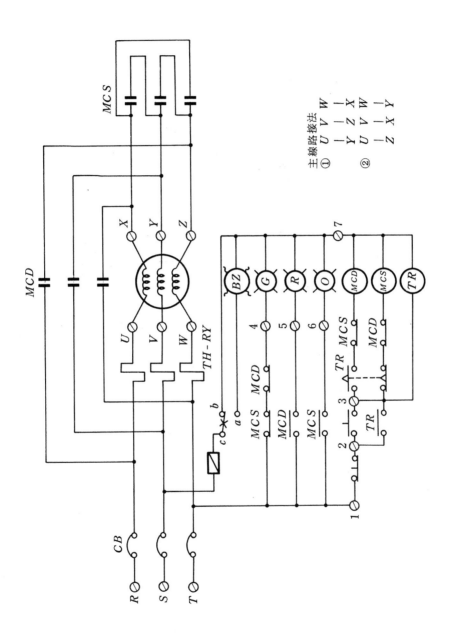

⒝ Y－△自動啓動電路（YD型）之二：

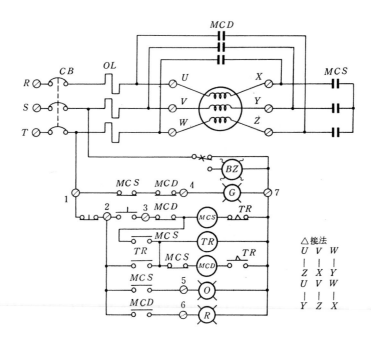

⒞ Y－△自動啓動電路（YD型）之三：

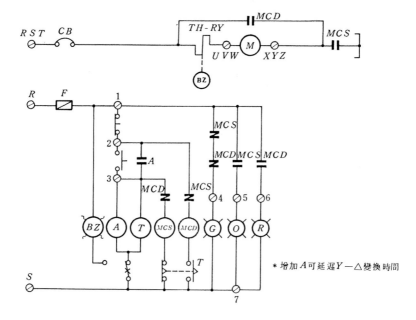

＊增加A可延遲Y－△變換時間

(D)　$Y-\triangle$自動啓動電路（EYD型）之一：

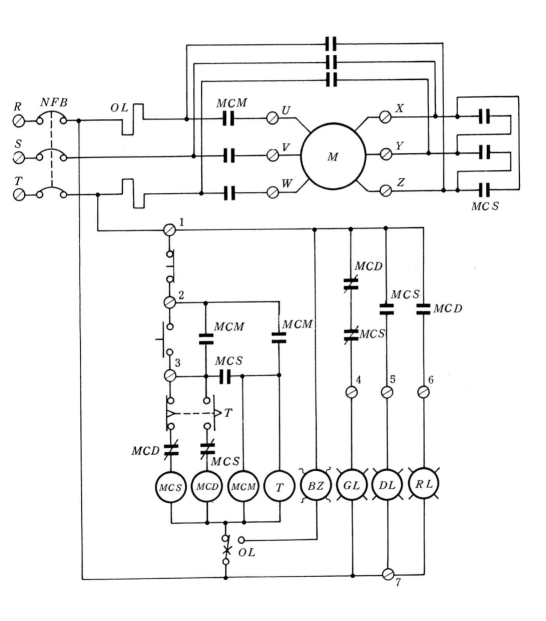

(E) Y－△自動啟動電路（EYD型）之二：

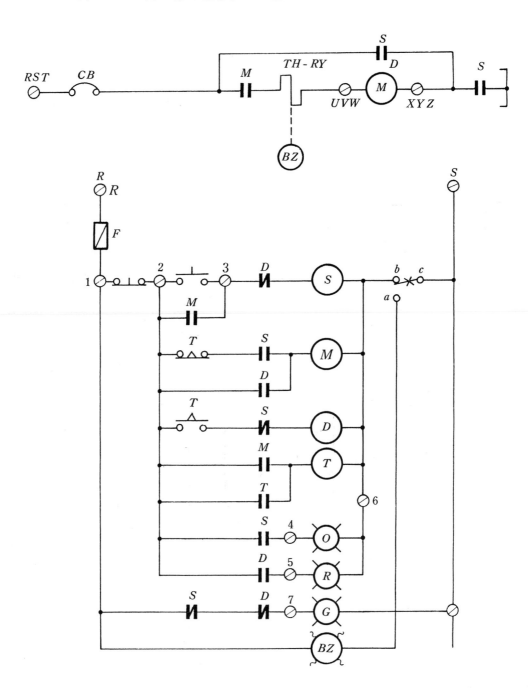

(F) 正逆轉 $Y-\triangle$ 控制電路（手動）：

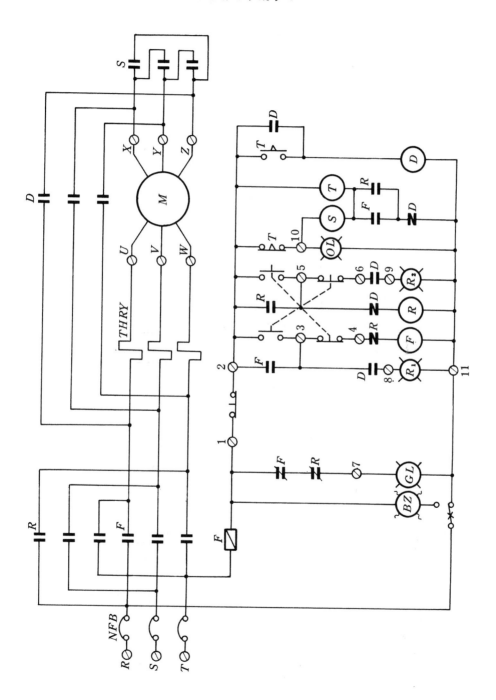

(G) 自動正逆轉及 $Y - \triangle$ 控制中途附休息電路：

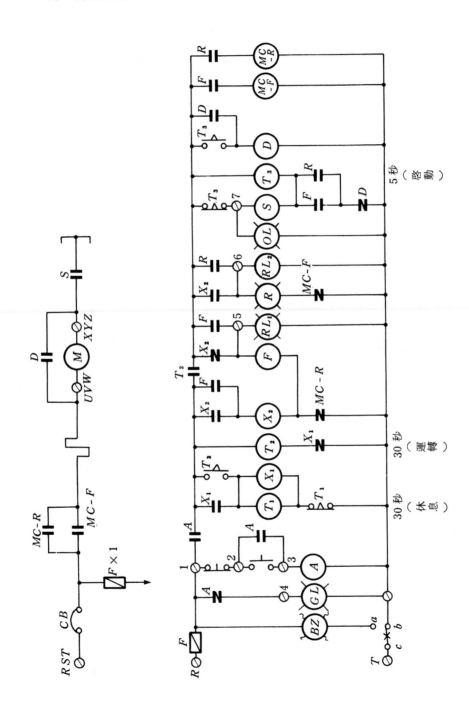

(H) 正逆轉、$Y-\triangle$ 控制及自動循環中途附休息電路：

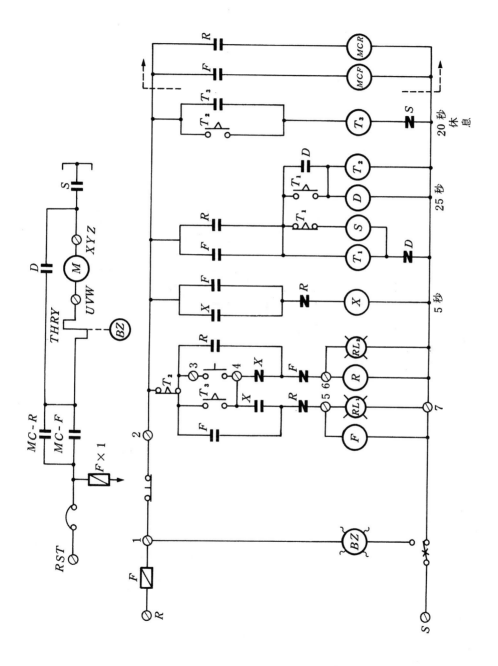

(I)　自動循環正逆轉控制電路：

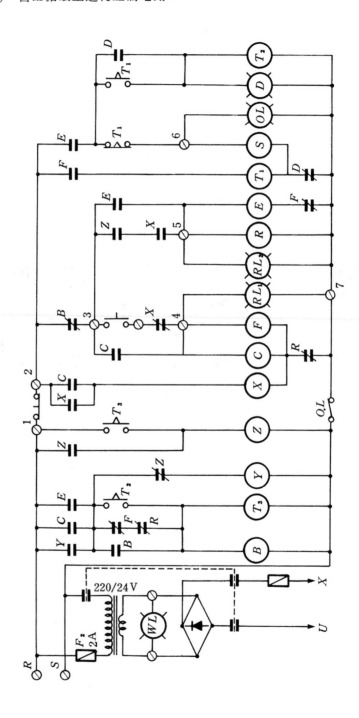

⒥　正逆轉 $Y-\triangle$ 附刹車控制主電路：

　　$Y-\triangle$ 電路停電時 UX、VY、WZ 三組線圈各自獨立。

⒜　如直流電路加于 U、V 端子無法產生直流磁場，就不能造成刹車。此時需同時將 X、Y 短路，構成直流通路；若接 V、W 則 Y、Z 短路。

⒝　亦可將直流電路電源加于 U、X，同樣可造成刹車動作，如下圖（但與 $\triangle$ 型接線比較時）刹車力較小。

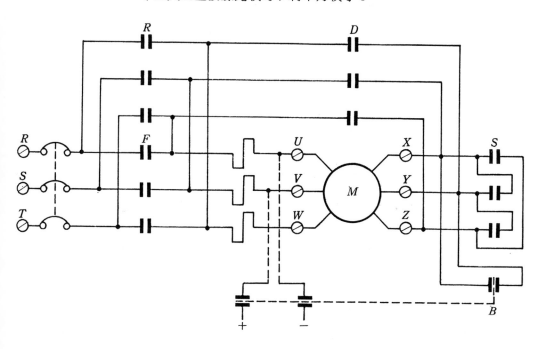

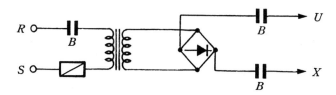

(K) 自動循環正逆轉，$Y-\triangle$ 控制附利車電路：

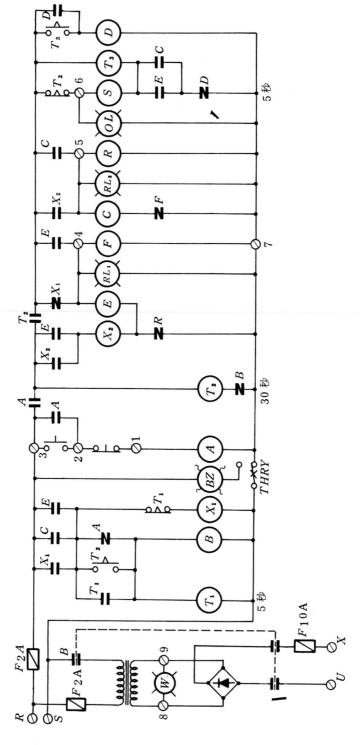

(L)　手動、自動正逆轉 $Y-\triangle$ 控制附利車電路之一：

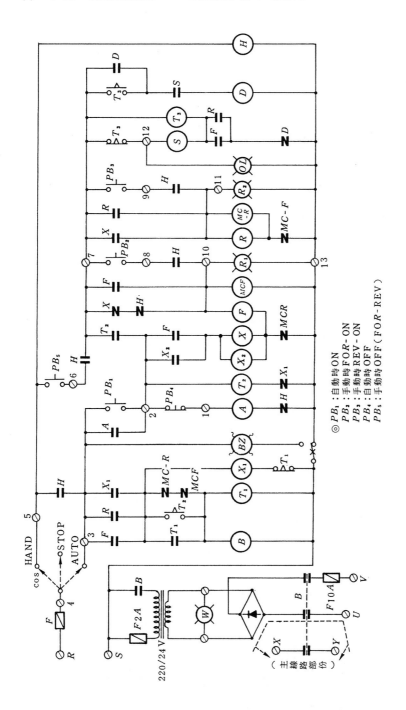

◎ PB_1：自動時ON
　PB_2：手動時FOR-ON
　PB_3：手動時REV-ON
　PB_4：自動時OFF
　PB_5：手動時OFF（FOR-REV）

(M) 手動、自動循環正逆轉 $Y - \triangle$ 控制附刹車電路之二：

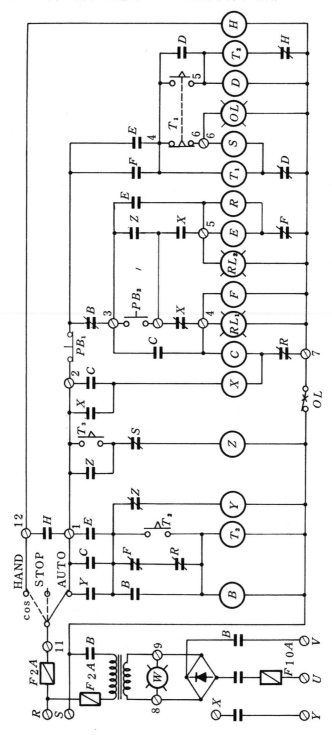

・當 cos 切換至手動時，第一次按 PB_2 為正轉，而第二次則為逆轉

(N)　自耦變壓器降壓啓動電路之一：

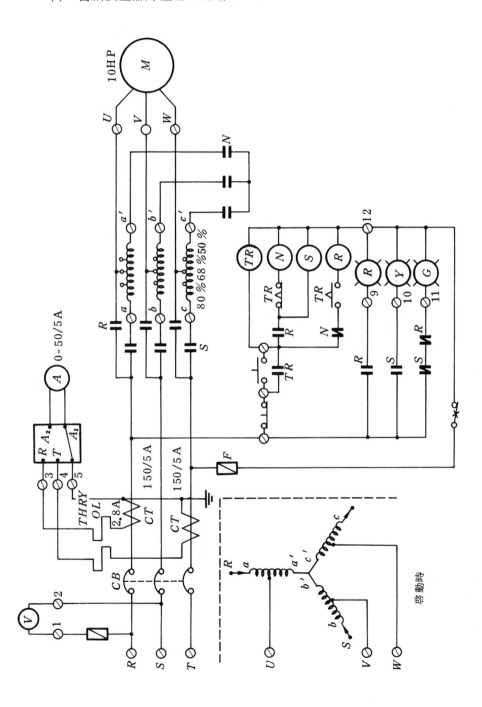

(0)　自耦變壓器降壓啓動電路之二：

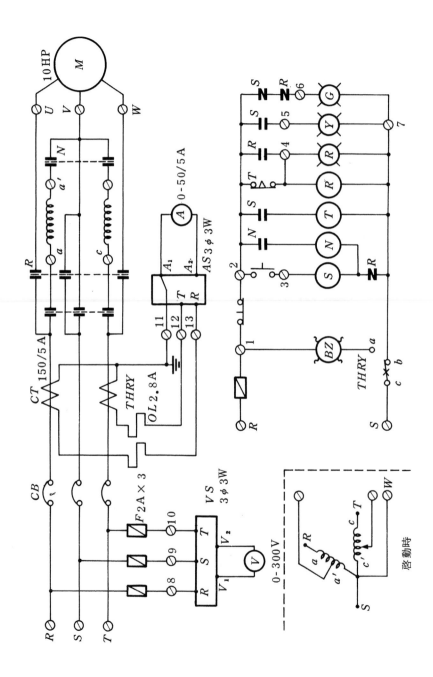

(P)　一次感抗器降壓啓動電路：

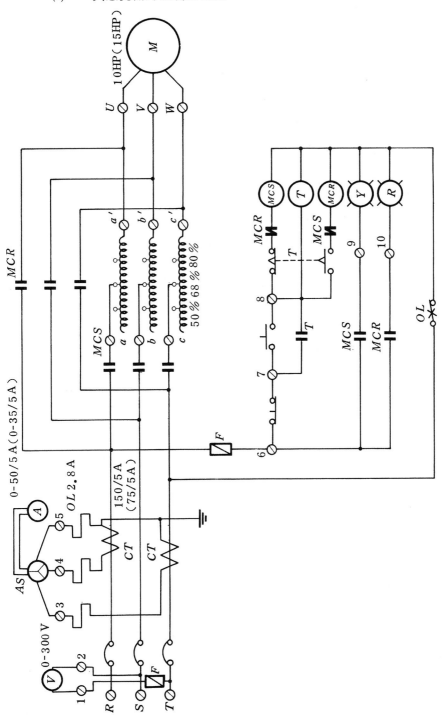

電抗器的抽頭一般為 50％，68％，80％，即在啓動時把線電壓降低至 50％，68％或 80％

每抽頭容量可依負載情況選用

(Q) 繞線式感應電動機二次電阻啓動電路：

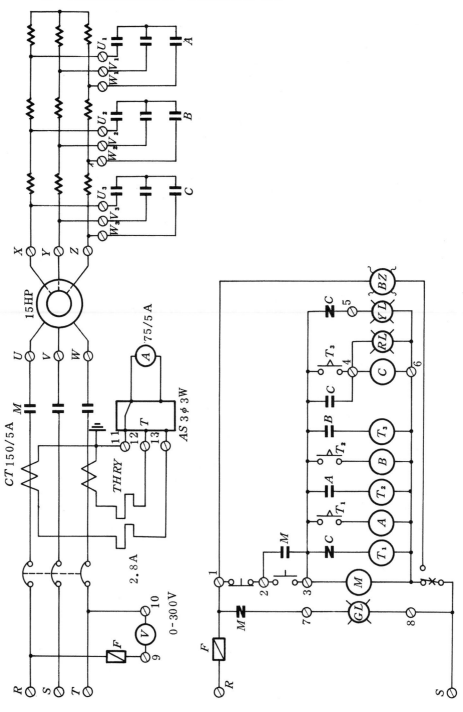

(R)　單繞組感應電動機極數變換電路之一：

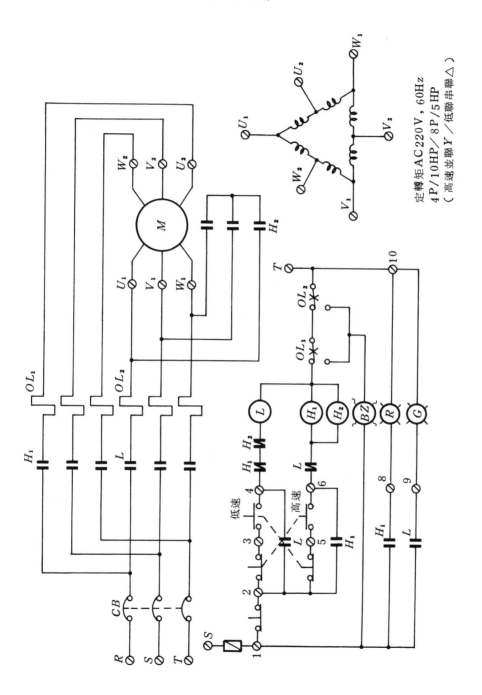

定轉矩 AC 220V，60Hz
4P／10HP／8P／5HP
(高速並聯 Y ／低瞬串聯△)

(S) 單繞組感應電動機極數變換電路之二：

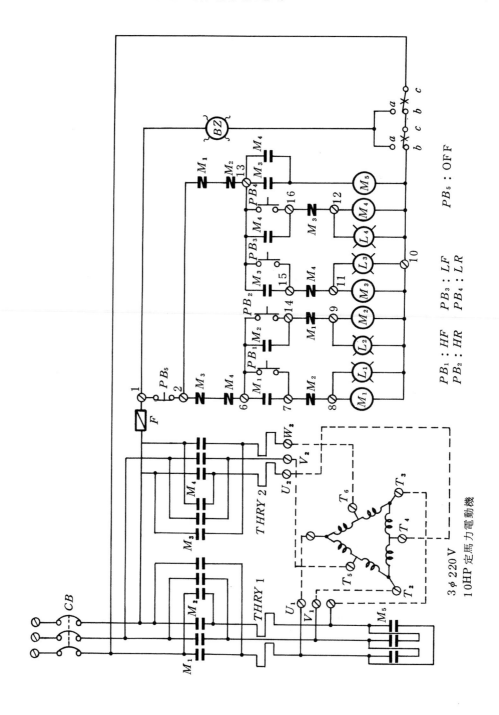

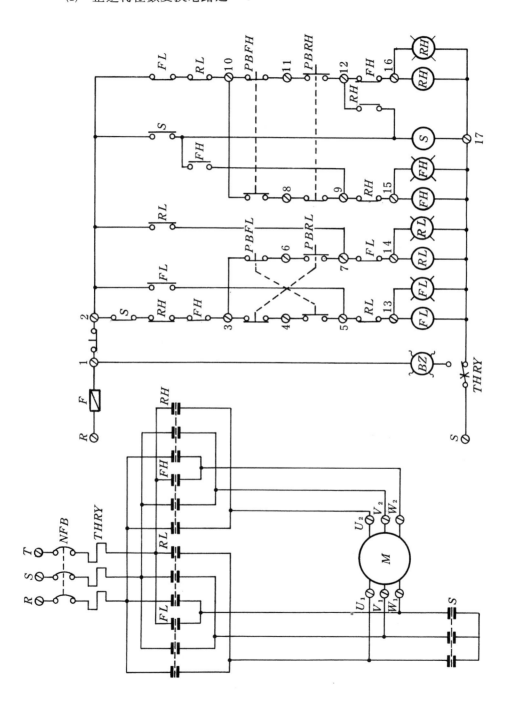

(T)　正逆轉極數變換電路之一：

(U) 正逆轉極數變換電路之二：

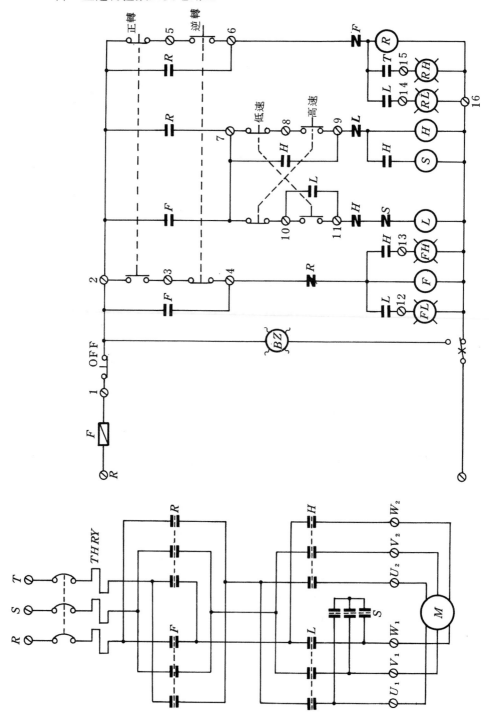

(V) 手動、自動極數變換電路：

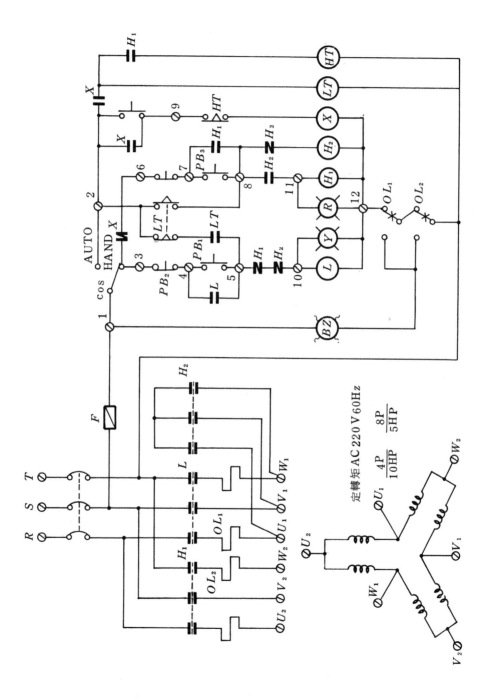

(W)　手動、自動循環、極數變換電路之一：

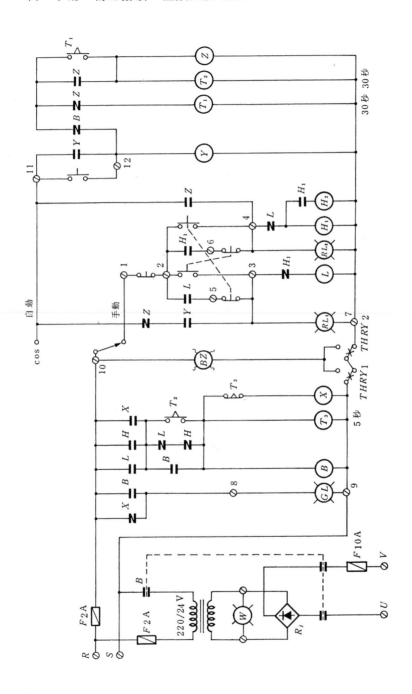

5

低壓控制電路
之二（精華篇）

5-1 三相感應電動機啓動後經一段時間自動停止電路

(1) 電路圖：

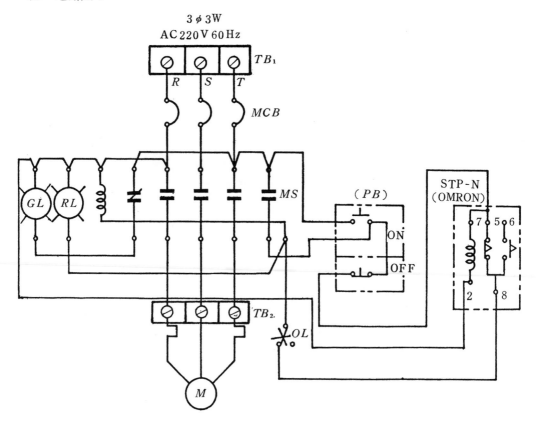

(2) 使用器具：

項 次	符 號	名 稱	規 格	數 量
1	MCB	主無熔絲開關	AC 220V 30 AT 50 AF	1 只
2	MS	主電磁開關	AC 220V 5a 2b	1 只
3	PB	按鈕開關	1a 1b	1 只
4	Timer	限時電驛	OMRON STP-N AC 220V	1 只
5	RL , GL	指示燈	AC 220V 30 ϕ	紅綠各 1 只
6	TB₁ , TB₂	端子台	3P 20A	各 1 只

(3) 器具配置圖：

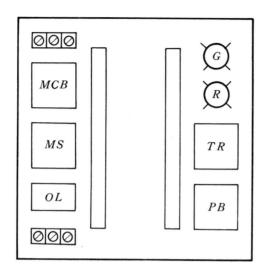

(4) 時序圖：

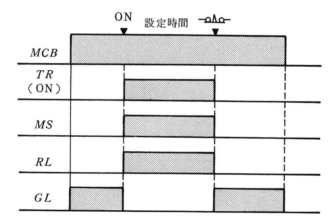

(5) 動作說明：

① 接上電源後，電動機不動作，*GL* 亮，*RL* 熄。

② 按下 *PB* - ON 後，電動機啓動運轉，此時 *RL* 亮，*GL* 熄。

③ 經一段時間後，電動機自動停止運轉。此時 *GL* 亮，*RL* 熄。

④ 按下 *PB* - OFF 時或 *OL* 跳脫時，電動機不能運轉。

5-2　三相感應電動機過載保護、警報及接地警報電路

(1) 電路圖：

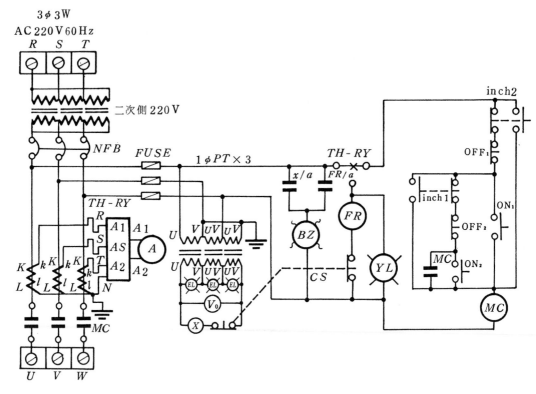

(2) 器具佈置圖：

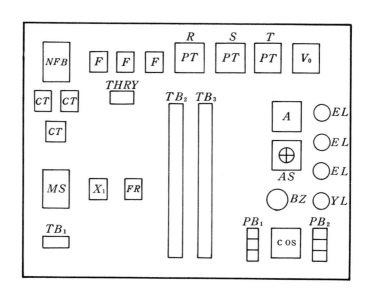

(3) 動作說明：

① 接上電源後，NFB 置於 ON 位置後，可由兩處來控制電動機之運轉、停止及寸動。

② 當電動機過載時，則 BZ 斷續響叫，YL 燈亮，將切換開關 CS 切至 OFF 位置時，BZ 應停響，但 YL 燈仍亮；TH-RY 復歸後，YL 燈熄。將 CS 復歸，BZ 電路始具作用。

③ 正常受電時，EL_1，EL_2，EL_3 燈呈半亮狀態，若某相發生完全接地故障時，則應該接地相之 EL 燈較暗，而其餘二燈應較亮。電壓表 V_0 指示值應為接地電壓，若其值指示 190V，則表完全接地，電驛 X 應動作，而 BZ 繼續鳴叫。若將 CS 開關切至於 OFF 位置，BZ 停止動作，但 V_0 應仍指示接地電壓。

(4) 使用器具：

項　次	符　　號	名　　　稱	規　　　　　格	數	量
1	NFB	無熔絲開關	3P AC 220V 50AF 30AT	1	只
2	MS	電磁開關	AC 220V 15A OL 15A	1	只
3	X	輔助電驛	AC 190V 2a2b(2c)	1	只
4	FR	閃爍電驛	AC 220V 1秒 MKF-P	1	只
5	A	電流表	AC 30/5A 延長至 100%	1	只
6	AS	電流切換開關	3φ 3W	1	只
7	CS	切換開關	三段式 AC 220V 2a2b	1	只
8	PT	比壓器	AC 220/110V 15VA	1	只
9	BZ	蜂鳴器	AC 220V 4″ 強力型	1	只
10	CT	比流器	AC 30/5A	1	只
11	YL	指示燈	AC 110/18V 30φ(黃)	1	只
12	EL_1，EL_2 EL_3	指示燈	AC 110/18V 30φ	各 1	只
13	PB	按鈕開關	ON,OFF 雙層	2	只
14	V_0	電壓表	AC 220V	1	只

5-3 刹車控制電路

(1) 電路圖：

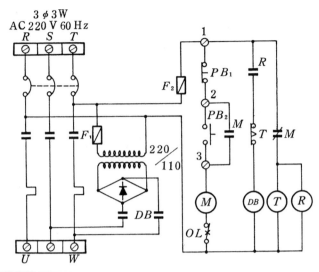

(2) 動作說明：

① 當電源接上後，刹車電路動作。

② 當按下 PB_2-ON 按鈕後，電動機開始運轉。

③ 當按下 PB-OFF 按鈕後，電動機刹車停機。

④ 在正常運轉中，若 OL 跳脫動作，電動機應停機，且 OL 復歸後，電動機不得自行啓動。

(3) 使用器具：

項 次	符 號	名 稱	規 格	數	量
1	NFB	無熔絲開關	AC 220 V 50 AF 30 AT	1	只
2	M	電磁接觸器	AC 220 V 5a 2b	1	只
3	Tr	變壓器	AC 220/110 V 50 VA	1	只
4	R , DB	補助電驛	AC 220/110 V 2 a2 b	各 1	只
5	R_{ef}	整流器	AC 110 V 5 A	1	組
6	TB	端子台	3 P 20 A	2	只
7	TB	端子台	12 P 20 A	1	只
8	F	栓型保險絲	AC 600 V 2 A	1	只

(4) 器具配置圖：

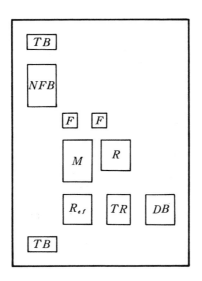

5-4 三相感應電動機之兩處控制（轉、停、寸動）兼延時刹車、電容器進相、過載保護電路

(1) 電路圖：（見下頁）

(2) 器具佈置圖：

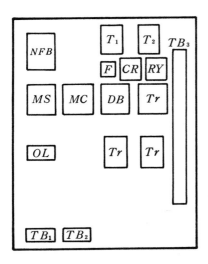

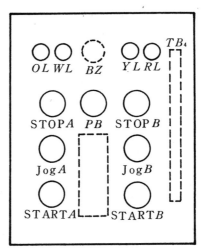

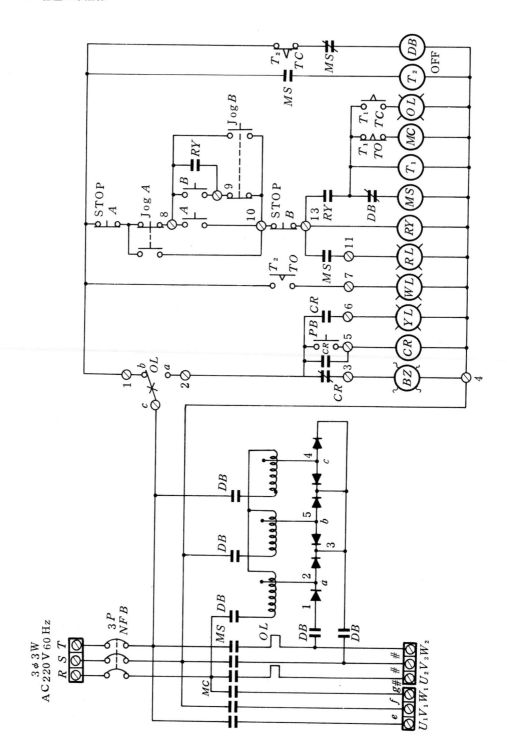

(3)　動作說明：

①　A、B 兩處不同處各有 start，stop， jog 按鈕，可分別獨立的控制同一電動機轉、停及寸動。

②　每當電動機啟動時，可自動經 MC 併入一 3ϕ 電容器，以改善電路功率因數。

③　當電動機過載時，警鈴會響叫，如按下 PB 則響叫應停，黃色指示燈應亮，直到過載接點復歸後，YL 燈始熄。

④　每當電動機運轉後，按 STOP 按鈕，則三相電源經降壓整流後之直流電，經一段時間後加入電動機，使其迅速剎停。

⑤　按任一啟動鈕電動機均轉；按任一停止鈕，或輕按一下寸動鈕，均使電動機停轉；而按任一寸動鈕到底，均能使電動運轉，隨放隨停。

⑥　每當電動機啟動，MC 即動作，e、f、g 三點電壓均為220V，直到 T_1 計時到，MC 始跳脫，電壓轉為0。

⑦　當過載時，警鈴 BZ 響，按下 PB 使鈴不響，而 YL 燈亮，直到 OL 復原。

⑧　無熔絲開關ON時，WL 不亮，當電動機運轉時，WL 亮，而 OL 燈需經運轉一段時間後始亮。當按STOP按鈕後，經一段時間 WL 始熄。

(4)　使用器具：

項　次	符　　號	名　　　　　稱	規　　　　　　　格	數	量
1	NFB	無熔絲開關	AC220V 3P 30AT 50AF	1	只
2	MS , MC DB	電磁接觸器	AC220V 5HP 5a2b	各　1	只
3	$TH-RY$	積熱電驛	OL 12～18A	1	只
4	Tr	變壓器	AC220/110V 80VA	3	只
5	T_1	限時電驛	OMRON　STP-N	1	只
6	T_2	限時電驛	OMRON RP-2P	1	只
7	CR	輔助電驛	AC220V 2a2b	1	只
8	RY	輔助電驛	AC220V 2a2b	1	只
9	F	栓型保險絲	AC250V 5A 5VA	1	只
10	BZ	蜂鳴器	AC220V 4″ 強力型	1	只
11	OL	指示燈	30ϕ AC220/18V 橙	1	只

項　次	符　　　號	名　　　　　　稱	規　　　　　　格	數	量
12	YL	指示燈	30ϕ AC $220/18$ V 黃	1	只
13	GL	指示燈	30ϕ AC $220/18$ V 綠	1	只
14	RL	指示燈	30ϕ AC $220/18$ V 黃	1	只
15	PB	按鈕開關	AC 220 V 30ϕ $1a$	1	只
16	STOPA	按鈕開關	AC 220 V 30ϕ $1b$	1	只
17	STOPB	按鈕開關	AC 220 V 30ϕ $1b$	1	只
18	STARTA	按鈕開關	AC 220 V 30ϕ $1a$	1	只
19	STARTB	按鈕開關	AC 220 V 30ϕ $1a$	1	只
20	Jog$A$	按鈕開關	AC 220 V 30ϕ $1a\,1b$	1	只
21	Jog$B$	按鈕開關	AC 220 V 30ϕ $1a\,1b$	1	只
22	TB_1 , TB_2	端子台	3P 30A	2	只
23	TB_3 , TB_4	端子台	20P 20A	2	只

5-5　自動洗車電路

(1)　電路圖：（見下頁）

(2)　動作說明：

　　① 當電源經NFBON送電時，WL燈應亮。

　　② 當cos切換開關置於「自動」位置時，指示燈GL亮。

　　　(a) 若限制開關LS_1動作後，電磁開關MS動作。

　　　(b) 若限制開關LS_2繼續動作，電磁接觸器M_1應動作，清潔劑噴出。

　　　(c) 此時，輔助電驛X動作，指示燈YL亮，限時電驛T_1開始計時，經一段時間後，M_1跳脫。

　　　(d) 同時，電磁接觸器M_2動作開始清洗，指示燈RL亮，YL熄。

　　　(e) 此時，限時電驛T_2開始計時，經一段時間後，電磁接觸器M_2應跳脫，電磁接觸器M_3動作，開始烘乾，指示燈OL亮，RL燈熄。

　　　(f) 此時，限時電驛T_3開始計時，經一段時間後，電磁接觸器M_3跳脫，完成洗車工作，電鈴BL響叫，指示燈OL熄。

　　　(g) 汽車開走後，LS_2復歸，電鈴停止鳴叫。

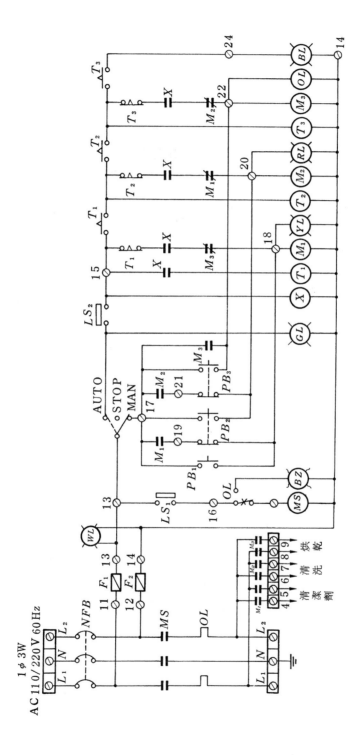

③　切換開關 cos 置於「手動」位置時：

(a)　若 LS_1 動作，則 MS 動作。

(b)　此時，按實際需要可以任意選擇按鈕開關 PB_1，PB_2，PB_3 來加以操作。

(c)　按下 PB_1 時，M_1 動作，清潔劑噴出，YL 應亮。

(d)　按下 PB_2 時，M_2 動作，開始清洗工作，RL 燈亮。

(e)　按下 PB_3 時，M_3 動作，開始作烘乾工作，OL 燈亮。

④　切換開關切至於「切」位置時，控制電路應斷電，M_1，M_2，M_3，YL，RL，OL 均不動作。

⑤　正常運轉，若遇過載，而使 OL 跳脫時，MS 應立即跳脫，洗車工作立即停止，蜂鳴器響叫。

(3)　使用器具：

項　次	符　　號	名　　　　稱	規　　　　　　格	數　量
1	NFB	無熔絲開關	$AC\,220V\,3P\,30AT\,50AF$	1　只
2	MS	電磁開關	$AC\,220V\,20A\,5\,a\,2\,b$ $OL\,18\,A$	1　只
3	T_1，T_2，T_3	限時電驛	$AC\,220V$ 限時接點 $1\,a\,1\,b$ ON DELEY	各 1 只
4	M_1，M_2 M_3	電磁接觸器	$AC\,220V\,10A\,4\,a\,1\,b$	各 1 只
5	X	輔助電驛	$AC\,220V\,5\,A\,4\,a$	1　只
6	F	栓型保險絲	$AC\,600V\,5A$（附座）	2　組
7	BZ	蜂鳴器	$4''$ 強力型	1　只
8	BL	電　鈴	$AC\,220\,V$	1　只
9	PL	指示燈	$AC\,220/18\,V$　黃、紅、橙 綠、白	各 1 只
10	LS	限制開關	$AC\,220V\,1\,a\,1\,b\,10\,A$	2　只
11	cos	切換開關	三段式，$1\,a\,1\,b$ $30\,\phi\,250V\,5A$	1　只
12	TB	端子台	$12P\,20A$	2　只
13	TB	端子台	$3\,P\,20\,A$	1　只
14	TB	端子台	$6\,P\,20\,A$	1　只
15	TB	端子台	$12\,P\,20\,A$	2　只
16	連接線束			1　組

(4)　器具佈置圖：

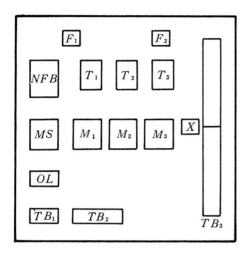
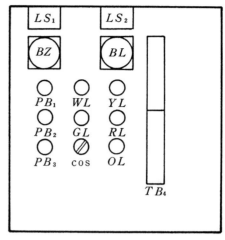

5-6　停車指示電路

(1)　電路圖：（見下頁）

(2)　器具配置圖：

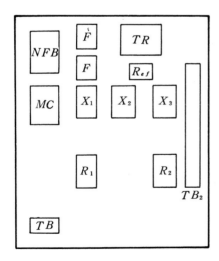
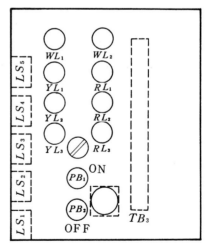

(3)　動作說明：

① 當無熔絲開關NFB、ON 時，WL_1 燈應亮，橋式整流器應有直流電源輸出。

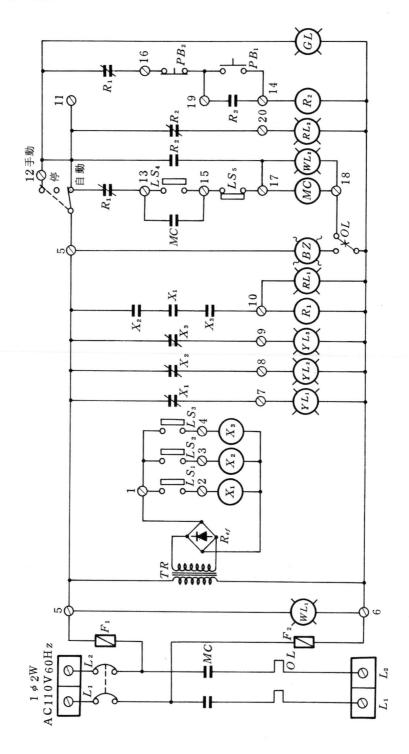

② 當切換開關 cos 置於「手動」位置時，GL 燈應亮。

    (a) 按下 PB_1 按鈕開關後，補助電驛 R_2 動作，指示燈 WL_2 應亮。同時電磁開關 MC 動作，停車場大門開啟，車輛可駛入。

    (b) 俟車場滿位時，按下按鈕開關 PB_2，電磁開關 MC 跳脫，停車場大門關閉，指示燈 WL_2 應熄。

③ 當切換開關 cos 置於「自動」位置時，指示燈 RL_2 應亮。

    (a) 限制開關 LS_4 與 LS_5 是自動控制停車場大門開啟與關閉之器具。

    (b) 限制開關 LS_1，LS_2 及 LS_3 分別代表三處停車位置之控制器具。當停車場有任一空位時，由於對應之補助電驛 X_1，X_2，X_3 動作，故相關之指示燈 YL_1，YL_2，YL_3 應亮；此時，補助電驛應處於未激磁狀態，指示燈 RL_1 應熄。若限制開關 LS_4 動作，則電磁開關 MC 應動作，停車場大門開啟，車輛可駛入；此時，WL_2 燈應亮。

    (c) 當停車場滿位時，補助電驛 R_1 應激磁動作，指示燈 RL_1 應亮，同時電磁開關 MC 跳脫。停車場大門關閉，車輛無法進入。

④ 當電動機正常運轉中，發生過載情況，OL 動作跳脫時，電磁開關 MC 跳脫，WL_2 燈應熄，而蜂鳴器 BZ 應響叫。

(4) 使用器材：

項　次	符　　號	名　　　　稱	規　　　　　格	數	量
1	NFB	無熔絲開關'	AC 110V 2P 30AT 50AF	1	只
2	MC	電磁開關	AC 110V 20A 5a 2b TH-RY 15A	1	只
3	Tr	變壓器	AC 110/24 V 100 VA	1	只
4	R_{ef}	整流器	125 V 1A 橋式	1	只
5	X	輔助電驛	DC 24 V 5A 1c 附座	3	只
6	R	補助電驛	AC 110V 5A 2c 附座	1	只
7	F	栓型保險絲	AC 600V 5A 附座	1	只
8	TB	端子台	12P 20A	2	只
9	TB	端子台	3P 30A	1	只
10	TB	端子台	12P 20A	3	只
11	PB	按鈕開關	1a 1b（黃、綠各 1）	2	只

項　次	符　　號	名　　　　　稱	規　　　　　格	數	量
12	COS	切換開關	三段式 $1a1b5A$	1	只
13	LS	限制開關	$1a1b10A$	5	只
14	BZ	蜂鳴器	AC 110V 4″ 強力型	1	只
15	PL	指示燈	AC 110V 30ϕ(黃3，白2，紅2，綠1)	8	只

5-7 分相滑車自動控制電路

(1) 電路圖：（見下頁）

(2) 器具配置圖：

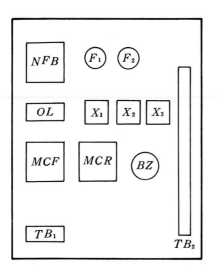
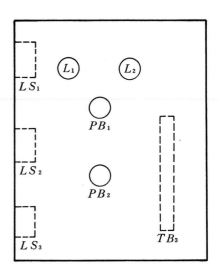

(3) 動作說明：

① NFB 板於 ON 時，指示燈 L_1 亮。

② LS_1 動作時，代表滑車停於第一位置時：

    (a) 按下 PB_1，MCF 及 MCR 均不動作。

    (b) 按下 PB_2，則 MCF 激磁，電動機正轉，滑車前進，LS_1 不動作。LS_2 動作時，MCF 去磁，滑車停於第二位置。

    (c) 按下 PB_3，則 MCF 激磁，馬達正轉前進，LS_2 不動作。LS_3 動作，MCF 去磁，停於第三位置。

③ 限制開關 LS_3 動作時，即代表滑車停於第三位置時：

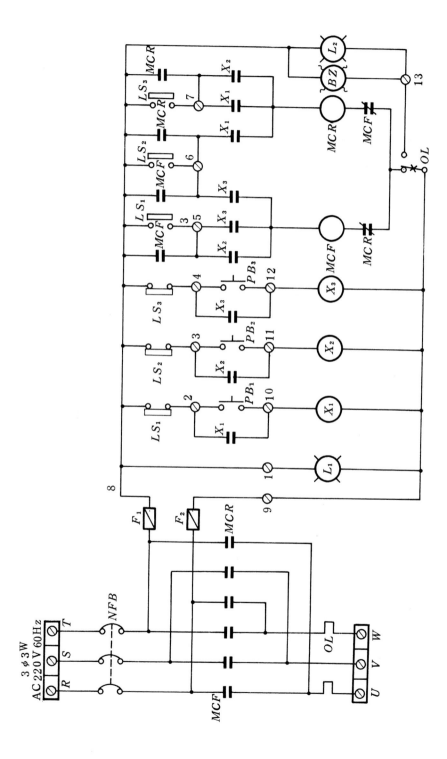

(a) 按下 PB_2 時，則 MCR 激磁，馬達逆轉，滑車後退，當 LS_3 不動作，LS_2 動作時，MCR 去磁，滑車停於第二位置。

(b) 按下 PB_1 時，則 MCR 激磁，馬達逆轉，滑車後退，當 LS_2 不動作，LS_1 動作時，MCR 去磁，滑車停於第一位置。

(c) 當按下 PB_3 時，MCR 及 MCF 均不動作。

④ 當主電路過載時，積熱電驛動作，L_2 亮，BZ 鳴叫。

(4) 使用器材：

項　次	符　　　號	名　　　稱	規　　　格	符　號
1	NFB	無熔絲開關	3P 20AF 20AT	1　只
2	MCR MCF	電磁接觸器	3P AC 220V 20A 5a 2b	各　1　只
3	$TH-RY$	積熱電驛	OL 18A	1　只
4	X_1, X_2 X_3	輔助電驛	AC 220V MK-3P	各　1　只
5	CS	微動開關	輪動型 1c	3　只
6	PB_1, PB_2 PB_3	按鈕開關	30ϕ AC 220V 1a 1b 紅、綠、橙	各　1　只
7	L_1, L_2	指示燈	AC 220/18V 30ϕ 綠、紅	各　1　只
8	TB_1	端子台	3P 30A	1　只
9	TB_2, TB_3	端子台	12P 30A	各　1　只

5-8 伸線機控制電路

(1) 電路圖：（見下頁）

(2) 器具配置圖：

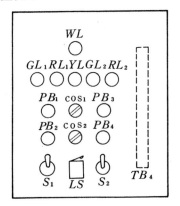
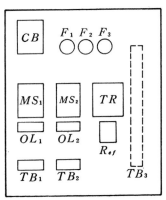

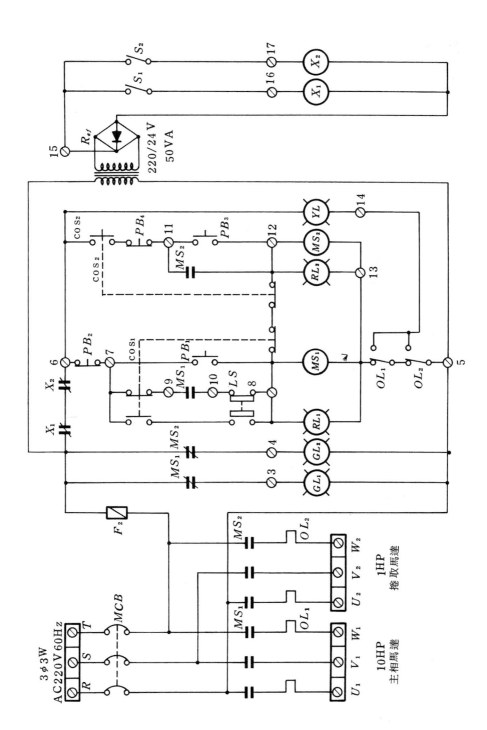

(3) 動作說明：

① NFB，ON時，GL_1 與 GL_2 均亮，S_1，S_2 開關應開啟。

② 當 $\cos_1$ 切置ON位置時，而 LS 亦切換時，MS_1 動作，主相馬達動作。當 LS 復歸時，主相馬達不動作。

③ LS 復歸後，欲啟動主相馬達可按 PB_1，按 PB_1 啟動時之主相機欲停機時，可按 PB_2 或將 CS 切換至ON位置。按 PB_1 啟動主相機時，應將 CS 切置OFF位置。

④ 欲啟動捲取馬達時：

   (a) S_1，S_2 應打開。

   (b) $\cos_2$ 置於ON位置，按 PB_3 時，始能使之動作。

   (c) 欲停機時，可按 PB_4 或將 $\cos_2$ 轉置於OFF位置。

⑤ 當 $\cos_1$ 置於OFF，而 $\cos_2$ 置於OFF位置時，按下 PB_1 時兩機均動作。

⑥ 若想停下捲取機之工作，可將 S_1 或 S_2 閉路。

(4) 使用器材：

項 次	符 號	名 稱	規 格	數	量
1	NFB	無熔絲開關	3P AC 220V 30AT 50AF	1	只
2	MS_1,MS_2	電磁電驛	AC 220V 15A 5a 2b	1	只
3	$TH\text{-}RY$	積熱電驛	OL 15A	(2)	只
4	X_1,X_2	輔助電驛	DC 24V 1a 1b	各 1	只
5	RL_1,RL_2	指示燈	紅 AC 220/18V 30 ϕ	各 1	只
6	GL_1,GL_2	指示燈	綠 AC 220/18V 30 ϕ	各 1	只
7	YL	指示燈	黃 AC 220/18V 30 ϕ	1	只
8	$\cos 1$ $\cos 2$	切換開關	二段式 1a 1b	各 1	只
9	Tr	變壓器	220/24V 50VA	1	只
10	R_{ef}	整流器	AC 24V 3A	1	只
11	PB_2,PB_4	按鈕開關	1a	各 1	只
12	PB_1,PB_3	按鈕開關	1b	各 1	只
13	TB	端子台	3P 20A	3	只
14	TB	端子台	12P 20A	1	只

5-9 簡易昇降梯控制電路

(1) 電路圖：（見下頁）

(2) 動作說明：

① 有電源，無熔絲開關 NFB 板至 ON 位置時，指示燈 PL_1、PL_2 應亮，其他電路均不得動作。

② 按下按鈕開關 PB_1 或 PB_5 時，補助電驛 X 動作，操作電源指示燈 PL_3，PL_4 亮，以表示已供應操作電源。

③ 昇降梯停於一樓時，限制開關 LS_1 動作，指示燈 PL_5，PL_6 應亮；停於二樓位置時，限制開關 LS_2 動作，指示燈 PL_7，PL_8 應亮。

④ 按下按鈕開關 PB_2 或 PB_6 時，補助電驛 X 失磁，切斷操作電源，指示燈 PL_3，PL_4 應熄。

⑤ 按下按鈕開關 PB_3 或 PB_7 時，保持電驛 $U\text{-}KR$ 激磁，電磁開關 MCF 動作，電動機正轉，昇降梯上昇，PL_9，PL_{10} 亮。當昇降梯昇至二樓位置，限時開關 LS_2 動作，電磁接觸器 MCF 跳脫，電動機停機，此時，昇降梯停於二樓位置，PL_9，PL_{10} 應熄。

⑥ 按下 PB_4 或 PB_8 時，保持電驛 $D\text{-}KR$ 激磁，電磁開關 MCR 動作，電動機逆轉，LS_1 動作，MCR 跳脫，電動機停機，指示燈 PL_{11}，PL_{12} 熄，而昇降機應停於一樓。

⑦ 運轉中，若遇停電，除保持電驛 $U\text{-}KR$，$D\text{-}KR$ 保持原狀外，MCF、MCR 均應跳脫，昇降機應立即停機。電源恢復後，昇降機應不動作，經確認昇降機之位置後，按下 PB_1 或 PB_5，按照保持電驛 $U\text{-}KR$、$D\text{-}KR$ 之記憶電路，而使 MCR 或 MCF 動作，昇降機依既定之方向移動。

⑧ 當積熱電驛過載而動作時，此時 PL_1，PL_2 應亮外，其餘指示燈應熄，電動機應立即停機。

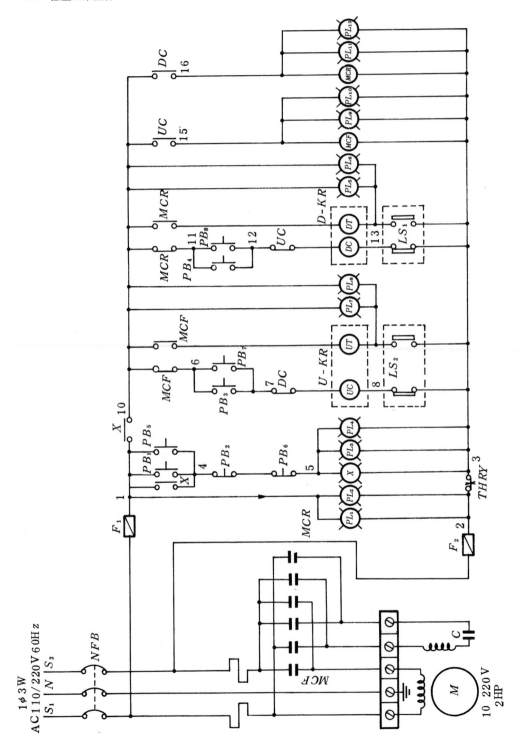

(3)　器具配置圖：

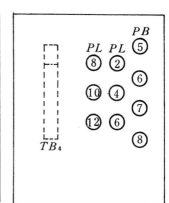

(4)　使用器材：

項　次	符　號	名　　　　　稱	規　　　　　格	數	量
1	NFB	無熔絲開關	$AC\,220V\,3P\,30AT\,50AF$	1	只
2	MC	電磁接觸器	$AC\,220V\,20A\,5a\,2b$	2	只
3	X	補助電驛	$AC\,220V\,5A\,2c$（附座）	1	只
4	KR	保持電驛	$AC\,220V\,5A\,2c$（附座）	2	只
5	OL	積熱電驛	$TH\text{-}18\ OL\,15A$	1	只
6	LS	限制開關	$AC\,220V\,3A\,1a\,1b$	2	只
7	PL	指示燈	$AC\,220/18V\,30\phi$	12	只
8	PB	按鈕開關	$AC\,220V\,30\phi\,1a\,1b$	8	只
9	TB	端子台	$12P\,20A$	6	只
10	TB	端子台	$6P\,20A$	1	只

5-10　自動攪拌機控制電路

(1)　電路圖：

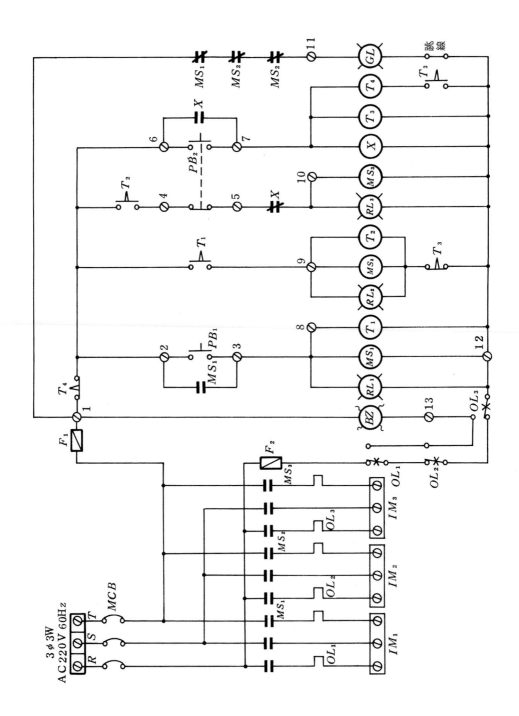

(2)　器具佈置圖：

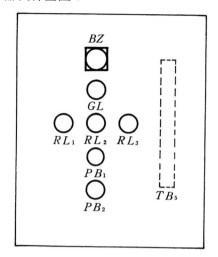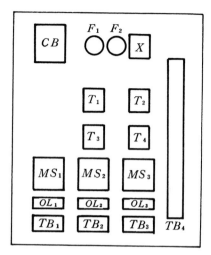

(3)　動作說明：

① 按下 PB_1 按鈕後，IM_1 機動作，RL_1 燈亮，GL 熄。

② 經一段時間，IM_2 機動作，RL_2 燈亮。

③ 再一段時間後，IM_3 機動作，RL_3 燈亮。

④ 按下 PB_2 按鈕後，IM_3 停機，分別經一段時間後，IM_2，IM_1 才停機。

⑤ 於 IM_1，IM_2 動作時，想停機時，亦可按下 PB_2 按鈕。

⑥ 任一電動機過載時，BZ 鳴叫。復歸後，電動機不得自行啓動運轉。

(4)　使用器具：

項　次	符　　號	名　　　稱	規　　　格	數	量
1	NFB	無熔絲開關	3P AC 220V 50 AF 50A	1	只
2	MS_1,MS_2 MS_3	電磁開關	AC 220V 15A 5a2b OL15	各　1	只
3	T_1,T_2 T_3,T_4	限時電驛	AC 220V 0〜30 秒 （STP-N）	各　1	只
4	X	補助電驛	AC 220V 2a2b	1	只
5	PB_2	按鈕開關	AC 220V 1a1b 連動	1	只
6	PB_1	按鈕開關	AC 220V 1a	1	只
7	RL_1,RL_2 RL_3	指示燈	AC 220/18V 30ϕ 紅	各　1	只
8	GL	指示燈	AC 220/18V 30ϕ 綠	1	只
9	TB	端子台	3P 20A×3, 12P 20A×1	4	只

5-11　重型攪拌機控制電路

(1)　線路圖：（見下頁）

(2)　器具佈置圖：

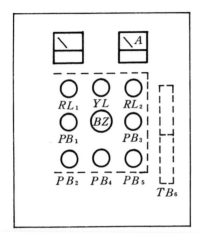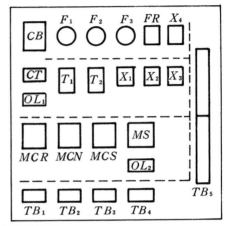

(3)　動作說明：

① 電源有電時，V計應指示RS相之電壓。

② 無熔絲開關板至ON位置時，按下PB_1，則MS即動作，潤滑油泵開始運轉，RL_1燈亮。按下PB_2後，MS即跳脫，RL_1燈熄。

③ 當潤滑油泵運轉後，按下PB_3時，MCS與MCN動作，YL燈亮，此時主機馬達啓動，T_1，T_2同時激磁，開始計時，經10秒鐘後，T_1接點動作，MCS先跳脫，MCR動作，然後MCN跳脫。此時，YL燈熄，RL_2燈亮。主機馬達進入正常運轉，若T_1達10秒鐘後，未按上述動作時，限時電驛T_2達設定時間15秒後，所有動作之電磁接觸器跳脫；若主機進入正常運轉時，T_2即失去作用。

④ 主機馬達起動或運轉中，按下PB_4時，動作之電磁接觸器MCS、MCN或MCR均應跳脫，RL_2燈亮。

⑤ 主機起動或運轉中，按下PB_2時，MS不得跳脫。

⑥ 馬達運轉中，因過載或其他故障發生，致使$TH\text{-}RY_1$或$TH\text{-}RY_2$動作時，各動作中之電磁開關MS或電磁接觸器應跳脫，BZ響叫，閃動電驛FR動作，RL_1燈或RL_2閃爍點熄，按下按鈕開關PB_5時，BZ應停響，

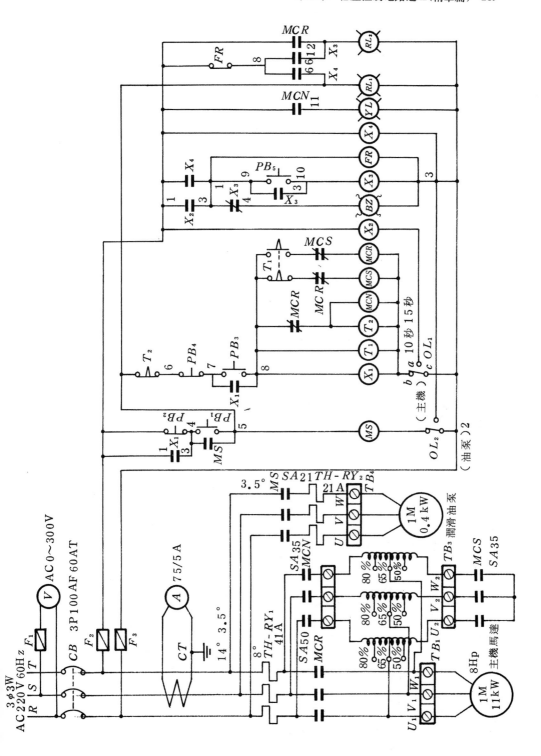

但 RL_1 燈與 RL_2 燈熄，一切恢復正常時，馬達不得自行啟動。

⑦ 馬達運轉中，電流計應指示 S 相之電流。

(4) 使用器具：

項 次	符 號	名　　　　　　稱	規　　　　　　格	數	量
1	NFB	無熔絲開關	3P100AF 60AT	1	只
2	V	電壓計	AC 0～300V	1	只
3	A	安培計	0-75/5A 延長刻度至 100%	1	只
4	CT	比流器	90/5A 100VA	1	只
5	MCR	電磁接觸器	SA-50 AC220V 5a2b	1	只
6	MCF	電磁接觸器	SA-21 AC220V 5a2b	1	只
7	MCN	電磁接觸器	SA-35 AC220V 5a2b	1	只
8	T_1, T_2	限時電驛	AC 220V STP-N	各 1 只
9	X_1, X_2 X_3, X_4	補助電驛	AC 220V 2a2b 10A	各 1 只
10	FR	閃爍電驛	AC 220V MKF-P	1	只
11	PB_1, PB_2 PB_3	按鈕開關	AC 220V 1a	各 1 只
12	PB_2, PB_4 PB_4	按鈕開關	AC 220V 1b	各 1 只
13	TB_1, TB_3 TB_4	端子台	3P 60A	各 1 只
14	TB_2, TB_5 TB_6	端子台	12P 20A	各 1 只

5-12 空調系統之啟動及保護電路

(1) 電路圖：（見下頁）

(2) 器具佈置圖：

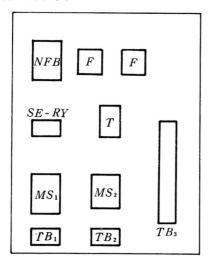
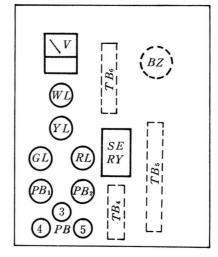

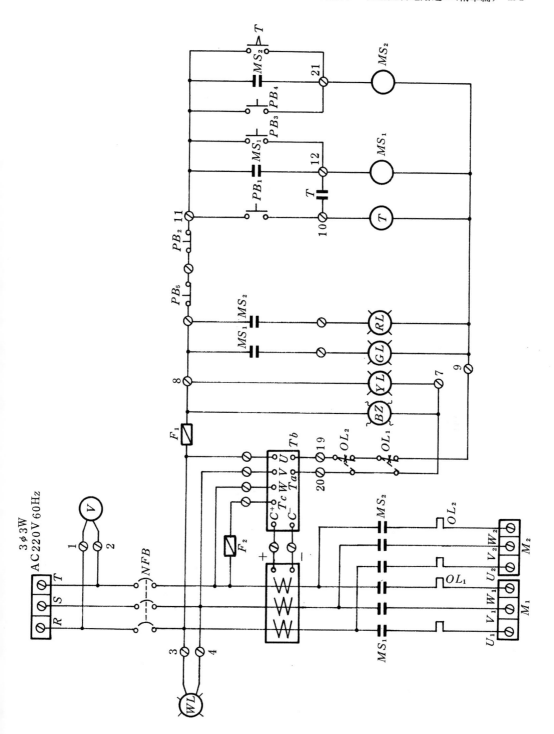

(3) 動作說明：

　① 空調系統有兩台壓縮機，分別由電動機M_1及M_2電動機帶動。

　② 有電源時，電壓計應指示R-T相電壓。無熔絲開關 ON 時，指示燈WL應亮。

　③ 按下PB_1時，限時電驛T激磁，MS_1動作，電動機M_1動作，指示燈 GL 亮。經數秒後，限時電驛T接點動作，MS_2動作，同時電動機M_2動作，RL燈亮。

　④ 按下PB_2或PB_5時，運轉中之電動機應立即停止，指示燈GL，RL應熄。

　⑤ 按下PB_3時，MS_1動作，M_1啓動運轉，GL亮，但無順序運轉之功用。

　⑥ 按下PB_4時，MS_2動作，M_2啓動運轉，RL亮，但無順序運轉之功用。

　⑦ M_1，M_2運轉中，如遇過載使積熱電驛動作或 SE 電驛動作時，電動機應立即停轉，蜂鳴器BZ發出警報，YL應亮，GL，RL應熄。

　⑧ 積熱電驛復歸後，電動機不得再自行啓動。

　⑨ 電動機保護電驛復歸後，電動機亦不得自行啓動。

(4) 使用器材：

項　次	符　　號	名　　　　　稱	規　　　　　格	數	量
1	NFB	無熔絲開關	$AC\,220V\,3P\,50AT\,75AF$	1	只
2	F	栓型保險絲	$AC\,250V\,5A$（附座）	2	組
3	MS	電磁開關	$AC\,220V\,20A\,5a\,2b$ $OL\,35A$	1	組
4	T	限時電驛	$AC\,220V\,3A\,0\sim30$ 秒 瞬時 $1a$	1	組
5	MS	電磁開關	$AC\,220V\,35A\,OL\,35A$	1	只
6	SE-RY	保護電驛	$AC\,220V\,1\sim80A\,60Hz$	1	只
7	PB	按鈕開關	$AC\,250V\,30\phi\,1a\,1b$ 綠、紅	2	只
8	PL	指示燈	$AC\,220/18V\,30\phi$ 黃、紅、綠、白	4	只
9	TB	端子台	$12P\,20A$	6	只
10	TB	端子台	$3P\,30A$	2	只
11	V	電壓表	$AC\,0\sim300V$ $120mm\times120mm$	1	只

5-13 箱型冷氣機（二部壓縮機）電路

(1) 電路圖：

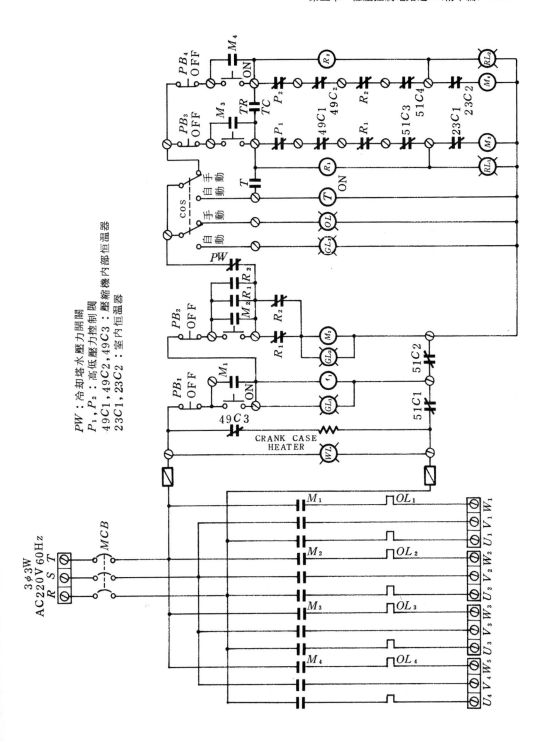

(2) 器具配置圖：

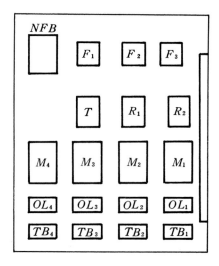
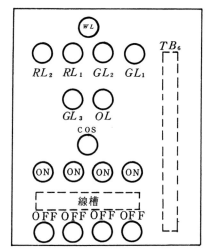

(3) 動作說明：

① NFB，ON時，WL亮。

② 按下PB_1-ON時，M_1動作，蒸發器用電扇轉動，GL_1亮。

③ 按下PB_2-ON時，M_2動作，冷却水泵及水塔風扇轉動，GL_2燈亮。

④ 選擇開關cos轉置於「自動」位置時，GL_3燈亮。

    (a) T激磁，開時計時，同時T瞬時接點閉合。電路經P_1，$49C_1$，R_1，$51C_3$至$23C_1$，M_3，RL_1，M_3動作，1號壓縮機轉動，RL_1亮。

    (b) 經數秒，T限時接點閉合，M_4動作，2號壓縮機運轉，RL_2燈亮。

    (c) 按下PB_3-ON或PB_4-ON皆不能啓動，按下PB_3-OFF或PB_4-OFF均不能停機。

⑤ 選擇開關cos置於「手動」位置時，GL_3熄，OL燈亮，T被切離。

    (a) 按下PB_3-ON時，M_3動作，但M_4不動作。

    (b) 按下PB_4-ON時，M_4動作，但M_3不受影響。

    (c) 按下PB_3-OFF時，M_3應跳脫，RL_1熄，M_4不受影響。

    (d) 按下PB_4-OFF時，M_4跳脫，RL_2熄，M_3不受影響。

⑥ 停止時：

    (a) 按下PB_1-OFF時，所有電磁開關應立即跳脫，所有指示燈均熄。

    (b) 按下PB_2-OFF時，M_2，M_3，M_4及T跳脫，指示燈GL_2，GL_3，

OL ，RL_1 及 RL_2 熄 ，但 M_1 與 GL_1 不受影響 。

(c) 當 cos 置於「自動」位置時 ，要停止壓縮機之運轉 ，可依 6-(a)之動作 。若按下 PB_3 - OFF 或 PB_4 - OFF 均無效 。

(d) 當選擇開關置於「手動」位置時 ，要停止 1 號壓縮機 ，可依 5-(c)之動作 ，要停止 2 號壓縮機如 5-(d)之動作 。

⑦ 保護開關動作時 ：

(a) 積熱電驛 $51C_1$ 跳脫時 ，發生情況如 6-(a) 。

(b) 積熱電驛 $51C_2$ 跳脫時 ，發生情況如 6-(a) 。

(c) 積熱電驛 $51C_3$ 跳脫時 ，壓縮機內部恒溫器 $49C_1$ ，高低壓控制閥 P_1 之任何一個跳脫時 ，如 5-(c)之外 ，補助電驛 R_1 動作 ，R_1 常開點閉路 ，R_1 常閉點打開 ，俟故障排除後 ，始得啓動 。

(d) $51C_4$ ，$49C_2$ ，P_2 之任何一個跳脫時 ，同 5-(d) ，俟故障排除後 ，始得啓動 。

(e) $51C_3$ 及 $51C_4$ 二個同時跳脫時 ，同 6-(a) 。

(f) $23C_1$ 跳脫時 ，1 號壓縮機停止 ，而 $23C_1$ 自動閉合時 ，壓縮機自行啓動 。

(g) $23C_2$ 跳脫時 ，2 號壓縮機停機 ，而 $23C_2$ 自動閉合時 ，壓縮機自行啓動 。

(4) 使用器材 ：

項　次	符　　號	名　　　　　稱	規　　　　　　格	數　　量
1	NFB	無熔絲開關	3P50AF50AT	1　　只
2	M_1 , M_2	電磁開關	AC220V 2HP OL 15A	各　1　只
3	M_3 , M_4	電磁開關	AC220V 5HP OL 30A	各　1　只
4	R_1 , R_2	輔助電驛	AC220V 3a3b	各　1　只
5	T	限時電驛	AC220V ON DELAY（STP-N）	1　　只
6	F	栓型保險絲	AC250V 5A附座	1　　只
7	cos	選擇開關	30ϕ 二段 2a2b	1　　只
8	WL	指示燈	白 30ϕ AC220/18V	1　　只
9	GL_1-GL_3	指示燈	綠 AC220/18V 30ϕ	3　　只
10	RL_1-RL_2	指示燈	紅 AC220/18V 30ϕ	2　　只

項 次	符 號	名 稱	規 格	數 量
11	OL	指示燈	橙 AC 220/18 V 30 ϕ	1 只
12	$PB_1 - PB_4$	按鈕開關	30 ϕ 1 a	4 只
13	$PB_1 - PB_4$	按鈕開關	30 ϕ 1 b	4 只
14	$TB_1 - TB_4$	端子台	3 P 30 A	4 只
15	TB_5	端子台	30 P 15 A	1 只
16	TB_6	端子台	30 P 15 A	1 只

5-14 中央系統型冷氣機主機控制電路

(1) 電路圖：（見下頁）

(2) 動作說明：

① NFB ON 時，電源指示燈 RL_1 亮。若 OPP，WPG 正常時，R_2，R_3，OBH 均動作，若 OPP 斷路，R_2 跳脫，指示燈 YL_1 亮，WPG 斷路，R_3 跳脫，指示燈 GL_2 亮。

② HLP 正常時，按 PB_1 後，RL_2 燈熄，R_1 激磁，並自己保持激磁狀態。

③ 當 R_1，R_2，R_3 都激磁後，cos 可選擇於自動或手動的位置。

  (a) 置於自動位置：MCM 動作，RL_1 燈熄，timer 動作，MCM，MCS 動作，經 5 秒後，MCS 跳脫，MCD 動作，電動機起動完畢，帶動壓縮機運轉。此時 GL_1 亮，電磁閥 SW_1，SW_2，SW_3，SV 均 ON。

  (b) 此時，若將 cos 切換至「手動」位置，MCM，T，MCD 等跳脫，電動機停轉，GL_1 燈熄，回復至①，②狀態。

  (c) 在手動位置時，須先按下 PB_4 後，其動作情形將與(a)項相同，再按下 PB_5 後，MCM，T，MCD 跳脫，電動機停轉，GL_1 熄。

④ 異常表示：

  (a) OPP 斷路時，R_2 跳脫，指示燈 YL_1 亮，電動機將無法啟動，倘電動機已動作，亦將停止。當 OPP 回復，R_2 激磁，YL_1 燈熄，OBH、RL_1，RL_2 "ON"，此時 cos 置於自動，將依 3-(a)之情形動作，若置於手動處，則依 3-(b)之情形動作。

  (b) WPG 斷路，R_3 跳脫，指示燈 GL_3 亮，電動機無法啟動。倘電動機已動作，亦將停止，且 GL_2，RL_1，OBH "ON"，當 WPG 回復後，R_3

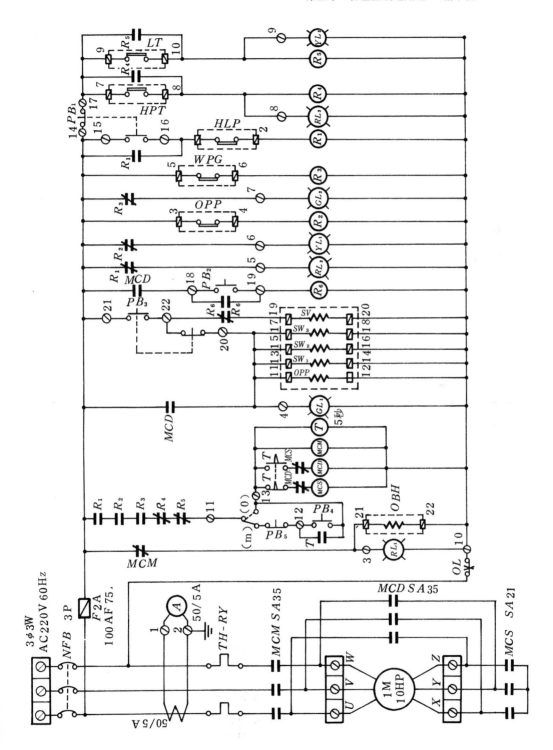

激磁，GL_2 燈熄，倘 cos 置於自動，將依 3-(a)情形動作，若置於手動，則將依 3-(b)情形動作。

(c)　HLP 斷路，R_1 跳脫，指示燈 RL_2，RL_1 亮，電動機無法啟動，倘電動機已動作亦將停止，RL_1，OBH "ON"，當 HLP 回復後，將依②，③之情形動作。

(d)　HPT 通路時，R_4 激磁並自己保持，指示燈 RL_3，RL_2 亮，GL_1 熄，OBH "ON"，電動機無法啟動，倘電動機已動作，亦將停止，故障處理完畢後，HPT 回復斷路，須接 PB_1 使 R_4 消磁，RL_3 燈熄，RL_1 亮，回至③之狀態。

⑤　若按 PB_2 則 R_6 激磁並自己保持，19、20 號端子將無電壓，使 SV 閥不能釋出冷媒，而冷媒將全部回收至冷媒器中。此時將造成高低壓之不平衡，而終將使 HLP 動作，造成 R_1 失磁，而自動停車，然若要 24 小時內再啟動，則需先按 PB_3 使 SV 閥動作釋出冷媒，使高低壓力得到適當平衡後，方能依③之情形再起動。

⑥　電動機正常運轉時，電流計 A 應指示 S 相電流。

⑦　$TH\text{-}RY$ 動作時，一切開關、指示燈均不動作；復歸時，電動機不得自行再啟動。

⑧　TB_1，TB_2 接點使用如下圖。

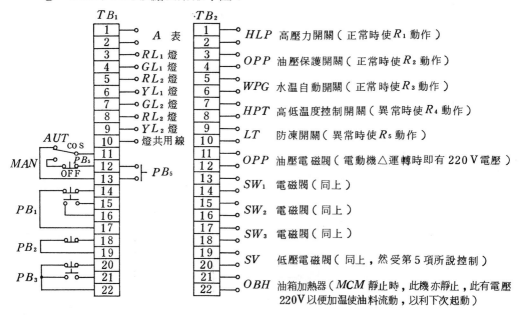

(3)　器具配置圖：

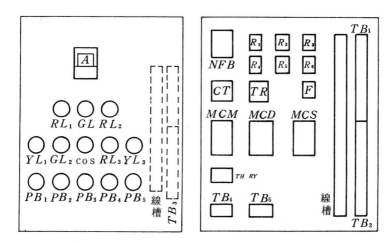

(4)　使用器材：

項　次	符　　號	名　　　　　　稱	規　　　　　　　　　格	數	量
1	A	電流計	AC 60 Hz 0-50/5 A 延長刻度 100 %	1	只
2	PL	指示燈	30 ϕ 220/18 V 紅 3，綠 2，黃 2	7	只
3	PB	按鈕開關	30 ϕ 1 a 1 b 紅 2，黃 1，綠 2	5	只
4	F	栓式保險絲	E-16,3 A 附座	1	只
5	NFB	無熔絲開關	AC 220 V 3 P，AF 100 A AT 75 A	1	只
6	CT	比流器	50/5 A，15 VA	1	只
7	MC	電磁接觸器	AC 220 V 35 A 補助接點 2 a 2 b	1	只
8	MC	電磁接觸器	AC 220 V 35 A 補助接點 2 a 2 b	1	只
9	MC	電磁接觸器	AC 220 V 20 A 補助接點 1 a 1 b	1	只
10	X_1 - X_6	補助電驛	AC 220 V 6 A OMRON　MK 2 P	6	只
11	TH-RY	積熱電驛	28 A	1	只
12	TB_1 - TB_3	端子台	22 P 20 A	3	只
13	T	限時電驛	Y—$\triangle$ 專用 0〜30 秒	1	只
14	cos	選擇開關	1 a 1 b	1	只
15	TB_4	端子台	3 P 60 A	1	只
16	TB_5	端子台	3 P 60 A	1	只

5-15　自動照明及閃動廣告燈控制電路

(1)　電路圖：（見下頁）

(2)　動作說明：

①　當電源接上後，置 NFB 於 ON 位置時，限時電驛 T_1 開始計時。

②　限時電驛 T_1 於數小時後動作，MC_1 動作，經照明燈點亮，YL 應亮，WL 應熄，並於點燈後數小時切斷控制電源。

  (a)　當 T_1 接點接通，同時 T_2 開始計時，經數秒後動作，GL 亮，X 激磁，MC_2 動作，A 組廣告燈點亮。

  (b)　當 T_2 動作時，T_3 開始計時，而後 T_2 失磁，電磁接觸器 MC_2 跳脫，A 組廣告燈熄，GL 應熄。

  (c)　限時電驛 T_3 經數秒後動作，限時電驛 T_2 第二次開始計時，MC_3 同時動作，B 組廣告燈點亮，指示燈 RL 應亮。

  (d)　當 MC_3 動作後，X 應失磁。

  (e)　T_2 經數秒鐘後第二次動作，T_3 開始計時，T_2 同時失磁，MC_3 跳脫，B 組廣告燈熄，指示燈 RL 應熄。

  (f)　重覆(a)～(e)之動作交替不停。

③　運轉中，若遇故障或緊急情況，按下緊急開關 EMS 時電路應即刻斷電，照明燈、廣告燈應立即全熄。

④　運轉中，因過載使積熱電驛動作時，MC_1，MC_2，MC_3 均應跳脫，BZ 應發出警報，且復歸後，蜂鳴器不得發出警報。

(3)　器具佈置圖：

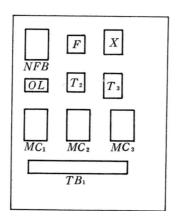
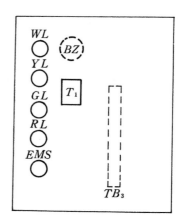

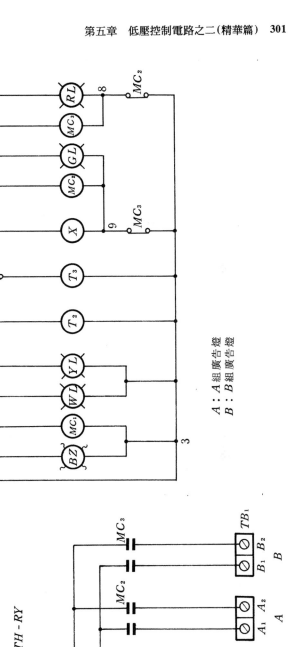

(4) 使用器材：

項　次	符　　號	名　　　　　　　稱	規　　　　　　　　格	數	量
1	NFB	無熔絲開關	AC 250 V 2 P 30 AT	1	只
2	MC	電磁開關	AC 220 V 20 A 20 A 2 a 2 b	1	只
3	MC	電磁開關	AC 220 V 10 A 5 a 2 b	2	只
4	TH-RY	積熱電驛	AC 220 V 22 A	1	只
5	F	栓型保險絲	AC 600 V 5 A 附座	1	組
6	T	限時電驛	AC 220 V 3 A 1 a 1 b 60 秒附座	2	只
7	EMS	緊急開關	AC 250 V 5 A 30 φ 1 b 手動	1	只
8	PL	指示燈	AC 220 V 30 φ 紅、白、綠、黃	各　1	只
9	BZ	蜂鳴器	AC 220 V 強力型	1	只
10	TB	端子台	12 P 20 A	3	只
11	TB	端子台	12 P 30 A	1	只
12	X	輔助電驛	AC 220 V 10 A 2 c 附座	1	組

5-16　廣告塔自動點滅及保護電路

(1) 電路圖：（見下頁）
(2) 器具佈置圖：

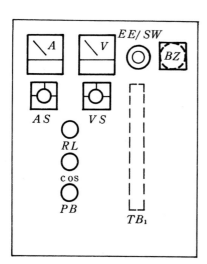
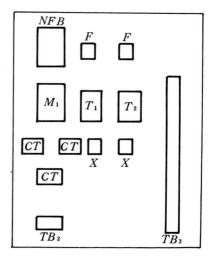

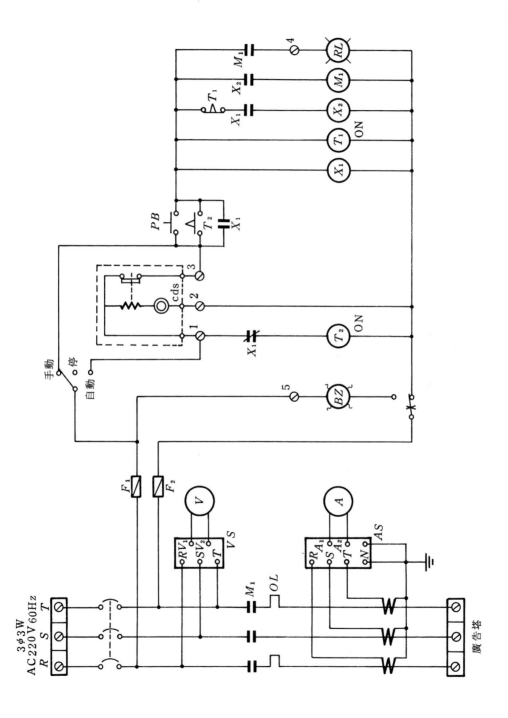

(3) 動作說明：

① 有電時，無熔絲開關 NFB 置放於 ON 位置時，電壓計 V 應有指示，其他的電路不得動作。**轉置電壓切換開關** VS，電壓計應按銘牌指示各相電壓。

② 切換開關 cos 轉置於「自動」位置時：

  (a) 按下按鈕開關 PB，此時若自動點滅器 EE/SW 未受光，輔助電驛 X_1 激勵，則限時電驛 T_1 開始計時，同時電磁開關 M_1 動作，廣告塔點亮，指示燈 RL 亮。

  (b) 經數小時後，限時電驛 T_1 動作，則電磁開關 M_1 跳脫，廣告塔熄，指示燈 RL 應熄。

  (c) 按下 PB 按鈕，此時若在白天自動點滅器 EE/SW 受光，X_1 不激勵。但限時電驛 T_2 開始計時，經數小時後動作，此時其他電路不得動作，一直到夜晚 EE/SW 不再受光時，X_1 再激磁，T_2 再失磁復歸。

  (d) 輔助電驛 X_1 一旦激磁，則限時電驛 T_1 又開始計時，M_1 又動作，廣告塔點亮。經數小時後，T_1 計時完畢，M_1 跳脫，廣告塔又熄，指示燈 RL 應熄，T_2 又開始計時。

  (e) 廣告塔在夜間應按 T_1，T_2 之設定時間自動點滅。

③ 切換開關 cos 轉置於「手動」位置時：

  (a) 按下 PB，X_1 動作，T_1 開始計時，電磁開關 T_1 開始計時，廣告塔點亮，指示燈 RL 亮。

  (b) 經數小時後，T_1 動作，M_1 跳脫，廣告塔應熄，RL 熄。

④ 切換開關 cos 轉置於「切」位置時，所有控制電路應即斷電，M_1 應跳脫，指示燈 RL 熄。

⑤ 動作中，因過載情況發生，積熱電驛動作時，M_1 應立即跳脫，但積熱電驛復歸時，M_1 不再自行啓動。

⑥ 運轉中，電流計 A 應指示各相電流。

(4) 使用器具：

項 次	符 號	名 稱	規 格	數 量
1	NFB	無熔絲開關	$AC\,220V\,3P\,50AF\,30AT$	1 只
2	M_1	電磁開關	$AC\,220V\,20A\ OL\,18A$	1 只
3	T	限時電驛	$AC\,220V\,12Hr$ 附座	1 只

項 次	符　　　號	名　　　　稱	規　　　　　格	數	量
4	X	輔助電驛	AC 220 V 5 A 2 c 附座	1	只
5	CT	比流器	AC 600 V 150/5 A 15 VA	1	只
6	A	電流計	AC 0-30/5 A 2.5 級	1	只
7	V	電壓計	AC 300 V 2.5 級	1	只
8	AS	電流切換開關	3 φ 4 W	1	只
9	VS	電壓切換開關	AC 250 V 3 φ 3 W	1	只
10	BZ	蜂鳴器	AC 220 V 4″ 強力型	1	只
11	PB	按鈕開關	AC 250 V 30 φ 1 a 1 b	1	只
12	cos	切換開關	AC 250 V 5 A 30 φ 三段式	1	只
13	PL	指示燈	AC 220/18 V 30 φ 紅色	1	只
14	EE/SW	自動點滅器	AC 220 V 接點 3 A	1	只
15	TB	端子台	12 P 20 A	4	只
16	TB	端子台	3 P 30 A	1	只

5-17 交通號誌燈控制電路之一

(1) 電路圖：

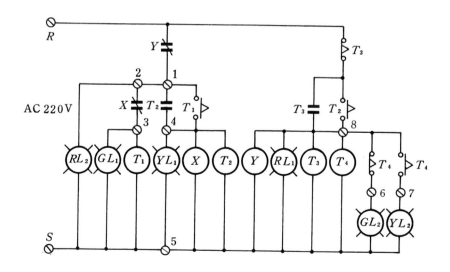

(2) 動作說明：

① 當 R、T 加入電源後，GL_1，RL_2 燈亮，且 T_1 受激，開始計時。

② 過一段時間後，T_1 閉合，此時 YL_1，RL_2 亮。T_2 受激開始計時，且 X 受激，經 timer 瞬時接點保持。

③ 過一段時間後，T_2 接點閉合，T_3，T_4 受激開始計時，Y 受激，此時 RL_1 亮，GL_2 燈亮。

④ 再經一段時間後，YL_2 亮，RL_1 亮。

⑤ 又一段時間後，T_3 打開，又回復①之狀態。

⑥ 繼續循環作①至⑥之動作。

⑦ T_3 動作時間應調比 T_2 長。

(3) 使用器具：

項 次	符　　號	名　　　稱	規　　　格	數	量
1	RL_1，RL_2	指示燈	AC 220/18 V 30 ϕ 紅	各 1	只
2	GL_1，GL_2	指示燈	AC 220/18 V 30 ϕ 綠	各 1	只
3	YL_1，YL_2	指示燈	AC 220/18 V 30 ϕ 黃	各 1	只
4	T_1，T_2 T_3，T_4	限時電驛	ON DELAY TIMER AC 220 V 15 A	各 1	只
5	X，Y	補助電驛	AC 220 V 2a 2b 15 A	各 1	只
6	TB	端子台	12 P 20 A	1	只

(4) 器具佈置圖：

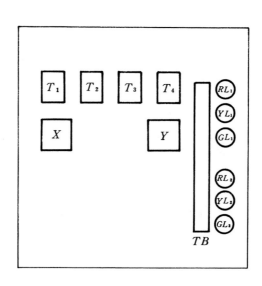

5-18　交通號誌控制(綠燈閃爍)電路之二

(1)　電路圖：（見下頁）

(2)　器具佈置圖：

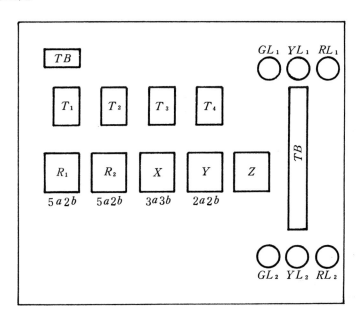

(3)　動作說明：

① 當接上電源後，RL_2燈亮，R_1受激，且R_1接點保持，R_2不受激，T_1、T_3受激開始計時，GL_1亮。

② 經28秒鐘後，T_3接點閉合，FR閃爍電驛動作，Z受激，GL_1燈閃爍。

③ 再經2秒鐘後，T_1接點閉合，T_2受激開始計時，Y受激，受Y接點保持，此時，YL_1亮，RL_2亮。

④ 經5秒鐘後，T_2接點打開，T_2、Y、R_1不受激，R_2受激動作，R_2接點保持，此時GL_2亮，RL_1亮。

⑤ 經一段時間後，GL_2燈閃爍，RL_1燈亮。

⑥ 再一段時間後，YL_2燈亮，RL_1燈亮。

⑦ 又一段時間後，RL_2燈亮，GL_2燈亮，回至①之情況。

⑧ 重覆①至⑧之情況。

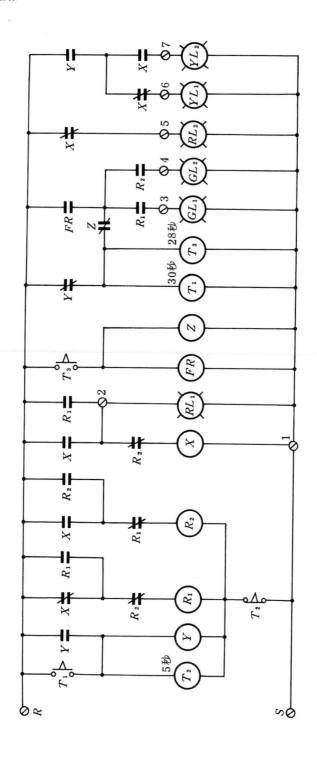

(4)　使用器材：

項 次	符　號	名　　　稱	規　　　格	數　　量
1	FR	閃爍電驛	AC 220 V	1　只
2	RL_1, RL_2	指示燈	紅 AC 220/18 V 30 ϕ	各 1 只
3	X, Y	補助電驛	AC 220 V 2a2b　3a3b	各 1 只
4	R_1, R_2	補助電驛	AC 220 V 3a3b　2a2b	各 1 只
5	T_1, T_2, T_3	限時電驛	AC 220 V 0～60秒 1a瞬時接點 1a1b 延時接點	各 1 只
6	YL_1, YL_2	指示燈	AC 220/18 V 黃	各 1 只
7	GL_1, GL_2	指示燈	AC 220/18 V 綠	各 1 只

5-19　交通號誌燈控制電路之三

(1)　電路圖：（見下頁）

(2)　器具佈置圖：

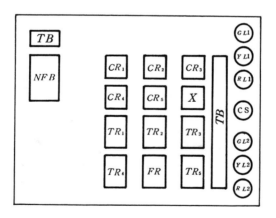

(3)　動作說明：

① 接上電源後，若 cos 置於 free 位置，則黃色燈 YA 及 YB 閃爍。

② 若將 cos 置於 auto 位置，則 RB 燈亮，GA 燈亮。

③ 經設置之時間後，GA 燈開始閃爍，再一段時間後，YA 燈亮。

④ 再一段時間後，GB 燈，RA 燈亮。

⑤ 再經一段時間後，GB 燈熄，YB 燈亮。再一段時間後，GA 燈，RB 燈亮。

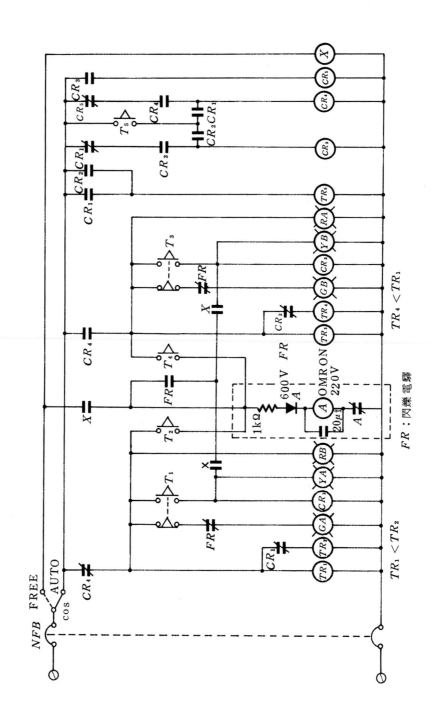

⑥　重覆②至⑥之動作。

(4)　使用器材：

項　次	符　　　號	名　　　稱	規　　　　　　　格	數	量
1	NFB	無熔絲開關	2P15AT50AF	1	只
2	TR_1, TR_2 TR_3, TR_4	限時電驛	AC220V15A ON DELAY TIMER	各 1	只
3	CR_1, CR_2, CR_3 CR_4, CR_5, CR_6	電力電驛	AC $2a2b \times 4$, $3a3b \times 2$	6	只
4	CS	選擇開關	$1a1b$ 二段式	1	只
5	FR	閃爍電驛	AC220V	1	只

5-20　電扇與電熱器順序控制電路

(1)　電路圖：

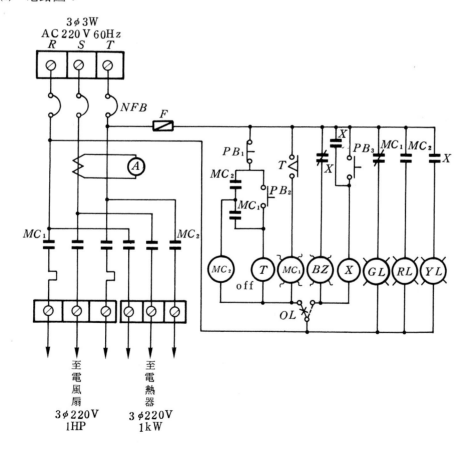

(2) 動作說明：

① 當 NFB ON時，綠燈亮。

② 當按下 PB_2 按鈕後，MC_1 及 MC_2 順序動作，此時，紅燈亮，綠燈熄。

③ 當按下 PB_1 按鈕後，MC_2 隨即停機，經一段時間後，MC_1 始停機。

④ 當 MC_1 或 MC_2 運轉中，遇過載情形時，OL 跳脫，BZ 響叫。若想切斷蜂鳴器鳴叫，需按 PB_3 按鈕。

(3) 器具配置圖：

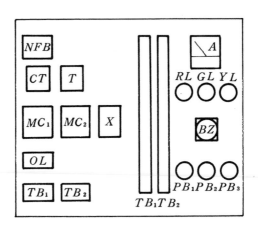

(4) 使用器材：

項 次	符 號	名 稱	規 格	數 量
1	NFB	無熔絲開關	AC 220 V 3 P 30 AT 50 AF	1 只
2	MC_1 , MC_2	電磁電驛	AC 220 V 10 A 5a 2b	各 1 只
3	CT	比流器	30/5 A 5 VA	1 只
4	BZ	蜂鳴器	AC 220 V 4″ 強力型	1 只
5	$TH-RY$	積熱電驛	AC 220 V OL 15 A	1 只
6	GL , RL YL	指示燈	AC 220/18 V 30 φ 綠、紅、黃	各 1 只
7	TB_1 , TB_2	端子台	3 P 20 A	各 1 只
8	TB_3 , TB_4	端子台	12 P 20 A	各 1 只
9	A	安培計	0~30 A , AC 200 V	1 只
10	PB_2 , PB_3	按鈕開關	1a , 30 φ	1 只
11	PB_1	按鈕開關	1b , 30 φ	1 只

5-21 三相感應電動機順序運轉控制電路

(1) 電路圖:

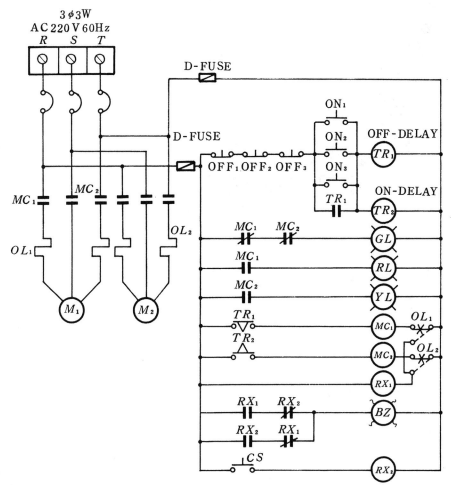

(2) 動作說明:

① 啟動或停止,可從三處操作。

② 接上電源時,M_1機,M_2不動作,此時 GL 亮,而 RL 與 YL 均熄。

③ 按下任一處 ON 按鈕後,M_1 先運轉,紅燈亮,綠燈熄。

④ 經一段時間後,M_2 再運轉,黃燈亮。

⑤ 按下任一處 OFF 按鈕後,M_2機先停止,黃燈熄。

⑥ 經一段時間後,M_1機再停止,此時,紅燈熄,綠燈亮。

⑦ 過載時，兩電動機不能運轉，蜂鳴器響叫；按下 CS 開關，蜂鳴器不再響叫。

⑧ OL 復歸後，馬達不能自行啓動。

⑨ 剛送電時，按下 CS 電鈴會響叫。

(3) 使用器材：

項 次	符 號	名 稱	規 格	數	量
1	NFB	無熔絲開關	3P 50AF 50AT	1	只
2	MC_1, MC_2	電磁開關	AC 220V 15A 5a5b	各 1	只
3	TR_1	OFF DELAY TIMER	AC 220V OMRON ATSS	1	只
4	TR_2	ON DELAY TIMER	OMRON STP-N AC 220V	1	只
5	RX_1, RX_2	補助電驛	AC 220V 2a 2b	1	只
6	CS	選擇（按鈕）開關	1a 1b	1	只
7	PB	按鈕開關	ON, OFF	3	只
8	RL, GL YL	指示燈	AC 220/18V 30ϕ 紅、綠、黃	各 1	只
9	TB	端子台	3P 20A	2	只
10	TB	端子台	12P 20A	1	只

(4) 器具配置圖：

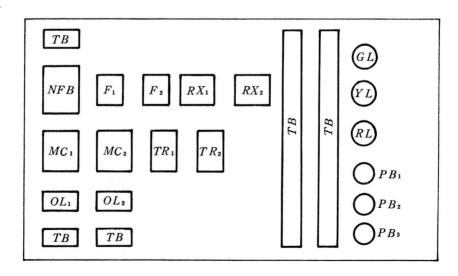

5-22　三部電動機順序運轉電路

(1)　電路圖：（見下頁）

(2)　器具配置圖：

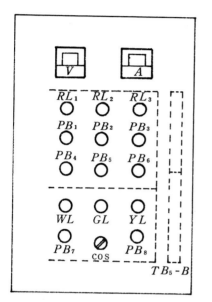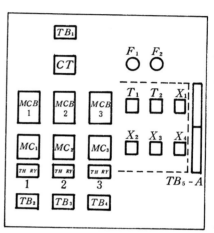

(3)　動作說明：

①　電源有電時，電壓計V應指示電壓V_{RS}之值，指示燈GL亮。

②　切換開關 cos 置於「測試」位置時：

   (a)　指示燈YL亮。

   (b)　按下按鈕開關PB_1時，電磁接觸器MC_1動作，電動機 NO_1運轉，指示燈RL_1亮，GL熄。

   (c)　電動機NO_1運轉中，按下按鈕開關PB_4時，MC_1跳脫，電動機NO_1停止運轉，RL_1熄，GL亮。

   (d)　按下按鈕開關PB_2時，由電磁開關MC_2動作，電動機NO_2運轉，指示燈RL_2亮，GL熄。

   (e)　電動機NO_2運轉中，按下按鈕開關PB_5，MC_2跳脫，電動機NO_2停止運轉，RL_2熄，GL亮。

   (f)　MC_1，MC_2，MC_3應有連鎖，不得同時動作。

③　切換開關 cos 置於「自動」位置時：

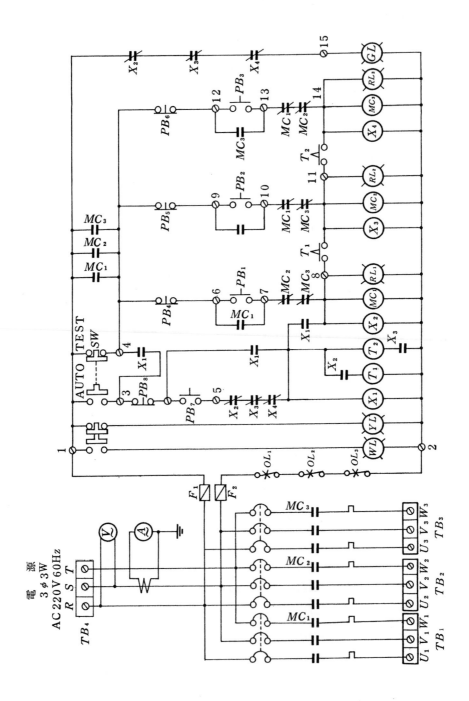

(a) 指示燈 WL 亮。

(b) 按下按鈕開關 PB_7 時，MC_1 動作，電動機 NO_1 運轉，RL_1 亮，GL 熄，限時電驛 T_1 開始計時，經 5 秒後，MC_2 動作，電動機 NO_2 動作，RL_2 亮，限時電驛 T_2 開始計時，經 5 秒後，MC_3 動作，電動機 NO_3 運轉，指示燈 RL_3 亮，三部電動機即進入運轉狀態。

(c) 按下按鈕開關 PB_8 時，MC_1，MC_2，MC_3 均應跳脫，RL_1，RL_2，RL_3 熄，而 GL 亮。

④ 切換開關 cos 置於「停止」位置時，所有電動機即停止，GL 亮，其餘燈均熄。

⑤ 電動機正常運轉中，電流計 A 應指示 S 相之電流。

⑥ 切換開關 cos 若置於自動位置或測試位置時，如電動機已在運轉中，操作切換開關 cos 均不得影響電動機之運轉狀態。

⑦ 切換開關 cos 若置於自動或測試位置時，任一電動機在正常運轉中，積熱電驛 $TH\text{-}RY$ 動作時，運轉中之電磁接觸器應立即跳脫，電動機停止運轉，指示燈均熄；當積熱電驛 $TH\text{-}RY$ 復歸後，電動機不得自行啟動。

(4) 使用器材：

項次	符號	名稱	規格	數量
1	MCB	無熔絲開關	3 P 50 AF 30 AT（MCB_1，MCB_2，MCB_3）	3 只
2	MS	電磁開關	AC 220V 20A 5a5b OL 15A（MC_1，MC_2，MC_3）	3 只
3	V	電壓計	120×120mm，0～300 V	1 只
4	A	電流計	120×120mm，0-75/5 延長為 100％	1 只
5	CT	比流器	600V 75/5A 15 VA 貫穿式	1 只
6	F	栓式保險絲	550V 2A	2 只
7	cos	切換開關	30ϕ 2a-0-2a 三段式	1 只
8	X_1	補助電驛	AC 220V 10A 4a4b	1 只
9	X_2，X_3 X_4	補助電驛	AC 220V 10A 2a2b	1 只
10	PL	指示燈	30ϕ 220/15 V	6 只
11	T_1，T_2	限時電驛	AC 220V 0-10秒延時1a1b，瞬時1a	各1只
12	PB	按鈕開關	30ϕ 1a1b（紅PB_4，PB_5，PB_6，PB_8 綠PB_1，PB_2，PB_3，PB_7）	8 只

項 次	符　　　號	名　　稱	規　　　　　　　　　　　　格	數 量
13	TB_1	端子台	3 P 250 V 60 A	1 只
14	TB_2 , TB_3 TB_4	端子台	3 P 250 V 30 A	各 1 只
15	TB_5 - A TB_5 - B		12 P 250 V 20 A	各 2 只
16		連接線束	器具與門板連接用	1 式
17		線　槽	$25W \times 45H$（mm）	1 式

5-23　三部電動機兩部順序運轉電路

(1)　電路圖：（見下頁）

(2)　器具配置圖：

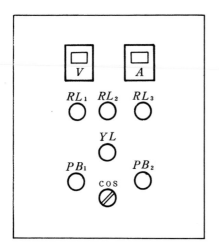
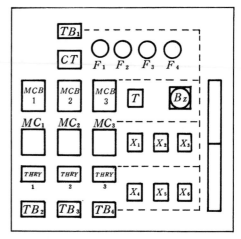

(3)　動作說明：

① 電源有電時，電壓計 V 指示電壓 V_{RT} 之值。

② 切換開關cos置於手動位置時：

　　(a) 按下按鈕開關 PB_1 時，電磁接觸器 MC_1 , MC_2 動作，電動機 NO_1 ，NO_2 運轉，指示燈 RL_1 , RL_2 亮，放開 PB_1 時，MC_1 及 MC_2 跳脫，電動機 NO_1 , NO_2 停止運轉，RL_1 及 RL_2 熄。

　　(b) 第二次按下 PB_1 時，MC_2 , MC_3 動作，電動機 NO_2 , NO_3 運轉，指示燈 RL_2 , RL_3 亮後，放開 PB_1 時，MC_2 , MC_3 跳脫，電動機 NO_2 , NO_3 停止運轉，RL_2 , RL_3 熄。

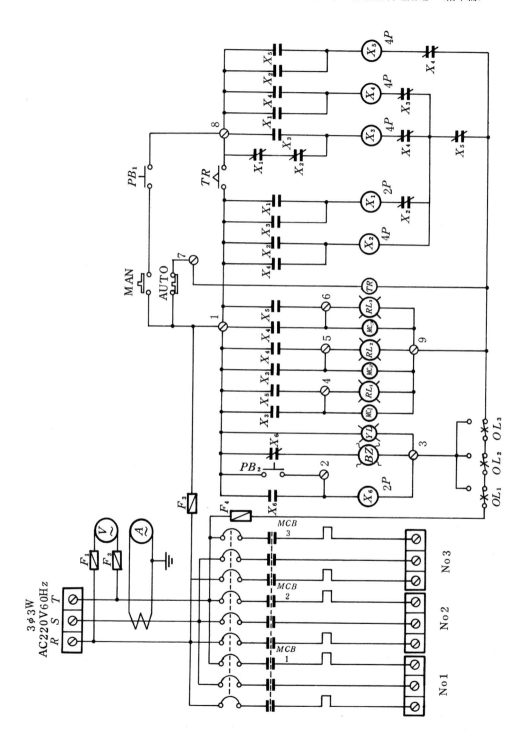

    (c)   第三次按下PB_1時，MC_3，MC_1動作，電動機NO_3，NO_1運轉，RL_3，RL_1亮後，放開PB_1時，MC_3，MC_1跳脫，電動機NO_3，NO_1停止運轉，RL_3，RL_1熄。

    (d)   第四次按下PB_1時，動作情況又重複(a)(b)(c)之動作。

③   切換開關cos置於「自動」位置時：

    (a)   限時電驛T動作，其限時接點ON，MC_1，MC_2動作，電動機NO_1，NO_2運轉，RL_1，RL_2亮，經10秒鐘後，限時接點OFF，MC_1，MC_2跳脫，電動機NO_1，NO_2停止運轉，RL_1，RL_2熄。

    (b) MC_1，MC_2跳脫後，經5秒限時接點ON，MC_2，MC_3動作，電動機NO_2，NO_3運轉，RL_2，RL_3亮，經10秒後限時接點OFF，MC_2，MC_3跳脫，電動機NO_2，NO_3停止運轉，RL_2，RL_3熄。

    (c) MC_2，MC_3跳脫後，經5秒後，限時接點ON，MC_3，MC_1動作，電動機NO_3，NO_1運轉，RL_3，RL_1亮，經10秒鐘後，限時接點OFF，MC_3，MC_1跳脫，電動機NO_3，NO_1停止運轉，RL_3，RL_1熄。

    (d) MC_3，MC_1跳脫後，經5秒又重複(a)(b)(c)之動作。

④   切換開關cos置於「停止」位置時，所有電動機均即停止，指示燈全熄。

⑤   電動機正常運轉中，電流計A應指示S相之電流。

⑥   切換開關cos置於手動或自動時，任一電動機在正常運轉中，積熱電驛$TH\text{-}RY$動作跳脫，動作中之電磁接觸器應立即跳脫，電動機停止運轉，蜂鳴器BZ響叫，指示燈YL亮，按下按鈕開關PB_2時，蜂鳴器BZ停響，但指示燈YL仍亮，當$TH\text{-}RY$復歸後，YL熄，但電動機不得自行啟動。

(4) 使用器材：

項 次	符　　號	名　　　稱	規　　　　　　　　　　　格	數	量
1	MCB	無熔絲開關	3P 50AF 30AT （MCB_1，MCB_2，MCB_3）	3	只
2	MS	電磁開關	AC 220V 20A 5a 5b OL 15A （MC_1，MC_2，MC_3）	3	只
3	V	電壓計	120×120 mm，AC 0～300V	1	只
4	A	電流計	120×120 mm，AC 0-50/5A 延長為100%	1	只
5	CT	比流器	AC 600V 50/5A 15VA	1	只
6	F	栓式保險絲	550V 2A（F_1，F_2，F_3，F_4）	4	只

項　次	符　　　號	名　　　稱	規　　　　　　　　　　　　　　　格	數	量
7	X_6	補助電驛	AC 220 V 10 A 2 a 2 b	1	只
8	X_1	補助電驛	AC 220 V 10 A 4 a 4 b	1	只
9	X_2	補助電驛	AC 220 V 10 A 2 a 2 b	1	只
10	X_3	補助電驛	AC 220 V 10 A 4 a 4 b	1	只
11	X_4	補助電驛	AC 220 V 10 A 4 a 4 b	1	只
12	X_5	補助電驛	AC 220 V 10 A 4 a 4 b	1	只
13	T	限時電驛	AC 220 V 5 A 控制接點 1 c （ON-OFF DELAY TIMER）	1	只
14	PL	指示燈	30 ϕ 220/15 V （RL_1, RL_2, RL_3, RL_4）	4	只
15	PB	按鈕開關	30 ϕ 1 a 1 b（PB_1 綠，PB_2 紅）	2	只
16	cos	切換開關	30 ϕ 1 a - 0 - 1 a 三段式（斛色）	1	只
17	BZ	蜂鳴器	AC 220 V 3″ 露出型	1	只
18	TB	端子台	3 P 250 V 60 A（TB_1）	1	只
19	TB	端子台	3 P 250 V 30 A（TB_2, TB_3, TB_4）	3	只
20	TB	端子台	3 P 250 V 20 A（TB_5-A, TB_5-B）	4	只

5-24　單相感應電動機正逆轉控制電路

(1)　電路圖：（見下頁）

(2)　器具配置圖：

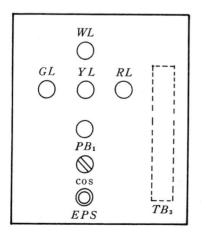
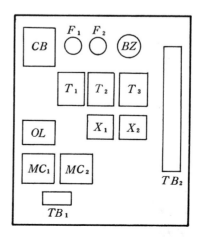

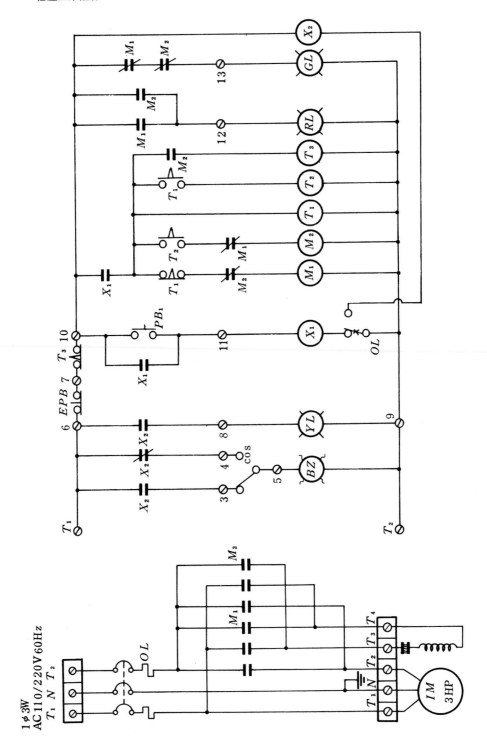

(3) 動作說明：

① 當電源送上時，電動機不動作，GL 燈亮。

② 當按下 PB_1 按鈕時，M_1 動作，馬達正轉，RL 燈亮，GL 燈熄。

③ 經一段時間後，馬達自動停止正轉，再過一段時間後馬達逆轉。又經一段時間後，馬達停止逆轉，GL 燈又亮。

④ 若想跟馬達再次運轉，需再按 PB_1。

⑤ 馬達運轉中，若遇緊急事件需停機時，可按緊急按鈕 EPB 使馬達停機。

⑥ 馬達運轉中，若過載使 OL 跳脫，電動機應立即停機，且 BZ 鳴叫，欲停止 BZ 鳴叫，可以 cos 來切斷。

⑦ OL 復歸後，電動機不能自行啓動。

(4) 使用器材：

項　次	符　　號	名　　稱	規　　　　　　　　　格	數　量
1	NFB	無熔絲開關	AC 220 V 3 P 50 AF 30 AT	1　只
2	M_1,M_2	電磁開關	AC 220 V 15 A 5a 2b OL 15 A	各 1　只
3	T_1,T_2,T_3	限時電驛	STP-N　AC 220 V	各 1　只
4	X_1,X_2	補助電驛	AC 220 V　MK 2 P	各 1　只
5	PB_1	按鈕開關	1a　30ϕ	1　只
6	EPB	按鈕開關	1b　30ϕ	1　只
7	cos	切換開關	1a 1b 二段式	1　只
8	BZ	蜂鳴器	AC 220 V 3″ 強力型	1　只
9	GL,RL	指示燈	30ϕ AC 220/18 V 黃、綠	各 1　只
10	TB	端子台	3 P 20 A	2　只
11	TB	端子台	12 P 20 A	1　只

5-25　光電開關自動馬達正逆轉控制電路(自動門電路)

(1) 電路圖：

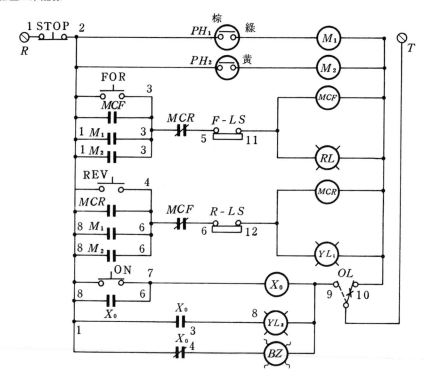

(2) 動作說明：

① 門關閉狀況時，R-LS 爲開路，F-LS 爲閉路狀態；而門開啓至一定限度時，R-LS 爲閉路狀態，而 F-LS 爲開路。

② 當門關閉時，將光電開關電源送上，則光電開關發光器發光，而受光器受光，PH_1 與 PH_2 開路。

③ 當光電開關 PH_1 被遮光又恢復照光時，M_1 動作，電動機正轉，門開啓至一定限度後停止。若 PH_2 在此時被遮光，或 PB，REV 被按，M_2 動作，電動機反轉，門關閉。

④ 當 PH_1 與 PH_2 被遮光後末再恢復照光，電動機將正轉、反轉自動往復運轉。若想停止電動機動作，可按下 STOP 按鈕及恢復照光、受光後，電動機始停下。

⑤ 當電動機過載後，TH-RY 跳脫，電動機應立即停機，且 BZ 應響叫。

⑥ 按 ON 按鈕，YL_2 燈亮，BZ 停響。

(3)　使用器材：

項　次	符　　號	名　　　　　稱	規　　　　　　　　格	數　　量
1	NFB	無熔絲開關	AC 220V 50AF 15 AT	1　只
2	MS	電磁電驛	AC 220V 40A	2　只
3	M_1, M_2	輔助電驛	MK 2P　AC 220 V	2　只
4	PH	光電開關	AC 220V 1 a 1 b	2　組
5	LS	限制開關	600 V 10 A 1 a 1 b	2　只
6	YL, RL	指示燈	30 ϕ AC 220/18 V	紅 1 黃 2
7	PB	按鈕開關	FOR, REV, STOP 單層	1　只
8	PB	按鈕開關	30 ϕ 1 a 1 b	1　只
9	BZ	蜂鳴器	AC 220V 4″ 強力型	1　只

(4)　器具配置圖：

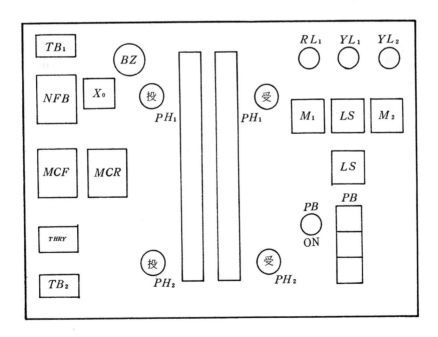

5-26 交流低壓感應電動機正逆轉控制附直流剎車系統電路

(1) 電路圖：

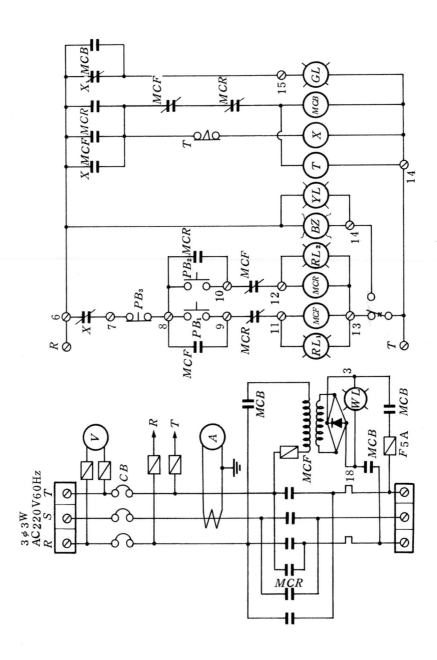

(2) 動作原理：

① 電源有電時，電壓計V應指示RT相之電壓。

② 無熔絲開關CB，ON時，指示燈綠燈GL亮，其餘指示燈均熄，電動機不得轉動。

③ 按下按鈕開關PB_1時，電磁接觸器MCF動作，電動機立即正轉，指示燈紅燈RL_1亮，綠燈GL熄。

④ 按下按鈕開關PB_3時，電磁接觸器MCF或MCR應跳脫，指示燈紅燈RL_1或RL_2熄，綠燈GL亮，然後剎車系統之電磁接觸器MCB動作，將直流$24V$電源輸入電動機履行剎車，指示燈白燈WL亮，經5秒鐘後剎車系統自動放開，指示燈白燈WL熄。

⑤ 按下按鈕開關PB_2時，電磁接觸器MCR動作，電動機立即逆轉，指示燈紅燈RL_2亮，綠燈GL熄。

⑥ 電動機正常運轉中，電流計A應指示S相之正確電流。

⑦ 電動機正常運轉中，因過載或其他故障發生致積熱過載電驛動作時，電動機立即停止運轉，蜂鳴器發生警報，指示燈黃燈YL亮，其餘動作步驟與第④項相同。積熱過載電驛復歸時，蜂鳴器停警，指示燈黃燈YL熄，但電動機不得自行再啟動。

⑧ 電磁接觸器MCF與MCR應有連鎖保護裝置，不得同時動作，又MCF或MCR動作，電動機運轉中MCB不得動作。

(3) 器具配置圖：

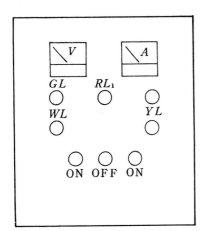
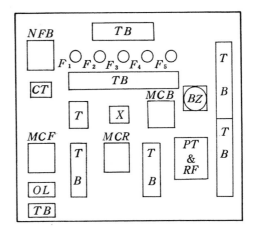

(4) 使用器材：

項 次	符 號	名 稱	規 格	數	量
1	NFB	無熔絲開關	AC 600 V 125 AF 60 AT	1	只
2	CT	比流器	AC 600 V 50/5 A 15 VA	1	只
3	A	安培表	YS-10F	1	只
4	MCF MCR	電磁開關	SA-35	各	只
5	TH-RY	積熱電驛	OL 30 A	1	只
6	PT	比壓器	220/24 V 300 VA 1 ϕ	1	只
7	MCB	電磁開關	SA-21	1	只
8	PL	指示燈	AC 220 V 黃1，紅1，綠1，白1	5	只
9	PB	按鈕開關	二層式接點 2 a 3 b	1	只
10	TB	端子台	3 P 60 A	3	只
11	TB	端子台	12 P 30 A	4	只
12	F_1	栓形保險絲	2 A × 4，10 A × 1	5	只

5-27 三相感應電動機定時正逆轉電路

(1) 電路圖：

(2) 器具配置圖：

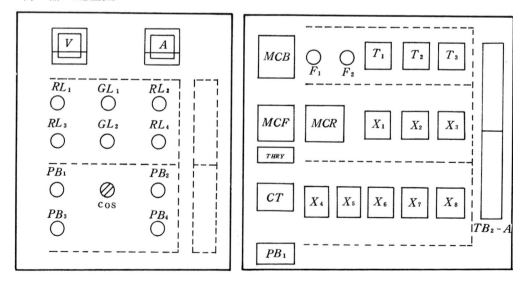

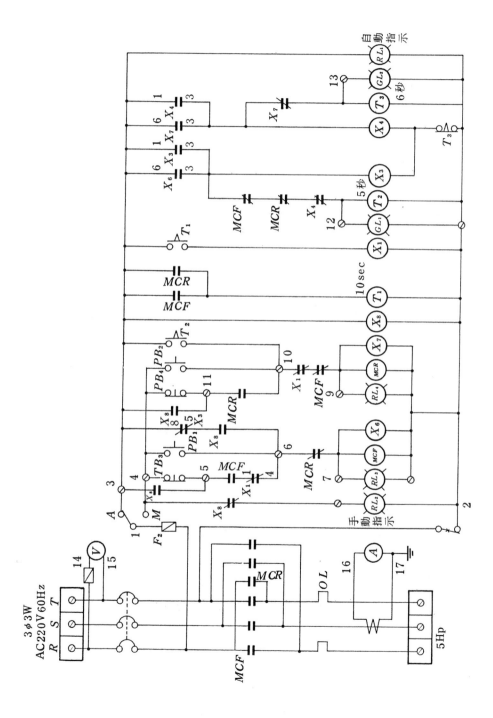

(3) 動作說明：

① 電源有電時，電壓計 V 指示線電壓 V_{RT} 之值。

② 切換開關 cos 置於「手動」位置時：

   (a) 指示燈 RL_2 亮。

   (b) 按下按鈕開關 PB_1 時，電磁接觸器 MCF 動作，電動機正轉，指示燈 RL_3 亮。

   (c) 電動機正轉中，按下按鈕開關 PB_3 時，MCF 跳脫，電動機停止運轉，RL_3 熄。

   (d) 按下按鈕開關 PB_2 時，電磁接觸器 MCR 動作，電動機逆轉，RL_4 亮。

   (e) 電動機逆轉中，按下按鈕開關 PB_4 時，MCR 跳脫，電動機停止運轉，RL_4 熄。

③ 切換開關 cos 置於「自動」位置時：

   (a) 指示燈 RL_1 亮，RL_2 熄。

   (b) MCF 動作，電動機正轉，RL_3 亮，限時電驛 T_1 開始計時；經 10 秒後，MCF 跳脫，電動機停止運轉，RL_3 熄，指示燈 GL_1 亮。

   (c) MCF 跳脫後，限時電驛 T_2 開始計時，經 5 秒後，MCR 動作，限時電驛 T_1 開始計時，經 10 秒後，MCR 跳脫，電動機停止運轉，指示燈 GL_2 亮。

   (d) MCR 跳脫後，限時電驛 T_3 開始計時，經 6 秒後，GL_2 熄，動作又重複(b)(c)之順序，而交替換向。

④ 切換開關 cos 若置於停止位置，運轉中之電動機應即停止，並所有指示燈全熄。

⑤ 電動機在正常運轉中，電流計 A 應指示 S 相之電流。

⑥ 電動機正常運轉中，積熱電驛 $TH\text{-}RY$ 動作時，動作中之接觸器應跳脫，電動機停止運轉，RL_3 或 RL_4 熄，$TH\text{-}RY$ 復歸後，電動機不得自行啟動運轉。

⑦ 電磁接觸器 MCF 及 MCR 應有電氣連鎖，不得同時動作。

(4) 使用器材：

項 次	符 號	名 稱	規 格	數	量
1	MCB	無熔絲開關	3 P 50 AF 30 AT	1	只
2	MCF	電磁開關	AC 220 V 20 A 5 a 5 b OL 15 A	1	只
3	MCR	電磁接觸器	AC 220 V 20 A 5 a 5 b	1	只
4	V	電壓計	120×120 mm AC 0～300 V	1	只
5	A	電流計	120×120 mm AC 0-30/5 A 延長為 100 %	1	只
6	CT	比流器	600 V 0-30/5 A 15 A 貫穿形	1	只
7	F	栓式保險絲	550 V 2 A	2	只
8	cos	切換開關	$30 \phi 1 a$-0-1 a 三段式	1	只
9	X	補助電驛	AC 220 V 10 A 2 a 2 b	7	只
10	X_8	補助電驛	AC 220 V 10 A 4 a 4 b	1	只
11	T	限時電驛	AC 220 V 0～10 秒 延時 1 c 瞬時 1 a	3	只
12	PL	指示燈	$30 \phi 220/15$ V (RL_1, RL_2, RL_3 RL_4, GL_1, GL_4)	6	只
13	TB	端子台	3 P 250 V 30 A (TB_1)	1	只
14	TB	端子台	12 P 250 V 20 A (TB_2-A, TB_2-B)	4	只
15	PB	按鈕開關	$30 \phi 1 a 1 b$ (紅 PB_1, PB_2) (綠 PB_3, PB_4)	4	只
16		連接線束	器具板與門板連接用	1	式
17		線 槽	$25 W \times 45 H$ (mm)	1	式

5-28 排、抽風機自動定時交替及手動控制電路

(1) 電路圖：（見下頁）

(2) 動作說明：

　① 將切換開關 cos 置於「手動」位置時：

　　(a) 若按正轉按鈕 FWD，電動機正轉，進行抽風工作。

　　(b) 若按逆轉按鈕 REV，電動機逆轉，進行排風工作。

　　(c) 在電動機運轉中，可按 OFF 按鈕使其停機。

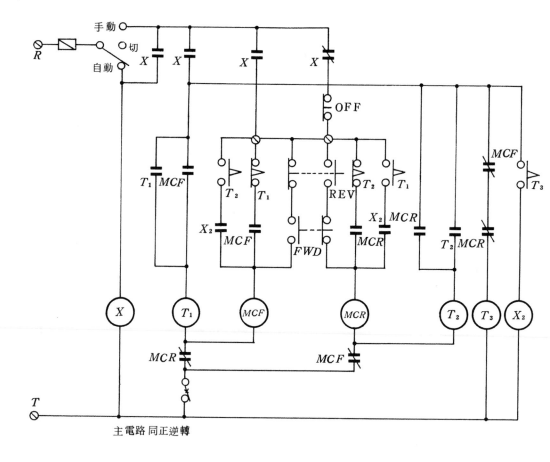

主電路 同正逆轉

② 將cos置放於「自動」位置時：

  (a) X受激動作，T_3受激，經一段時間後，X_2動作，形成待操作狀況。

  (b) 若先按下FWD按鈕，電動機進行抽風工作，且T_1受激。經一段時間後，電動機停機。

  (c) 再過一段時間後，電動機進行排風工作，且T_2受激，經一段時間後，電動機停機。

  (d) 電動機停機後，再經一段時間，又繼續進行抽風工作，一直反覆交替。

③ 將cos置於「切」位置時，按REV或FWD按鈕均無效，且一切電磁電驛與限時電驛均不動作。

④ 過載時，電動機應立即停機；復歸後，電動機不得自行啓動運轉。

(3)　器具配置圖：

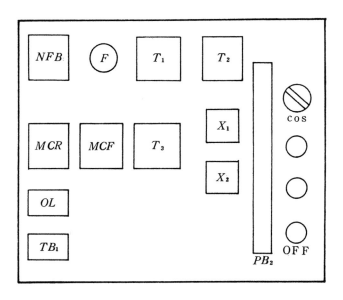

(4)　使用器具：

項　次	符　　號	名　　　　　稱	規　　　　　格	數	量
1	NFB	無熔絲開關	3 P AC 220 V 30 AT 50 AF	1	只
2	MCR MCF	電磁接觸器	AC 220 V 15 A 5 a 2 b	各　1	只
3	T₁ , T₂ T₃	限時電驛	AC 220 V，STP-N	各　1	只
4	X₁	輔助電驛	AC 220 V　MK3P	1	只
5	X₂	輔助電驛	AC 220 V　MK2P	1	只
6	TB₁	端子台	3 P 30 A	1	只
7	TB₁	端子台	12 P 20 A	1	只
8	cos	切換開關	AC 220 V 1 c 三段式	1	只
9	REV FDW	按鈕開關	AC 220 V 15 A 1 a 1 b 二層式	各　1	只
10	OFF	按鈕開關	1 b	1	只

5-29 抽水機自動、手動切換抽水控制電路

(1) 電路圖:

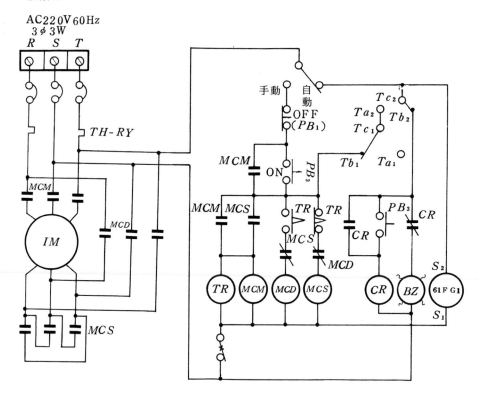

(2) 動作說明:

① 當接上電源後,各器具均不動作。

② 將cos開關置於「手動」位置時:

   (a) 按下PB_2按鈕,MCS動作,其接點立卽動作,電動機經啓動後運轉,進行抽水工作。

   (b) 以眼目視,當水塔水位已滿或給水源不夠水位時,可按 PB_1 按鈕將電動機停機。

③ 將cos開關轉置於「自動」位置:

   (a) 若給水源水位降至E_2'以下,或高架水塔昇至E_2以上時,電動機不會運轉。

   (b) 若高架水塔水位降至E_2以下且給水源水位昇至E_2'以上時,電動機自

　　動啓動運轉，進行抽水工作。

(c)　當給水源水位降至 E'_2 以下時，電動機將停機，且蜂鳴器鳴叫。

(d)　欲切斷蜂鳴器鳴叫，可按 PB_3 按鈕。

(3)　器具配置圖：

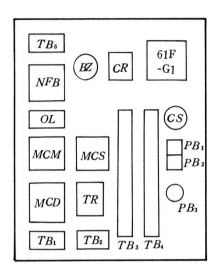

(4)　使用器材：

項　次	符　　號	名　　　　稱	規　　　　　　　格	數	量
1	NFB	無熔絲開關	3 P 50 AF 30 AT	1	只
2	MCM	電磁電驛	AC 220 V 15 A 4a	1	只
3	MCS MCD	電磁電驛	AC 220 V 15 A 5a2b	1	只
4	CR	輔助電驛	AC 220 V　MK2P	1	只
5	TR	限時電驛	AC 220 V　STP-N	1	只
6	cos	切換開關	AC 220 V 1a1b	1	只
7	61F-G1	水位開關	AC 110/220 V共用（附極棒）	1	只
8	PB_1, PB_2	按鈕開關	ON，OFF	1	組
9	PB_3	按鈕開關	ON	1	只
10	TB	端子台	3 P 20 A	1	只
11	TB	端子台	12 P 20 A	1	只

5-30 抽水馬達交替運轉控制

(1) 電路圖：

(2) 器具配置圖：

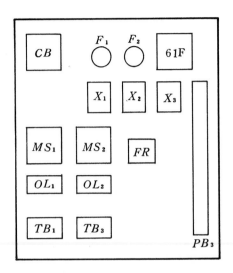 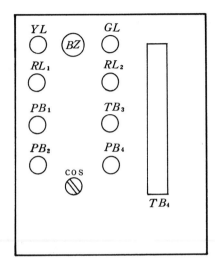

(3) 動作說明：

① 接上電源後，電動機不動作，GL 燈亮。

② 將電源切置於「手動」位置時：

  (a) GL 燈熄，YL 燈亮。

  (b) 按下 PB_1 按鈕，則 1 號機動作，按下 PB_2 時無效；但將 PB_1 放手後電動機停轉，按 PB_2 時 2 號機動作，此時，按 PB_2 按鈕無效，鬆手後，電動機停轉。

  (c) 1 號機運轉時，RL_1 燈亮；2 號機運轉時，RL_2 燈亮。

③ 將 CS 轉置於自動位置時：

  (a) YL 燈熄，GL 燈亮。

  (b) 視 IR 內部接點動作來決定兩機之運轉先後。

  (c) 假設 1 號機先自動運轉，當水位滿時，1 號機停轉；水位降至一定程度時，2 號機自動運轉，水位滿時，2 號機停機。再一次水位降至一定程度時，由 1 號機抽水，如此交替運轉。

  (d) 當 1 號機運轉時，RL_1 燈亮；當 2 號機運轉時，RL_2 燈亮。

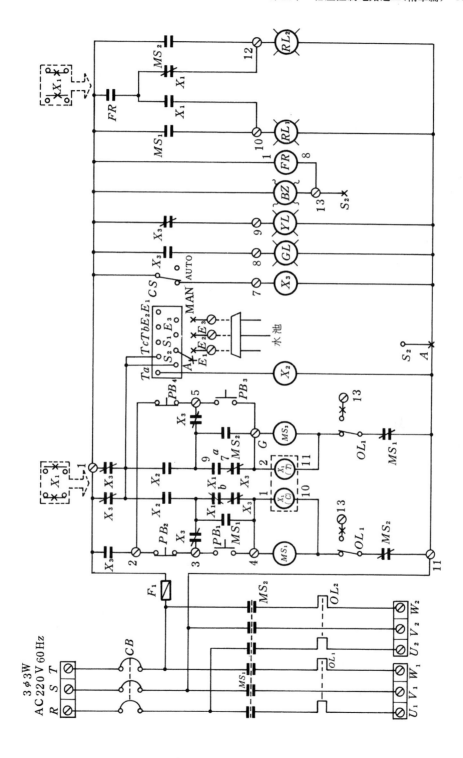

④ 任一電動機運轉中，若遇過載情況，電動機將停止運轉，且 BZ 發出斷續鳴叫，於自動運轉時，還顯示過載機之燈號。

(4) 使用器材：

項 次	符 號	名 稱	規 格	數	量
1	NFB	無熔絲開關	AC 220 V 15 A 50 AF 3P	1	只
2	X_1	連鎖電驛	AC 220 V 2a2b	1	只
3	MS_1, MS_2	電磁開關	AC 220 V 3 P 15 A 5 a 2b OL 15 A	各 1	只
4	X_2, X_3	輔助電驛	AC 220 V MK 2P	各 1	只
5	YL, GL	指示燈	黃、綠 AC 220 V 30 ϕ	各 1	只
6	FR	閃爍電驛	AC 220 V MKF-P	1	只
7	61G-F1	水位控制器	OMRON	1	只
8	TB	端子台	3P 20A	3	只
9	TB	端子台	12 P 20A	1	只
10	PB	按鈕開關	1 a 1 b	2	只
11	CS	切換開關	1 a 1 b 二段式	6	只

5-31 馬達交互運轉控制電路

(1) 電路圖：

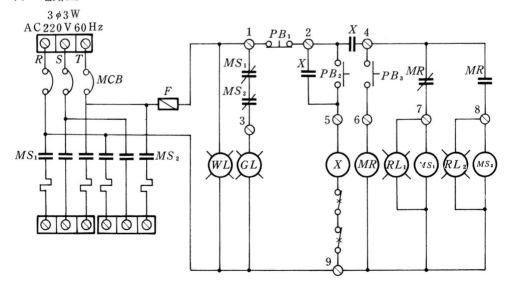

(2) 器具配置圖：

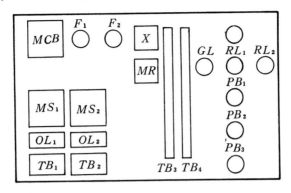

(3) 動作說明：

① *MCB* 投入後，*WL* 燈亮，兩機不動作。

② 按下 *PB₂* 按鈕後，*MS₁* 機動作，*RL₁* 燈亮。

③ 按下 *PB₃* 按鈕後，*MS₁* 機停止運轉，*MS₂* 機動作，*RL₁* 燈熄，*RL₂* 燈亮。

④ 再按 *PB₃* 按鈕，*MS₂* 機停止運轉，*MS₁* 機動作，*RL₂* 燈亮，*RL₁* 燈熄。

⑤ 任一機運轉，另一機絕不能運轉，若想停止任一電機，則可按 *PB₁* 按鈕。1、2號機任一運轉中，*WL* 仍亮，但 *GL* 燈應熄。

⑥ 任一 *OL* 動作時，運轉中之電動機應停機，且 *OL* 復歸後，電動機不得自行啟動運轉。

(4) 使用器材：

項　次	符　號	名　　　　稱	規　　　　　　　　　格	數	量
1	*MCB*	無熔絲開關	AC 220 V 3 P 50 AF 30 AT	1	只
2	*MS₁*,*MS₂*	電磁開關	AC 220 V 3 P 15 A 5 *a* 2 *b* OL 15 A	各 1	只
3	*X*	輔助電驛	MK 2 P	1	只
4	*WL*,*GL*	指示燈	AC 220/18 V 30 φ 白、綠	各 1	只
5	*RL₁*,*RL₂*	指示燈	AC 220/18 V 30 φ 紅	各 1	只
6	*PB₂*,*PB₃*	按鈕開關	AC 220 V 1 *a* 30 φ	各 1	只
7	*PB₁*	按鈕開關	AC 220 V 1 *b* 30 φ	1	只
8	*TB*	端子台	12 P×3，3 P×3　20 A	各 3	只
9	*MR*	棘輪電驛	*MR* AC 220 V OMRON	1	只

5-32 兩台抽水機之自動與手動交替運轉控制電路

(1) 電路圖：

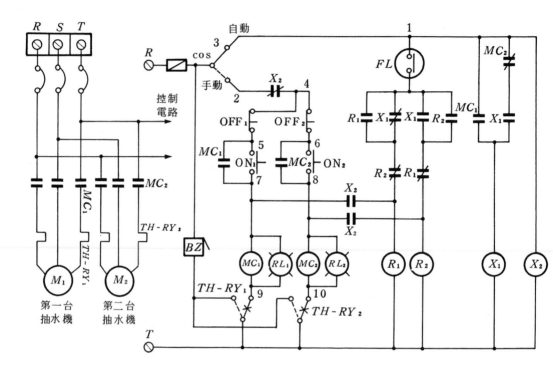

(2) 動作說明：

① 切換開關置於「自動」位置時：

(a) 當高架水塔水位不足時，浮球接點 FL 接合，MC_1 動作，RL_1 亮，1 號抽水機自動運轉，當水位昇高至使 FL 接點開啓時，1 號抽水機停止運轉，RL_1 燈熄。

(b) 當水位再降至下水位而使 FL 接點閉合時，MC_2 動作，RL_2 亮，2 號抽水機自動運轉，當水位昇高至使 FL 接點開啓時，2 號抽水機停止抽水，RL_2 燈熄。

(c) 當 FL 水位又不足時，由 1 號機運轉，再次則又由 2 號機抽水，如此自動交替抽水不已。

② 當切換開關置放於手動位置時：

　(a)　按下PB_1 ON，1號機運轉，RL_1燈亮，按下OFF_1則停機。

　(b)　按下PB_2 ON，2號機運轉，RL_2燈亮，按下OFF_2則停機。

　(c)　同時按下ON_1與ON_2，兩台電動機同時運轉。

③　正常運轉中，若遇過載情況，TH-RY_1，TH-RY_2其中之一動作時，該號機需停機，且BZ響叫，俟手動復歸後，才能以手動或自動方式來使其運轉。

(3)　器具配置圖：

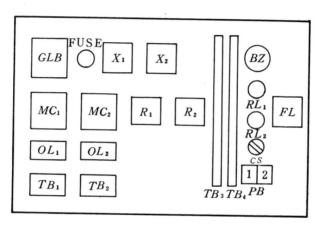

(4)　使用器材：

項次	符　號	名　　　　稱	規　　　　　格	數	量
1	GLB	漏電斷路器	3P30A	1	只
2	MC_1,MC_2	電磁電驛	AC220V 15A	各　1	只
3	X,R	補助電驛	AC220V $5a2b$	各　1	只
4	TH-RY	積熱電驛	OL15A	1	只
5	FL	雙浮球開關	接點 15A	1	只
6	BZ	蜂鳴器	AC220V 3″ 強力型	1	只
7	RL	指示燈	AC220/18V 30ϕ 紅	1	只
8	cos	切換開關	二段式 $2a2b$	1	只
9	PB	按鈕開關	ON,OFF	2	只
10	TB	端子台	3P20A	2	只
11	TB	端子台	12P20A	1	只

5-33 三部抽水機順序運轉電路

(1) 電路圖：（見下頁）

(2) 器具配置圖：

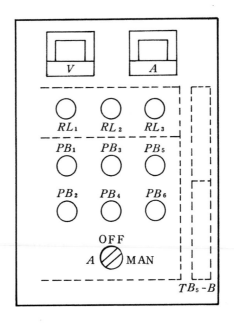

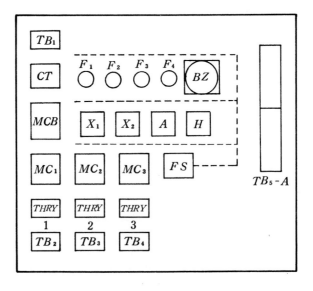

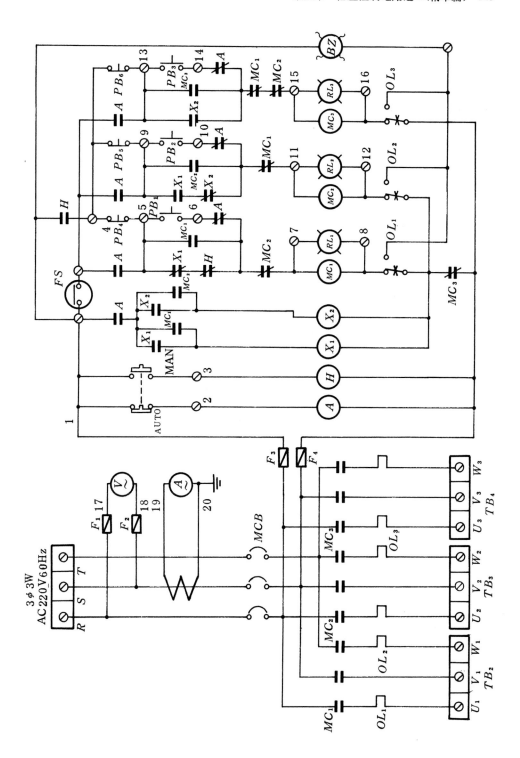

(3) 動作說明：

① 電源有電時，電壓計 V 所指示為線電壓 V_{RT} 之值。

② 切換開關 cos 置於手動位置時：

   (a) 按下按鈕開關 PB_1，電磁開關 MC_1 動作，電動機 NO_1 運轉，指示燈 RL_1 亮。

   (b) 電動機 NO_1 運轉中，按下按鈕開關 PB_4，MC_1 跳脫，電動機 NO_1 停止運轉，RL_1 熄。

   (c) 按下按鈕開關 PB_2，電磁開關 MC_2 動作，電動機 NO_2 運轉，指示燈 RL_2 亮。

   (d) 電動機 NO_2 運轉中，按下按鈕開關 PB_5，MC_2 跳脫，電動機 NO_2 停止運轉，RL_2 熄。

   (e) 按下按鈕開關 PB_3，電磁接觸器 MC_3 動作，電動機 NO_3 運轉，指示燈 RL_3 亮。

   (f) 電動機 NO_3 運轉中，按下按鈕開關 PB_6，MC_3 跳脫，電動機 NO_3 停止運轉，RL_3 熄。

③ 切換開關置於「自動」位置時：

   (a) 液面控制開關 FS 接點，第一次閉合時，MC_1 動作，電動機 MC_1 運轉，指示燈 RL_1 亮。

   (b) 電動機 NO_1 運轉中，FS 接點打開，MC_1 跳脫，電動機 NO_1 停止運轉，RL_1 熄。

   (c) FS 接點第二次閉合時，MC_2 動作，電動機 NO_2 運轉，RL_2 亮。

   (d) 電動機 NO_2 運轉中，FS 接點打開，MC_2 跳脫，電動機停止運轉，RL_2 熄。

   (e) FS 接點第三次閉合時，MC_3 動作，電動機 NO_3 運轉，RL_3 亮。

   (f) 電動機 NO_3 運轉中，FS 接點打開，MC_3 跳脫，電動機 NO_3 停止運轉。

   (g) FS 接點第四次閉合時，重複(a)至(g)之動作。

④ cos 置於停止位置時，電動機應台停止運轉，指示燈均熄。

⑤ cos 置於手動位置或自動位置時，MC_1，MC_2，MC_3 應有連鎖，不得同時動作。

⑥ 電動機在正常運轉中，電流計 A 應指示 S 相電流。

⑦ 積熱電驛 $TH\text{-}RY_1$ ， $TH\text{-}RY_2$ 或 $TH\text{-}RY_3$ 動作時，蜂鳴器 BZ 響叫，各動作中之電磁接觸器應立即跳脫，該電動機應立即停轉，指示燈熄；積熱電驛復歸後，電動機不得自行啓動。

(4) 使用器材：

項　次	符　　　號	名　　　　　稱	規　　　　　　　格	數	量
1	MCB	無熔絲開關	$3P\,50AF\,30AT$	1	只
2	MC_1,MC_2	電磁開關	$AC\,220V\,20A\,5a\,5b$	各　1	只
3	V	電壓計	$120\times120\,mm\,AC\,0\sim300V$	1	只
4	A	電流計	$120\times120\,mm\,AC\,0\text{-}30/5A$ 延長爲 100%	1	只
5	CT	比流器	$600V\,30/5A\,15VA$ 貫穿型	1	只
6	F	栓式保險絲	$550V\,2A(F_1,F_2,F_3,F_4)$	4	只
7	$\cos$	切換開關	$30\phi\,1a\text{-}0\text{-}1a$ 三段式	1	只
8	X	補助電驛	$AC\,220V\,10A\,4a\,4b$ (A,H,X_1)	3	只
9	X_2	補助電驛	$AC\,220V\,2a\,2b$	1	只
10	PL	指示燈	$30\phi\,220/15V$ （紅 RL_1，RL_2,RL_3）	3	只
11	PB	按鈕開關	$30\phi\,1a\,1b$（紅 PB_2,PB_4，PB_6，綠 PB_1,PB_3,PB_5）	6	只
12	TB	端子台	$3P\,250V\,30A(TB_1,TB_2,$ $TB_3,TB_4)$	4	只
13	FS	無浮球開關	$61F\text{-}G$	1	只
14	TB	端子台	$12P\,250V\,20A$ $(TB_5\text{-}A,TB_5\text{-}B)$	4	只
15	$TH\text{-}RY$	積熱電驛	$TH\text{-}18\ OL\text{-}15A(TH\text{-}RY_1$ $TH\text{-}RY_2,TH\text{-}RY_3)$	3	只
16	BZ	蜂鳴器	$AC\,220V\,3''$ 露出型	1	只

5-34　三相感應電動機定時交替換向控制電路

(1) 電路圖：（見下頁）

(2) 動作說明：

① 電源有電時，電壓計 V 應指示 V_{RT} 值。

② NFB，ON時，GL 燈亮，其餘各燈均熄，電動機不得啓動。

③ 切換開關 cos 置於「手動」位置時：

　　(a) 按下 PB_1 按鈕，電動機正轉，RL_1 亮，GL 燈熄。

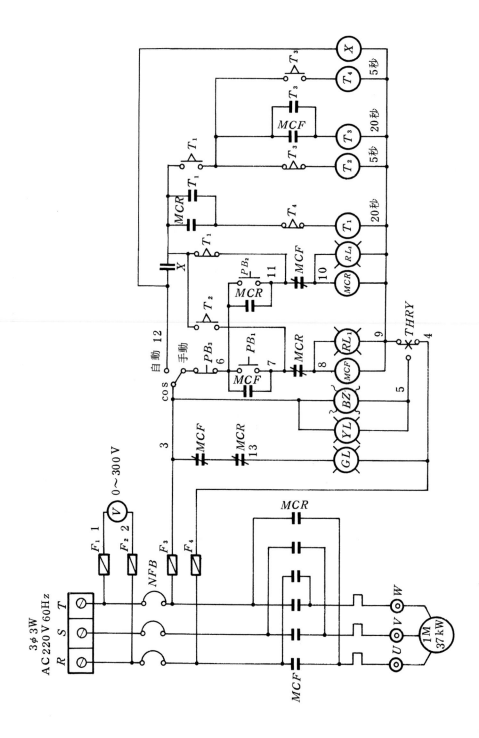

(b)　按下 PB_2 按鈕，電動機逆轉，RL_2 亮，GL 燈熄。

(c)　在正轉或逆轉中，按下 PB_3 則電動機應停轉，RL_1 或 RL_2 應熄，GL 燈亮。

④　cos 開關置於「自動」位置時：

(a)　電動機立即逆轉，RL_2 亮，經 20 秒鐘後自動停止，RL_2 燈熄，再經 5 秒後電動機正轉，RL_1 燈亮，又經 20 秒後，電動機自動停止，RL_1 燈熄，再經 5 秒後電動機逆轉。

(b)　如此反覆交替運轉不停。

⑤　cos 置於「OFF」位置時，電動機不論正逆轉均應停止，GL 燈亮，其餘指示燈應熄。

⑥　運轉中，OL 動作，電動機應立即停止動作，BZ 響，YL 燈亮，GL 燈亮，其餘燈熄。當 OL 復歸後，BZ 停響，YL 燈熄，GL 燈仍亮。

⑦　MCF 與 MCR 應有電氣連鎖，且正、逆輪切換時，應按 PB_3 按鈕，始可切換。

(3)　器具配置圖：

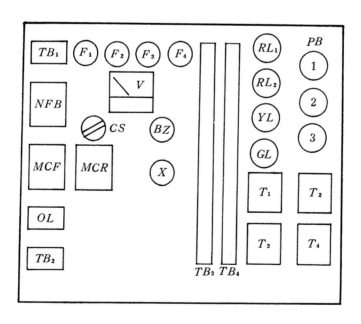

(4) 使用器材：

項 次	符 號	名 稱	規 格	數	量
1	NFB	無熔絲開關	AC 220V 3P 50AF 30AT	1	只
2	MCF MCR	電磁電驛	AC 220V 20A 5a2b	1	只
3	V	電壓表	120×120 mm AC 0～300V	1	只
4	TH-RY	積熱電驛	OL 15A	1	只
5	T	限時電驛	STP-N	1	只
6	X	補助電驛	AC 220V 5a2b	1	只
7	BZ	蜂鳴器	AC 220V 4″ 強力型	1	只
8	cos	切換開關	30 φ 1a1b 三段式	1	只
9	RL₁, RL₂	指示燈	AC 220/18V 30φ 紅	各 1	只
10	YL, GL	指示燈	AC 220/18V 30φ 黃、綠	各 1	只
11	PB₁, PB₃	按鈕開關	30φ 1a1b	各 1	只
12	PB₂	按鈕開關	30φ 1b	1	只
13	TB	端子台	3P 20A	2	只
14	TB	端子台	12P 20A	2	只

5-35 三相感應電動機循環自動往復正逆轉電路

(1) 電路圖：（見下頁）

(2) 器具配置圖：

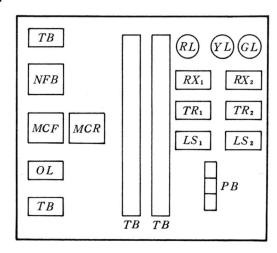

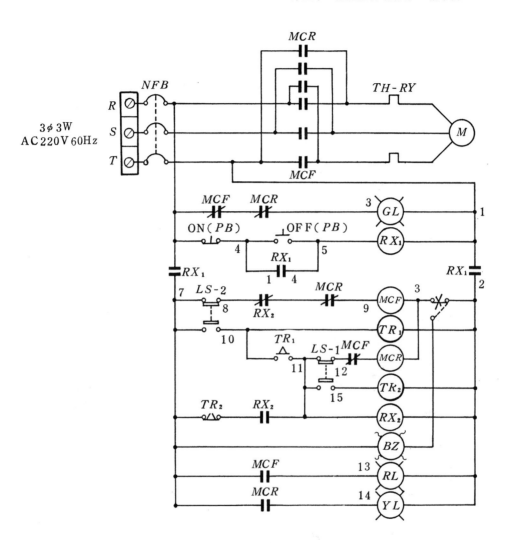

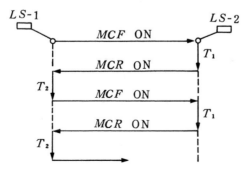

(3) 動作說明：

① 電源接上後，*GL* 燈亮，其餘器具均不動作。正轉時，*RL* 燈亮，*GL* 燈熄，反轉時，*YL* 燈亮，*GL* 燈熄。

② 電動機正轉將物品送至 *LS*-2 處，經一段時間後，自動回至 *LS*-1 處，經一段時間後，再自動送往 *LS*-2 處，如此自動循環不已。

③ 按下按鈕開關，電動機應停止運轉。

④ 過載時，電動機應立即停機，*BZ* 響，*GL* 燈亮。當 *OL* 復歸後，電動機不得自行啟動。

(4) 使用器材：

項 次	符 號	名 稱	規 格	數	量
1	*NFB*	無熔絲開關	3P50AF30AT	1	只
2	*MCR* *MCF*	電磁電驛	3φ220V15A	1	只
3	*TH-RY*	積熱電驛	3φ220V*OL*9A	1	只
4	*TR*	限時電驛	AC220V STP-N	2	只
5	*CS*	限時電驛	1*a*1*b* 連動（轉動型）	2	只
6	*RX*	輔助電驛	AC220V,MK2P及MK3P	各 1	只
7	*TB*	端子台	3P20A	2	只
8	*TB*	端子台	12P20A	2	只
9	*PB*	按鈕開關	1*a*1*b*單層式	1	只

5-36 三相感應電動機循環動作控制電路

(1) 電路圖：

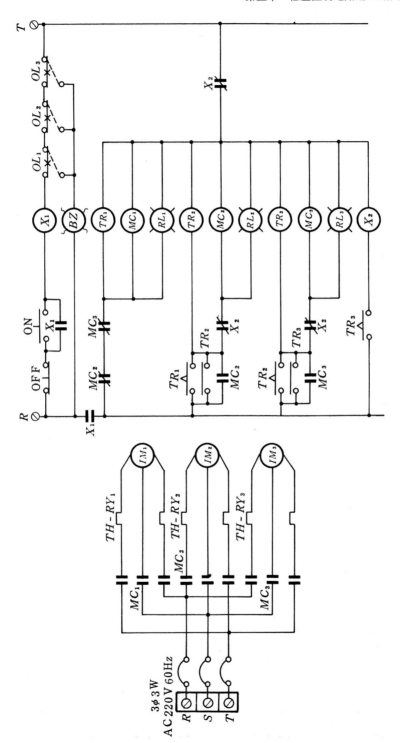

(2) 器具配置圖：

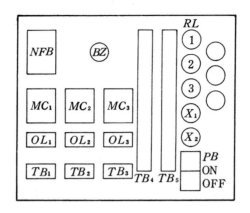

(3) 動作說明：

① 接上電源，一切器具均不動作。

② 按下 ON 按鈕後，IM_1 機先動作，RL_1 燈亮。經一段時間後，IM_2 機動作，IM_1 機停機，指示燈 RL_1 熄，RL_2 亮。再經一段時間後，IM_3 啓動運轉，IM_2 機運轉，RL_2 燈亮，RL_3 燈亮。

③ 又一段時間後，IM_1 機又開始運轉，2 及 3 機又停機，如此依次順序運轉。

④ 電動機在運轉中，壓下按鈕開關，電動機應停止動作。

⑤ 遇過載情況 OL 跳脫，電動機應停轉，且蜂鳴器鳴叫，復歸後，電動機不得自行啓動運轉。

(4) 使用器材：

項 次	符 號	名 稱	規 格	數	量
1	NFB	無熔絲開關	3 P 30 AT 50 AF	1	只
2	MC_1, MC_2 MC_3	電磁開關	AC 220 V 15 A OL 9 A	3	只
3	TR_1, TR_2 TR_3	限時電驛	AC 220 V STP - N	3	只
4	X_1, X_2	輔助電驛	AC 22 V MK2P	各 1	只
5	RL_1, RL_2 RL_3	指示燈	AC 220/18 V 30 φ 紅色	各 1	只
6	BZ	蜂鳴器	AC 220 V 4″ 強力型	1	只
7	PB	按鈕開關	AC 220 V 15 A 1 a 1 b	1	只
8	TB	端子台	3 P 20 A	3	只
9	TB	端子台	40 P 20 A	2	只

5-37　模擬斷路器控制電路

(1)　電路圖：

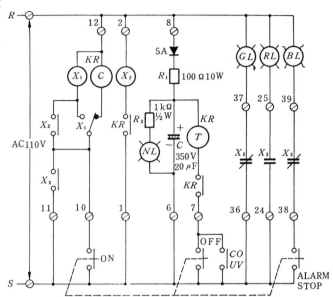

(2)　動作說明：

①　UV, OV, CO 或 LCO 之 a 接點可以一般按鈕代替。

②　當接上電源後，綠燈亮。

③　將 OCB 控制開關扳至 ON 之位置，則 OCB 動作，綠燈熄，紅燈亮。

④　將 OCB 控制開關扳至 OFF 位置，OCB 即斷路。

⑤　重扳 OCB 控制開關板至 ON 位置時，OCB 應動作。

⑥　設若線路故障，如過載、短路、欠壓、過壓等，則 CO, LCO, UV, OV 等接點動作，使 OCB 斷路，且電鈴 BZ 發音響叫。

(3)　使用器材：

項　次	符　　號	名　　　　　　　稱	規　　　　　　　格	數	量
1	KR	保持電驛	MK 2 KP	1	只
2	X_1, X_2	電力電驛	MK 2 P	各 1	只
3	SR-80	補助電驛	AC 110 V	1	只
4	$52T$	操作開關	ON, OFF 附殘留接點	1	只
5	$52X$	氖　燈	AC 125 V	1	只

(4) 器具配置圖：

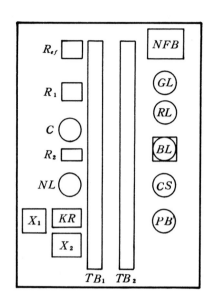

5-38 常用機與備用機控制電路之一

(1) 電路圖：

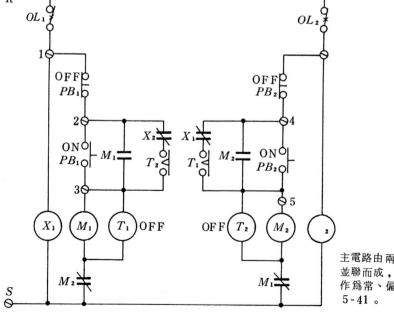

主電路由兩機（兩電源）
並聯而成，同 5-39，若
作爲常、偏電源時同
5-41。

(2)　動作說明：

① 當接上電源後，X_1激磁，X_1之b接點打開，X_2激磁，X_2之b接點打開，M_1機與M_2機均不動作，T_1與T_2均不激磁。

② 當先按下PB_1-ON按鈕後，M_1機啓動運轉，M_1電磁接觸之b接點打開。此時，若按PB_2-ON按鈕，M_2機應不會動作。且T_1受激，T_1之接點閉合。

③ 將手放開PB-ON按鈕後，M_1機由M_1之a接點保持繼續運轉。

④ 當OL_1動作跳脫後，T_1開始計時，M_2機動作。

⑤ 經一段時間後，T_1之延時a接點打開，M_2機仍動作。

⑥ 將OL_1復歸，M_1機應不會自行啓動。

⑦ 若先按PB_2-ON按鈕時，M_2機應先動作。餘動作如①至⑥，只是動作對象不同。

⑧ 若想停M_1機可按PB_1-OFF按鈕，若想停M_2機可按PB_2-OFF按鈕。

(3)　使用器材：

項　次	符　　號	名　　　　　稱	規　　　　　　　　格	數	量
1	M_1 , M_2	主電磁接觸器	AC 220V 5a 2b	1	只
2	X_1 , X_2	補助電驛	AC 220V 2a 2b	1	只
3	T_1 , T_2	斷電延時電驛	ATS OMRON	1	只
4	TB	端子台	3P 20A	1	只
5	TB	端子台	12P 20A	1	只

(4)　器具配置圖：

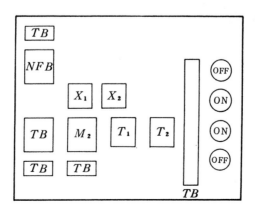

5-39　常用機與備用機控制電路之二

(1)　電路圖：

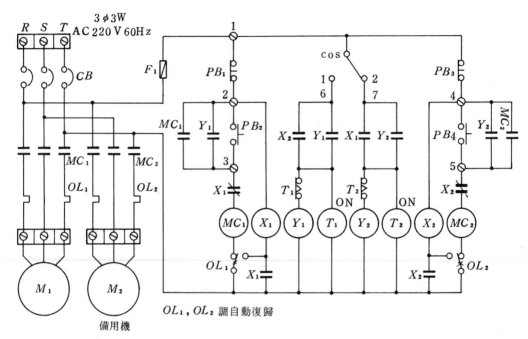

(2)　器具配置圖：

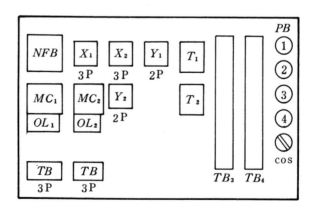

(3)　動作說明：

①　當cos開關切於2位置時：

(a)　按下PB_2按鈕，1號機啓動運轉。

(b)　按下 PB_1 按鈕時，1 號機停止運轉。

(c)　當 1 號機啓動運轉後，若遇過載事故，OL_1 動作跳脫，X_1 激勵，Y_2 激勵，2 號機啓動運轉。

(d)　當 OL 跳脫復歸後，若不按 PB_1 按鈕，則 1 號機仍無法重新啓動。

②　當 cos 開關板至 1 位置時：

與 2-(a)至 2-(d)情形一樣，只是動作器具不一樣。

(4)　使用器材：

項　次	符　　　號	名　　　　　稱	規　　　　　　　格	數　　量
1	MC_1, MC_2	主電磁電驛	AC 220V 5a 2b	各 1 只
2	MFB	無熔絲開關	AC 220V 50AF 30AT	1 只
3	T_1, T_2	ON DELAY TIMER	AC 220V 1a 瞬時接點 1a 1b 延時接點	各 1 只
4	PB_1, PB_3	按鈕開關	1b 紅	各 1 只
5	PB_2, PB_4	按鈕開關	1a 綠	各 1 只
6	X_1, X_2	補助電驛	AC 220V 5A 2a 2b	各 1 只
7	Y_1, Y_2	補助開關	AC 220V 15A 2a 2b	各 1 只
8	OL_1, OL_2	積熱電驛	OL 15A	各 1 只
9	cos	切換開關	1a 1b	1 只
10	TB	端子台	3 P 20 A	2 只
11	TB	端子台	12 P 20 A	1 只

5-40　常用電源與備用電源控制電路之一

(1)　電路圖：

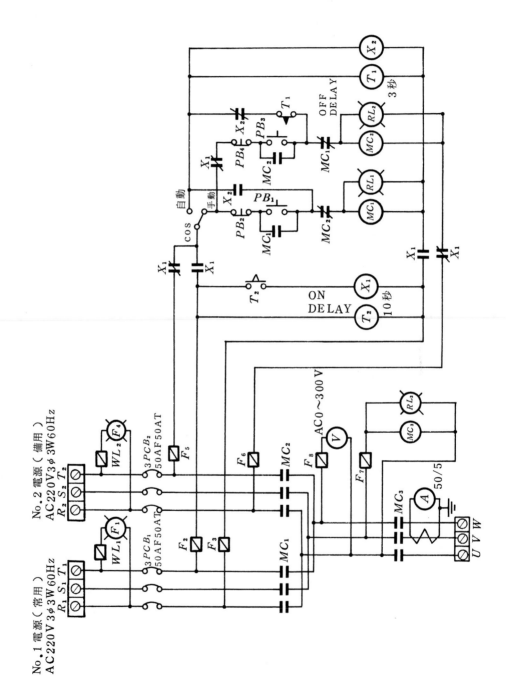

(2) 動作說明：

①　切換開關cos置「手動」時：

(a)　若1號機與2號機之電源均有電時，應等 T_2 動作10秒後才能按下 PB_1。按下 PB_1，MC_1 動作，且自保，RL_1 燈亮。MC_1 動作後，MC_3 隨即動作，RL_3 燈亮，由1號機供電。若按下 PB_2 時，則 MC_1 與 MC_3 順序跳脫，若1號機電源停電，MC_1 與 MC_3 亦會跳脫，RL_1 燈及 RL_3 燈熄。

(b)　當1號機有電，而2號機有電時，按下 PB_3 按鈕，MC_2 動作，RL_2 亮，MC_2 動作後，MC_3 隨即動作，RL_3 亮，此時由2號機供電，若按下 PB_4 按鈕，則 MC_2 與 MC_3 跳脫，RL_3 與 RL_2 熄。

②　切換開關置於自動位置時：

(a)　若1號機與2號機電源均有電時，1號機 10 秒鐘後動作。此時，MC_1，MC_3，RL_1，RL_3 均動作，負載由1號機動作。

(b)　若1號機停電時，則 MC_1 及 MC_3 跳脫，指示燈 RL_1 及 RL_3 熄，限時電驛 T_1 失去激磁，俟3秒鐘後，T_1 接點復歸，MC_2 與 MC_3 順序動作，指示燈 RL_2，RL_3 亮，負載電源由2號機供電。

(c)　在2號機供電中，衆1號機電源有電時，T_2 開始計時，俟10秒鐘後，MC_2 及 MC_3 跳脫，而 MC_1 與 MC_1 順序動作，指示燈 RL_1 及 RL_3 亮，此時由1號機供電。

③　置於「手動」時，自動回路應無作用。

④　置於「自動」回路時，手動回路應無作用。

⑤　MC_1 與 MC_2 應有電氣連鎖。

⑥　1號機電源有電時，WL_1 燈亮。

⑦　2號機電源有電時，WL_2 燈亮。

⑧　負載有電時，RL_3 燈應亮。

(3) 使用器材：

項　次	符　　號	名　　　　稱	規　　　　　　格	數　　量
1	CB_1,CB_2	無熔絲開關	3P 50 AF 50 AT	各　1　只
2	WL_1,WL_2	指示燈	白色 AC 220/18V	各　1　只
3	MC_1,MC_2 MC_3	主電磁接觸器	AC 220V 5 a 5 b	各　1　只

項 次	符 號	名 稱	規 格	數	量
4	A	安培計	50/5 延長刻度至 100 %	1	只
5	RL_1, RL_2	指示燈	AC 220/18 V 30 ϕ	1	只
6	T_1	OFF DELAY TIMER	ATS OMRON	1	只
7	T_2	ON DELAY TIMER	ATSS OMRON	1	只
8	cos	切換開關	1 a 1 b	1	只
9	X_1, X_2	補助電驛	AC 220 V 2 a 2 b	各 1	只
10	TB	端子台	3 P 20 A	2	只
11	TB	端子台	12 P 20 A	1	只

(4) 器具配置圖：

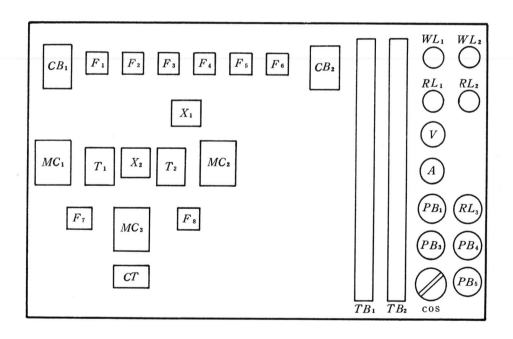

5-41 常用電源與備用電源控制電路之二

(1) 電路圖：

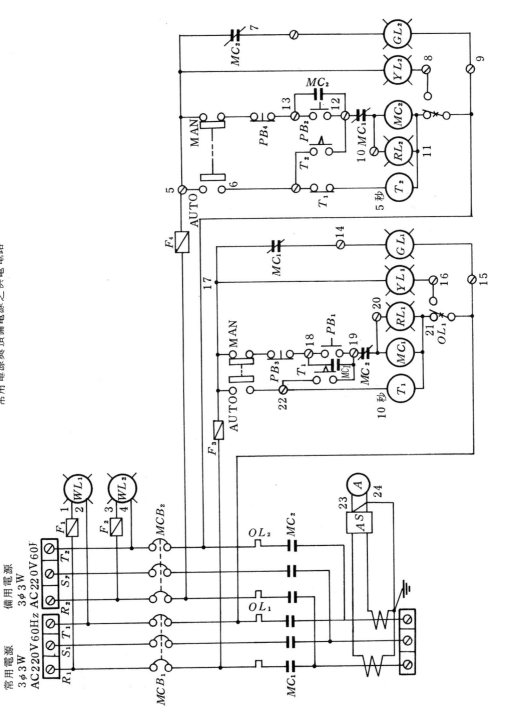

常用電源與預備電源之供電電路

(2) 器具配置圖：

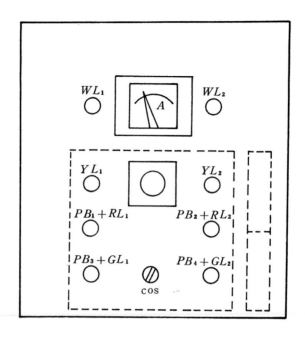

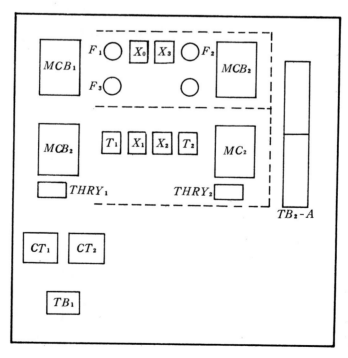

(3) 動作說明：

① 常用電源有電時指示燈WL_1亮，預備電源有電時，指示燈WL_2亮。

② 無熔絲開關MCB_1 ON時，指示燈GL_1亮，MCB_2 ON時，指示燈GL_2亮。

③ 切換開關cos置於「手動」位置時：

   (a) 按下按鈕開關PB_1時，電磁接觸器MC_1動作，RL_1亮，GL_1熄，電動機由常用電源供電。

   (b) 按下按鈕PB_2時，電磁接觸器MC_2動作，指示燈RL_2亮，GL_2熄，電動機由預備電源供電。

   (c) 當電動機由預備電源供電中，按下按鈕開關PB_4時，MC_2跳脫，RL_2熄，GL_2亮，電動機停止運轉。

④ 切換開關cos置於「自動」位置時：

   (a) 當常用電源與預備電源均有電時，限時電驛T_1開始計時，經10秒後，MC_1動作，指示燈RL_1亮，GL_1熄。此時，電動機由常用電源供電。

   (b) 當常用電源停電時，MC_1跳脫，限時電驛T_2開始計時，經5秒後MC_2動作，RL_2亮，GL_2熄，MC_2動作，RL_2亮，GL_2熄，此時電動機由預備電源供電。

   (c) 預備電源供電中，常用電源復電時，MC_2跳脫，RL_2熄，GL_2亮，而T_1開始計時，經10秒鐘後，MC_1動作，RL_1亮，GL_1熄，此時，電動機由常用電源供電。

⑤ 電動機在正常運轉中，電流切換開關AS應能使電流表A指示各相電流。

⑥ 電動機在正常運轉中：

   (a) 積熱電驛$TH\text{-}RY_1$動作時，MC_1跳脫，電動機停止運轉，RL_1熄，YL_1，GL_1亮，$TH\text{-}RY_1$復歸，電動機不得自行運轉。

   (b) 積熱電驛$TH\text{-}RY_2$動作時，MC_2跳脫，電動機停止運轉，RL_1熄，YL_2，GL_2亮，$TH\text{-}RY_2$復歸，電動機不得自行運轉。

⑦ MC_1與MC_2應有電氣連鎖，不得同時動作。

(4) 使用器材：

項　次	符　　號	名　　　稱	規　　　　　　　　　　　　　　　　格	數　量
1	MCB_1	無熔絲開關	3 P 50 AF 30 AT	1　只
2	MCB_2	無熔絲開關	3 P 50 AF 30 AT	1　只
3	MC_1 , MC_2	電磁開關	AC 220 V 20 A 5 a 5 b	各1只
4	CT_1 , CT_2	比流器	600 V 30/5 A 15 VA 貫穿式	各1只
5	AS	電流切換開關	2 CT 用	1　只
6	A	電流計	120 × 120 mm 0 - 35/5 A 延長至 100 %	1　只
7	cos	切換開關	30 ϕ 1 a - 0 - 1 a 三段式	1　只
8	F	栓式保險絲	550 V 2 A	4　只
9	PL	指示燈	30 ϕ 220/15 V (WL_1 , WL_2 , YL_1 , YL_2)	4　只
10	X	補助電驛	AC 220 V 10 A 2 a 2 b (X_0 , X_1 , X_2 , X_3)	4　只
11	T	限時電驛	AC 220 V 0～10秒延時接點 1 a 1 b 瞬時接點 1 a (T_1 , T_2)	2　只
12	IPB	照光式按鈕開關	30 ϕ 1 a 1 b 220/18 V (紅 PB_1 + RL_1 , PB_2 + RL_2 綠 PB_3 + GL_1 , PB_4 + GL_2)	4　只
13	TB	端子台	12 P 250 V 20 A (TB_2 -A , TB_2 -B)	4　只
14	TB	端子台	3 P 250 V 30 A (TB_1 , TB_2 , TB_3)	3　只
15		連接線束	器具與門板連接用	1　式
16		線　槽	25 W × 45 H (mm)	1　式
17	TH - RY	積熱電驛	2 elements 15 A 控制接點 1 c ($THRY\,1$, $THRY\,2$)	2　只
18		配電箱	700 W × 1500 H × 550 D (mm)	1　只

5-42　低壓三相感應電動機啓動與停止電路（Y－△）

(1) 電路圖：（見下頁）

(2) 動作說明：

① 接上電源後，GL燈亮，壓下PB_2時，X_0動作，電動機作Y－△降壓啓動後運轉。

② 當運轉或啓動中，電動機過載時，OL跳脫，KR之SET線圈激磁。

③ 當OL自動RESET後，壓下PB_2時，電動機不動作，需再壓PB_3後再按PB_2，電動機才能再次啓動運轉。

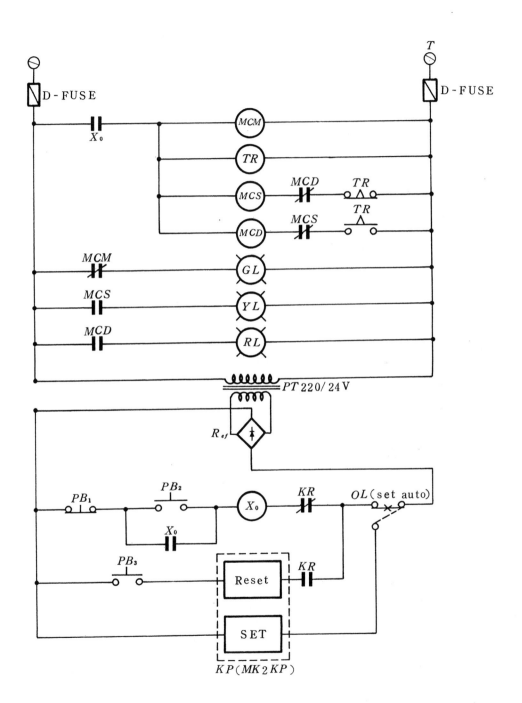

④ 電動機啓動或運轉中想停機時，可按下 PB_1 按鈕。

(3) 器具配置圖：

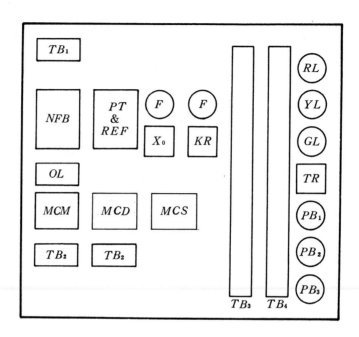

(4) 使用器材：

項　次	符　　號	名　　稱	規　　格	數	量
1	MCD, MCM MCS	電磁開關	AC 220 V 15 AT 50 AF OL 9 A	3	只
2	TR	限時電驛	AC 220 V, STP-N	1	只
3	X_0	輔助電驛	AC 220 V, MK 2 P	1	只
4	KR	保持電驛	DC 24 V, MK 2 KP	1	只
5	PB	按鈕開關	紅 30 ϕ 1 a 1 b	1	組
6	PB	按鈕開關	綠 30 ϕ 1 b	1	只
7	NFB	無熔絲開關	AC 220 V 3 P 30 AT 50 AF	1	只
8	Tr	變壓器	AC 220/24 V 40 VA	1	只
9	R_{ef}	橋式整流器	AC 100 V 3 A	1	組
10	RL, GL, YL	指示燈	30 ϕ AC 220/18 V 紅、綠、黃	各　1	只

5-43 低壓三相感應電動機Y—△啓動及保護電路

(1) 電路圖：

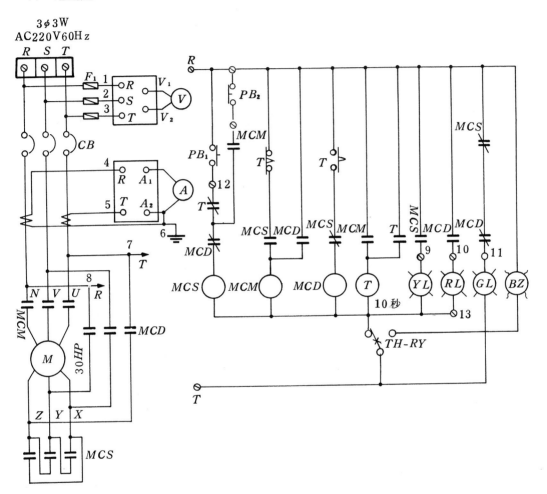

(2) 動作說明：

① 電源有電時，電壓計V應有指示。電壓切換開關VS應能切換各相電壓之指示。

② 無熔絲開關CB ON時，指示燈綠燈GL亮，其餘指示燈均熄，但電動機不得轉動。

③ 按下按鈕開關PB₁時，電磁接觸器MCS，MCM順序動作，電動機即時啓動，指示燈黃燈亮GL熄。經10秒鐘後電磁接觸器MCM-MCS順序跳

脫，然後約 $0.2 \sim 0.4$ 秒後電磁接觸器 MCD 及 MCM 動作，指示燈紅燈 RL 亮，黃燈 YL 熄，完成電動機之起動步驟。

④　電動機正常運轉，電流計 A 應有指示，電流切換開關 AS 應該能切換各相電流之指示。

⑤　電動機正常運轉中，按下按鈕開關 PB_2 時電磁接觸器 MCD 及 MCM 應即跳脫，電動機停止運轉，指示燈紅燈 RL 熄，綠燈 GL 亮。

⑥　電動機正常運轉中，因過載或其他故障發生，致積熱過載電驛 TH-RY 動作時，電磁接觸器 MCD 及 MCM 應即跳脫，電動機立即停止運轉，蜂鳴器發出警報，指示燈紅燈 RL 熄，綠燈 GL 亮，積熱過載電驛復歸時，蜂鳴器停響，但電動機不得再自行啟動。

⑦　電磁接觸器 MCD 與 MCS 應有連鎖保護裝置，不得同時動作。

(3)　器具配置圖：

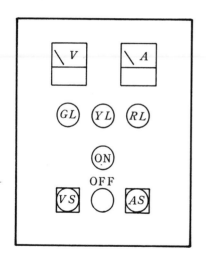

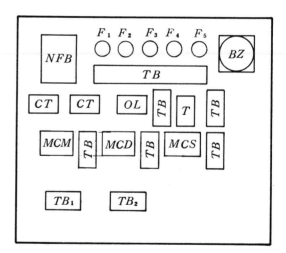

(4)　使用器材：

項　次	符　　　號	名　　　稱	規　　　　　　　　　　格	數	量
1	VS	電壓切換開關	$3\phi\,3W\,15A$	1	只
2	MCD, MCM	電磁接觸器	$AC\,220V\,5a5b\,35A\times1,\,21A\times1$	3	只
3	CT	比流器	$AC\,600V\,2A$	2	只
4	F	栓型保險絲	$600V\,2A$	5	只

項 次	符 號	名 稱	規 格	數	量
5	A	電流表	$0-75/5A$, $YS-10F$	1	只
6	V	電壓表	$0-300V$, $YS-10F$	1	只
7	AS	電流切換開關	$3\phi3W$	1	只
8	$TH-RY$	積熱電驛	$TH-18$ OL $28A$	1	只
9	TB	端子台	$3P\,30A$	2	只
10	TB	端子台	$12P\,30A$	4	只
11	NFB	無熔絲開關	$3P\,60AT\,50AF$	1	只

5-44 低壓三相感應電動機Y—△啓動控制電路(EYD型)

(1) 電路圖:

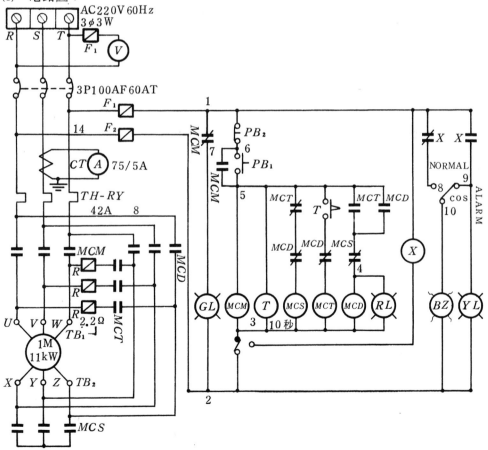

(2) 器具配置圖：

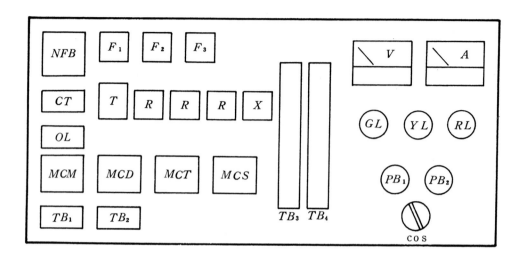

(3) 動作說明：

① 電源有電時，V 應指示 V_{RT} 之電壓。

② 當 NFB ON 時，GL 燈應亮，而其餘指示燈熄。

③ 按下 PB_1 按鈕時，MCS，MCM 同時動作，指示燈 GL 熄，電動機啟動；限時電驛激磁開始計時，經設定時間後，MCT 動作，隨即 MCS 跳脫，隨其後 MCD 動作，MCT 跳脫，RL 燈亮，電動機正常運轉。

④ 當電動機啟動運轉中，按下 PB_2 按鈕後，各動作中之 MCS，MCM，MCT，MCD 均應跳脫，而 GL 燈亮，RL 燈熄。

⑤ 電動機啟動運轉中，若遇過載而使積熱電驛動作時，動作中之電驛均應跳脫，蜂鳴器 BZ 響叫，同時 YL 燈應亮。將切換開關轉置於 ALARM STOP 位置，BZ 停響，而 YL 燈仍亮。當故障排除 OL 復歸後，BZ 又響叫，且 YL 燈熄，將 cos 切至 normal 位置時，BZ 停響，一切旬至②之情況，但電動機不得自行啟動。

⑥ 電動機正常運轉或啟動中，A 應指示 S 相之電流。

⑦ MCS 及 MCD 應有電氣連鎖，不得同時啟動。

(4)　使用器材：

項　次	符　　　號	名　　　稱	規　　　　　　　　　　　　　格	數	量
1	NFB	無熔絲開關	AC 220 V 3 P 100 AF 60 AT	1	只
2	MCM , MCD	電磁電驛	AC 220 V 35 A 5 a 2 b	各　1	只
3	MCT , MCD	電磁電驛	AC 220 V 20 A 5 a 2 b	各　1	只
4	TR	限時電驛	AC 220 V 0～30 秒 1 c	1	只
5	TH - RY	積熱電驛	42 A 1 c	1	只
6	X	輔助電驛	AC 220 V 5 A 2 c	1	只
7	R	起動用電阻	依加速特性來決定	1	組
8	CT	比流器	600 V 150/5 A 15 VA（貫穿式）	1	只
9	V	電壓計	120×120 mm AC 0～300 V	1	只
10	A	電流計	120×120 mm 0- 75/5 A 延長刻度 100 %	1	只
11	RL , YL , GL	指示燈	30 ϕ AC 220/18 V 紅、黃、綠	3	只
12	PB_1 , PB_2	按鈕開關	AC 220 V 1 a 1 b	1	只
13	BZ	蜂鳴器	3″ AC 220 V 強力型	1	只
14	cos	切換開關	30 ϕ 1 a 1 b 二段式	1	只
15	TB	端子台	3 P 35 A	2	只
16	TB	端子台	16 P 20 A	1	只

5-45　手動繞線型感應電動機二次電阻啓動控制電路

(1)　電路圖：（見下頁）

(2)　動作說明：

①　電動機二次短路用保護接點，將把手放在啓動位置時，此接點始閉合。

②　把手若不放於啓動位置，此接點亦將打開。

③　將把手確實放於啓動位置後，按 PB - ON 按鈕，MC 始能閉合。

④　將把手徐徐滑向運轉位置，電動機啓動完畢，開始運轉。

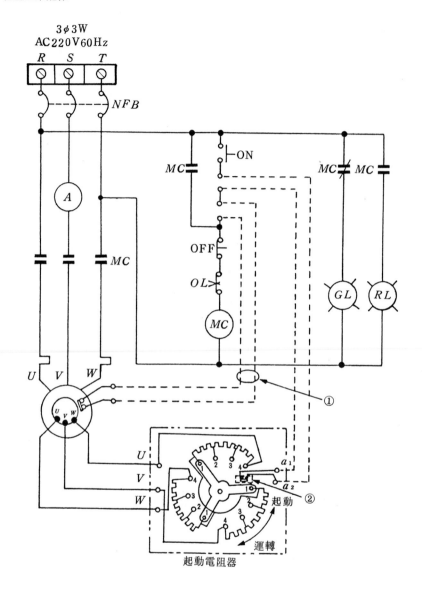

5-46 三相繞線型感應電動機二次電阻啓動控制電路

(1) 電路圖：

(2) 動作說明：

① 當按下PB_1時，MC_4動作，TR_1激磁，電動機經全部電阻啓動，YL亮，GL熄。

② 經一段時間後，MC_1動作，電阻減小，電動機仍於啓動中。

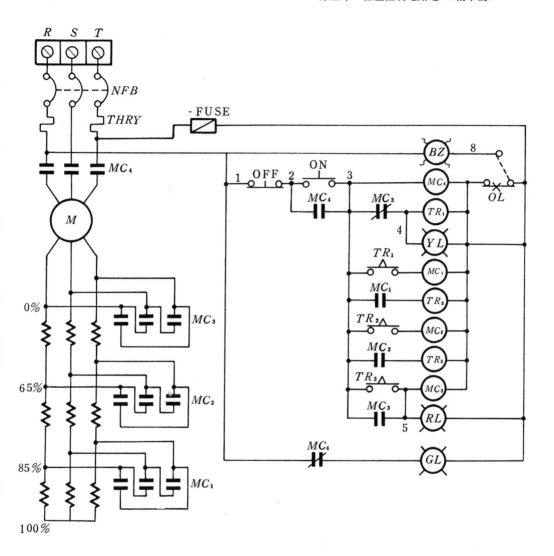

③　又一段時間後，MC_2動作，電動機仍於啓動狀況中。

④　再一段時間後，MC_3動作，電動機正常運轉，RL燈亮。

⑤　在啓動或運轉中，若想停機可按下OFF按鈕即可。此時，RL，YL燈將熄，GL燈亮。

⑥　電動機正常運轉中或於啓動時，遇過載情況則OL跳脫，BZ響叫。OL復歸，BZ停響，但電動機不得自行啓動。

(3) 器具配置圖：

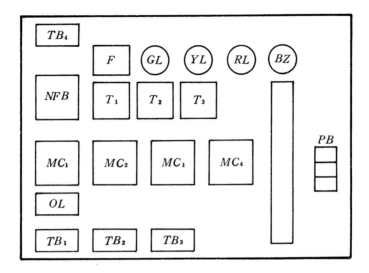

(4) 使用器材：（略）

5-47 交流低壓三相極數變換可逆式感應電動機起動控制及保護電路

(1) 電路圖：

(2) 器具配置圖：

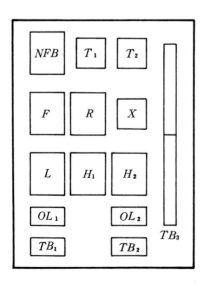

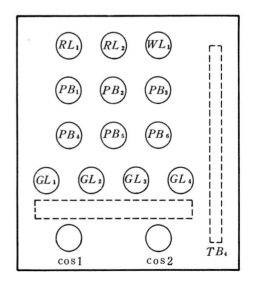

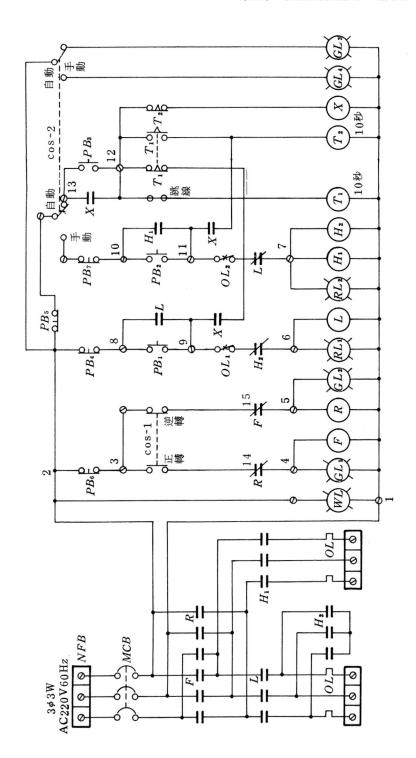

(3) 動作說明：

① 無熔絲開關 ON 時，指示燈 WL 亮。

② cos-1 置於「正轉」位置後，GL_1 燈亮，F 動作，電動機待正轉。

③ cos-2 置於「手動」位置後，GL_4 燈亮。

  (a) 按下 PB_1 時，L 動作，電動機立即低速起動運轉，RL_1 燈亮。

  (b) 按下 PB_4 時，L 應立即跳脫，電動機以慣性繼續運轉，RL_1 燈熄。

  (c) 接著立即按下 PB_2 時，H_1 與 H_2 動作，電動機立即變換極數，呈高速狀態，RL_2 燈亮。

  (d) 按下 PB_5 時，H_1 及 H_2 應立即跳脫，電動機停止運轉，RL_2 燈熄。

④ 將 cos₂ 置於「自動」位置後，GL_3 應亮，按下 PB_3 時 X 動作。同時，T_1 激磁開始計時，L 動作，電動機以低速運轉，RL_1 燈亮。電動機經低速運轉 10 秒後，T_1 動作，而 T_2 激磁開始計時，L 自動跳脫，RL_1 熄。H_1 與 H_2 動作，電動機由低速變換爲高速，RL_2 亮，經高速運轉 10 秒鐘後，T_2 動作，H_1 與 H_2 自動跳脫，電動機自動停止運轉，RL_2 燈熄。

⑤ 按下 PB_6 時，F 應立即跳脫，GL_1 燈熄。

⑥ cos 1 置於逆轉位置後，GL_2 及 R 動作，電動機待逆轉位置。

⑦ 同③項。

⑧ 同④項。

⑨ 同⑤項。

(4) 使用器材：

項 次	符　　號	名　　稱	規　　格	數	量
1	NFB	無熔絲開關	3P 50AF 30AT	1	只
2	L	電磁開關	4a1b 15A AC 220VOL 18A	1	只
3	H_1	電磁開關	4a1b 15A AC 220VOL 18A	1	只
4	H_2	電磁接觸器	AC 220V 20A	1	只
5	R	電磁接觸器	AC 220V 15A 4a1b	1	只
6	F	電磁接觸器	AC 220V 15A 4a1b	1	只
7	X	補助電驛	AC 220V 5A 4a1b	1	只
8	T	限時電驛	AC 220V 0～120秒 1a1b	1	只

項　次	符　　　號	名　　稱	規　　　　　　　格	數	量
9	cos1	選擇開關	30ϕ 二段式 $1a1b$	1	只
10	cos2	選擇開關	30ϕ 二段式 $2a2b$	1	只
11	GL_1-GL_4	指示燈	綠 30ϕ AC $220/18$ V	4	只
12	WL	指示燈	30ϕ AC $220/18$ V 白色	1	只
13	RL_1-RL_2	指示燈	30ϕ AC $220/18$ V 紅色	2	只
14	PB_1-PB_3	按鈕開關	$30\phi 1a$ 綠色	3	只
15	PB_4-PB_6	按鈕開關	$30\phi 1b$ 紅色	3	只
16	TB_1-TB_2	端子台	3P 60A	2	只
17	TB_3	端子台	15P 30A	1	只
18	TB_4	端子台	15P 20A	1	只

5-48　三相繞線型感應電動機啓動控制及保護電路

(1) 電路圖：（見下頁）

(2) 動作說明：

① 電源有電時，電壓計 V 應指示 RT 相之電壓。

② 無熔絲開關 CB ON 時，指示燈 GL 亮，其餘指示燈均熄，電動機不得轉動。

③ 按下按鈕開關 PB_1 時，電磁接觸器 MC 動作，電動機卽以全電阻啓動，指示燈紅燈 RL 亮，綠燈 GL 熄。

④ 電動機啓動時，電磁接觸器應由 MC_1 至 MC_2 順序動作，使啓動電阻逐段減少至零，其動作時間以限時電驛設定，每段時間暫定爲 5 秒鐘。

⑤ 當電磁接觸器 MC_2 動作後，MC_1 應跳脫，使電動機進入正常運轉狀態，指示燈 RL 亮。

⑥ 按下按鈕開關 PB_2 時，電磁接觸器 MC 及 MC_2 應立卽跳脫，電動機停止運轉，指示燈綠燈 GL 亮，紅燈 RL 熄。

⑦ 電動機正常運轉中，因過載或其他故障發生致積熱過載電驛動作或 $3E$ 電驛動作時，電磁接觸器 MC 及 MC_2 應立卽跳脫，電動機立卽停止運轉，蜂鳴器發出警報，指示燈綠燈 GL 亮，紅燈 RL 熄。當動作的電驛復歸時，蜂鳴器停響，但電動機不得自行再啓動。

⑧ 電磁接觸器 MC 未動作時，MC_1 及 MC_2 不得動作。

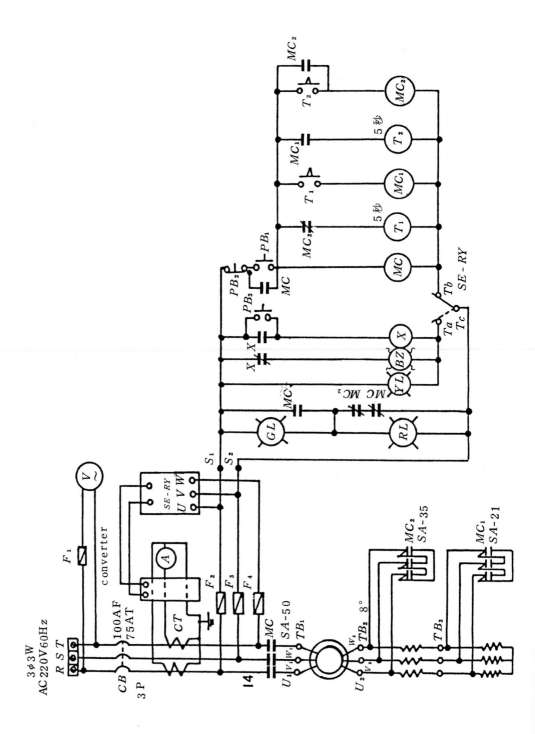

(3)　器具配置圖：

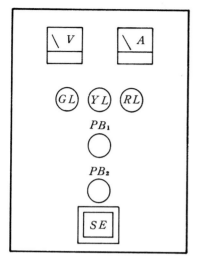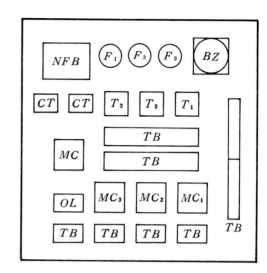

(4)　使用器材：

項　次	符　　號	名　　稱	規　　格	數	量
1	NFB	無熔絲開關	3 P 60 AT 125 AF	1	只
2	A	安培計	0 - 75/5 A　YS - 10 F	1	只
3	CT	比流器	600 V 150/5 A 15 VA	1	只
4	SE	3 E 電驛	S E T - 3 OMRON	1	只
5	V	電壓表	0～300 V　YS - 10 F	1	只
6	MC_1	電磁開關	S - A21	1	只
7	MC_2	電磁開關	S - A35	1	只
8	GL, RL, YL	指示燈	AC 220/18 V 30 ϕ 綠、紅、黃	各　1	只
9	T_2, T_1	限時電驛	OMRON STP - N　0～300 秒	2	只
10	F_1, F_2, F_3	栓型保險絲	600 V 2 A	3	只
11	BZ	蜂鳴器	AC 220 V 4″ 強力型	1	只
12	MC	電磁開關	S - A65	1	只
13	PB_1	按鈕開關	1 a 30 ϕ	1	只
14	PB_2	按鈕開關	1 b 30 ϕ	1	只
15	TB	端子台	3 P 60 A	3	只
16	TB	端子台	12 P 20 A	4	只

5-49　交流低壓感應電動機電抗啓動及保護警示電驛

(1)　電路圖：(見下頁)

(2)　器具配置圖：

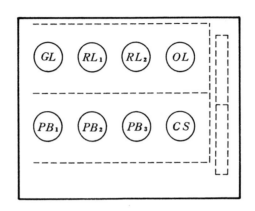

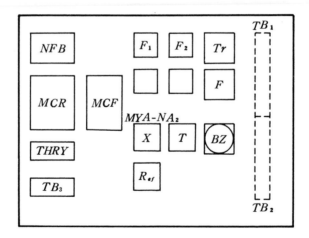

(3)　動作說明：

① 　將NFB ON 時，指示燈GL亮，電源指示燈WL亮，其餘指示燈熄。

② 　將按鈕開關PB_3按下，則故障用指示燈OL應亮，鬆開則熄，可測知指示燈是否損壞，再將TH-RY拉起，蜂鳴器應響叫，故障指示燈閃爍，將選擇開關CS扳至OFF或將TH-RY按下復歸，則蜂鳴器停止響叫，故障用指示燈OL熄。

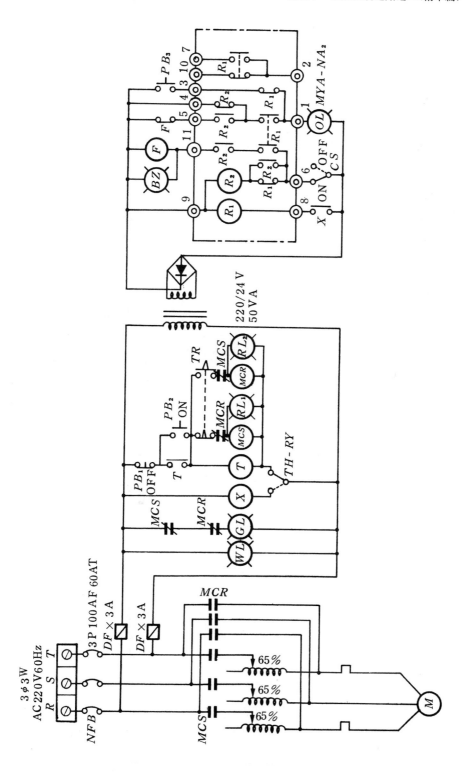

③ 按下按鈕開關PB_2時，限時電驛T動作及電磁開關MCS動作，電路由限時電驛瞬時接點自保，指示燈RL_1亮，GL熄。電動機啓動運轉，由電抗器將啓動電流限制於65%，經10秒後，限時電驛接點動作，電磁接觸器MCS跳脫，指示燈RL_1熄，而MCR動作，指示燈RL_2亮，電動機開始正常運轉。

④ 當電動機發生過載時，$TH\text{-}RY$動作，電磁接觸器MCR跳脫，指示燈RL_2熄，指示燈GL亮，電動機停止運轉。同時，補助電驛X動作，使蜂鳴器響叫，指示燈OL閃爍。

⑤ 按下PB_1按鈕開關，電路動作回至第①項。

(4) 使用器材：

項 次	符　　　　號	名　　稱	規　　　格	數	量
1	NFB	電磁開關	3P 100AF 60AT	1	只
2	PT	比壓器	1ϕ 220/24V 50VA	1	只
3	MCR, MCF	電磁接觸器	AC 220V 33A 附 $1a1b$	2	只
4	$TH\text{-}RY$	積熱電驛	TH-35 30A	1	只
5	X	補助電驛	AC 220V 5A $2a2b$	1	只
6	T	限時電驛	AC 220V 瞬時 $1a$ 限時 $1a1b$ 0～30 秒	1	只
7	F	閃爍電驛	DC 24V 5A	1	只
8	$MYA\text{-}NA_2$	警示電驛機體	DC 24V 5A	1	只
9		電抗器	3ϕ 10H^2 用 AC 220V	1	只
10	CS	選擇開關	30ϕ $1a1b$	1	只
11	R、f	橋式整流器	50V 1A	1	只
12	BZ	蜂鳴器	DC 24V	1	只
13	PB	按鈕開關	30ϕ ON×2，OFF×1	3	只
14	PL	指示燈	30ϕ W×1，G×1，R×2 AC 220/15V	4	只
15	PL	指示燈	30ϕ OL×1，DC 24V	1	只
16	Fuse	熔　絲	3A 附座		
17	TB	端子台	3P 60A	1	只
18	TB	端子台	12P 30A	4	只

5-50 交流低壓三相極數變換感應電動機啓動控制及保護電路

(1) 電路圖：

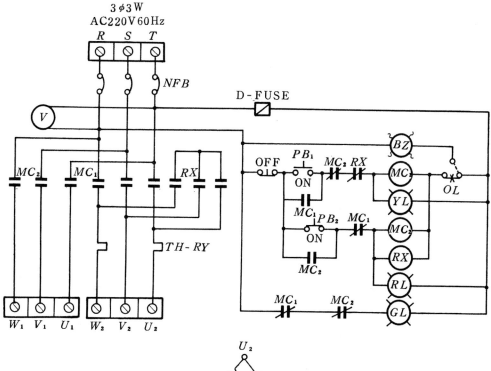

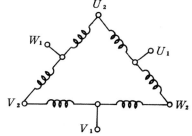

馬達接線圖（定轉距）

(2) 動作說明：

① CB ON時，電壓計應指示 RT 相之電壓，指示燈 GL 亮，其餘燈均熄。

② 按 PB₁ 按鈕後，MC₁ 激磁，黃燈亮，綠燈熄，馬達串接△接線高速運轉。

③ 按 OFF 時，馬達停止運轉，黃燈熄，綠燈亮。

④ 按 PB₂-ON 時，MC₂ 及 RX 激磁，紅燈亮，綠燈熄，馬達並聯 Y 接線，

　　　　低速運轉。

　　⑤　按OFF時，馬達停轉，紅燈熄，綠燈亮。

　　⑥　*TH‑RY* 過載跳脫，電動機停轉，且 *BZ* 響叫。

　　⑦　高速與低速運轉，應有電磁連鎖作用，不可同時動作。

(3)　器具配置圖：

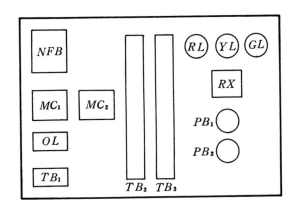

5-51　三相單繞組感應電動機雙速雙方向啓動控制及保護電路

(1)　電路圖：（見下頁）

(2)　動作說明：

　　①　電源有電時，電壓計 V 應指示 RT 相之正確電壓。

　　②　將無熔絲開關 CB , ON後：

　　　(a)　按下按鈕開關 PB_1 時，電磁接觸 MC_1 動作，電動機立即高速正轉，指示燈紅燈 RL_1 亮，其餘指示燈均熄，但電磁接觸器 MC_2 , MC_3 , MC_4 , MC_5 均不得動作。

　　　(b)　按下按鈕開關 PB_5 時，動作中之電磁接觸器 MC 應立即跳脫，指示燈紅燈 RL 應熄。

　　　(c)　按下按鈕開關 PB_2 時，電磁接觸器 MC_2 動作，電動機立即高速逆轉，指示燈紅燈 YL_1 亮，其餘指示燈均熄，但其餘電磁接觸器不得動作。按下按鈕開關 PB_5 時其動作順序如上述(b)。

　　　(d)　按下按鈕開關 PB_3 時，電磁接觸器 MC_3 及 MC_5 動作，電動機立即低速正轉，指示燈紅燈 RL_2 亮，其餘指示燈均熄，但其餘電磁接觸器均不得動作。按下按鈕開關 PB_3 時其動作順序如上述(b)。

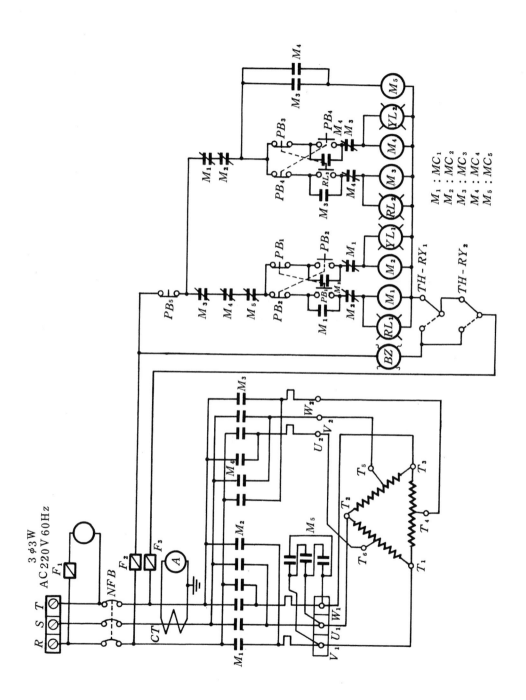

(e) 按下按鈕開關 PB_4 時，電磁接觸器 MC_4 及 MC_5 動作，電動機立即低速逆轉，指示燈紅燈 RL_4 亮，其餘指示燈均熄，但其餘電磁接觸器均不得動作，按下按鈕開關 PB_5 時其動作順序如上述(b)。

③ 電動機正常運轉中，因過載或其他故障發生，致積熱過載電驛動作時，電動機應立即停止運轉，動作中之電磁接觸器 MC 應立即跳脫，動作中之指示燈紅燈 RL 應熄，蜂鳴器發出警報。積熱過載電驛復歸時，蜂鳴器停響，但電動機不得自行再啓動。

④ 電動機之啓動運轉、高速正轉、高速度逆轉、低速度正轉及低速度逆轉等四步驟，均應有相互連鎖保護裝置。又高速度與低速度及正轉與逆轉均不得直接切換。

(3) 使用器材：

項 次	符 號	名 稱	規 格	數	量
1	NFB	無熔絲開關	3P 60AT 125AF	1	只
2	MC_1, MC_2 MC_3, MC_4	電磁開關	SA-35	4	只
3	MC_5	電磁開關	SA-21	1	只
4	A	安培計	0～50/5A	1	只
5	V	電壓計	0～300V	1	只
6	CT	比流器	50/5A 600V 15VA	1	只
7	F	栓式保險絲	2A×2 3A×1	3	只
8	RL	指示燈	紅色 30φAC 220/18V	4	只
9	PB	按鈕開關	30φ1a	4	只
10	PB	按鈕開關	30φ1b	1	只
11	BZ	蜂鳴器	4″ AC 220V 強力型	1	只
12	TB	端子台	3P 60A	3	只
13	TB	端子台	12P 60A	4	只
14	$TH-RY$	積熱電驛	TH-35 OL30	2	只
15	M	馬達	10HP 雙速雙方向感應電動機	1	只

(4)　器具配置圖：

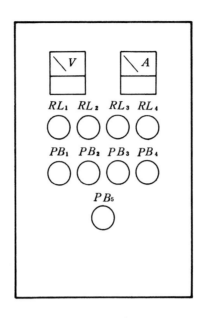

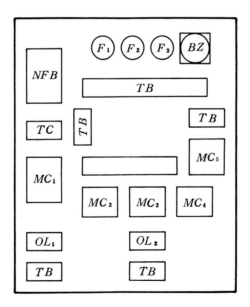

5-52　同步電動昇頻機啓停電路

(1)　電路圖：

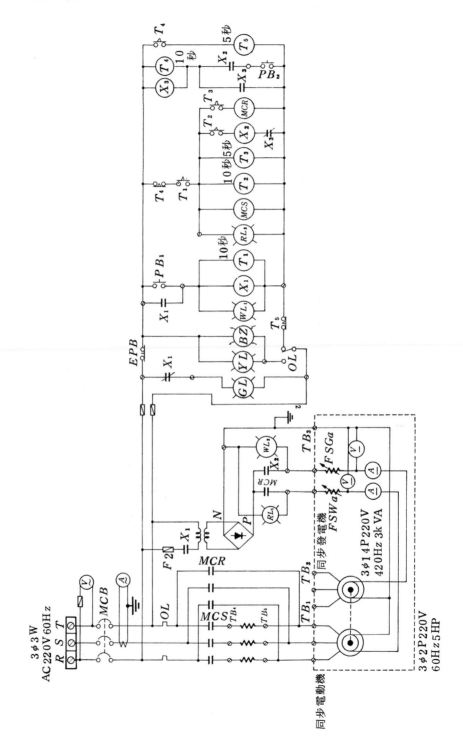

(2)　器具配置圖：

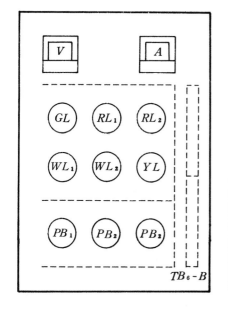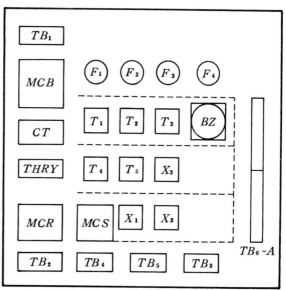

(3)　動作說明：

① 電源有電時，電壓計 V 應指示電壓 V_{RT} 之值。

② 無熔絲開關 MCB ON時，指示燈 GL 亮。

③ 同步電動機 SM 發電機 SG 組之啓動→運轉：

　(a) 按下 PB_1 按鈕，輔助電驛 X_1 動作 . WL_1 燈亮，GL 燈熄，Tr 一次側受電；同時 T_1 開始計時，經10秒後，電磁開關 MCS 動作， SM 作降壓啓動，指示燈 RL_1 及 RL_2 燈亮，SG 與 SM 連動，但尚不能發電。同時，限時電驛 T_2、T_3 開始計時。

　(b) T_3 經5秒後，電磁開關 MCR 動作，SM 全壓帶動 SG 運轉。

　(c) T_2 經10秒後，補助電驛 X_2 動作，SG 之磁場激磁，指示燈 WL_2 亮，同步發電機 SG 發電。

　(d) SM 機啟動時，磁場不能先行送電。

④ 同步電動機 SM 發電機 SG 組之運轉→停止：

　(a) X_2 動作中，按下按鈕開關 PB_2，X_2 跳脫，SG 斷電，WL_2 熄，限時電驛 T_4 計時，經10秒後，MCR，T_2，T_3，MCS 跳脫，RL_1，RL_2，WL_2 燈熄，WL_1 燈亮，Tr 一次側仍受電，SM 機停機。此時

，T_5 動作，經 5 秒後，X_1 跳脫，GL 燈亮，Tr 不受電。

⑤ 按下緊急按鈕 EPB，動作中之開關與電驛應全部跳脫，GL 仍亮，其餘全熄。

⑥ SM 運轉中，電流計應指示 S 相之電流。

⑦ SM 運轉中，積熱電驛 $TH\text{-}RY$ 動作，蜂鳴器響叫，指示燈 YL 亮。

(4) 使用器材：

項 次	符 號	名 稱	規 格	數	量
1	MCB	無熔絲開關	3P 50 AF 30 AT	1	只
2	MC	電磁接觸器	AB 220 V 35 A 5a 5b OL 30 A	2	只
3	$TH\text{-}RY$	積熱電驛	OL 30 A	1	只
4	V	電壓計	120×120 mm AC 0～300 V	1	只
5	F	栓式保險絲	550 V 2 A（F_1, F_2, F_3, F_4）	4	只
6	A	電流計	120×120 mm AC 0-30/5 A 延長 100 %	1	只
7	CT	比流器	600 V 0-30/5 A 15 VA	1	只
8	X_1, X_2	補助電驛	AC 220 V 10 A 4a 4b	各 1	只
9	X_3	補助電驛	AC 220 V 10 A 2a 2b	1	只
10	T_1, T_2, T_3	限時電驛	AC 220 V 0～30 秒延時 1c	各 1	只
11	PL	指示燈	30φ 220/15 V（GL, YL, RL_1, RL_2）	4	只
12	PL	指示燈	30φ DC 24 V（WL_1, WL_2）	2	只
13	BZ	蜂鳴器	AC 220 V 3″ 埋入式	1	只
14	PB	按鈕開關	30φ 1a 1b	2	只
15	TB	端子台	3P 60 A	3	只
16	TB	端子台	12P 60 A	4	只
17	TB	端子台	3P 20 A	2	只
18		緊急開關	30φ 1a 1b	1	只
19		連接線束	器具板與門板連接用	1	式
20		線 槽	25W×45H（mm）	1	式

5-53　電動空壓機控制電路

⑴　電路圖：

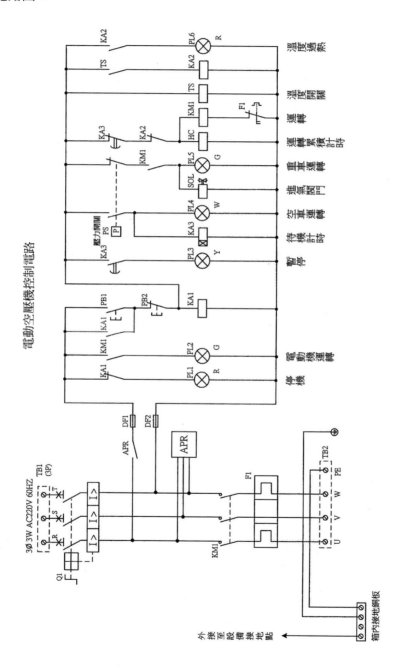

⑵ 器具佈置圖：

① 操作板配置圖：　　　　　② 器具板配置圖：

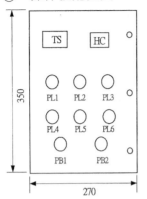

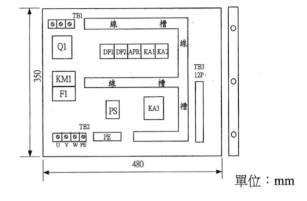

單位：mm

⑶ 動作說明：

① 通電後，若電源為正相序，則逆相防止電驛(APR)之接點接通，PL1 亮，若電源為逆相序，則逆相防止電驛(APR)之接點斷開，指示燈全熄。

② 當電源為正相序，溫度開關之溫度不超過設定值時：

(a) 按啓動按鈕 PB1，KM1 動作，PL1 熄，PL2 亮，空壓機運轉，累積計時器(HC)開始計時。

(b) 當壓力開關之壓力處於下限時，進氣閥門(Sol)開啓，PL5 亮，空壓機作重車運轉。

(c) 當壓力達於上限時，進氣閥門(Sol)關閉，PL5 熄；空壓機作空車運轉，PL4 亮；KA3 開始計時。

(d) 當 KA3 計時中，若壓力低於下限，進氣閥門(Sol)再次打開，空壓機回復重車運轉，PL4 熄，PL5 亮。

(e) 當 KA3 計時到，PL3 亮，KM1 斷電，空車運轉之空壓機停止，累積計時器(HC)同時停止計時。

(f) 空壓機運轉中(空車或重車)，若按停止按鈕 PB2，則空壓機停止，除 PL1 外所有指示燈熄。

(g) 空壓機運轉中(空車或重車)，若過載電驛(F1)動作，則空壓機停止，PL2 及 PL5 熄，其餘指示燈維持原來狀態。

③　當空壓機溫度開關之測定值達到設定值時，PL6 亮，KM1 斷電，運轉
　　中之空壓機停止，PL2 熄。

⑷　使用器材：

項目	名稱	規格	單位	數量	備註
1	無熔線斷路器	3P 220VAC 10KA 50AF 20AT	只	1	Q1
2	逆相防止電驛	220VAC	只	1	APR
3	累積計時器	6 位數，小時單位，盤面型	只	1	HC
4	電磁接觸器	220VAC 3HP 2a	只	1	KM1
5	積熱過載電驛	220VAC 3HP 2 素子(2E)	只	1	F1
6	輔助電驛	220VAC	只	2	KA1 1c, KA2 1a1b
7	限時電驛	220VAC ON Type 延時 1c	只	1	KA3
8	按鈕開關	紅綠 22mmϕ　1a1b	只	各 1	
9	卡式保險絲	2A	只	2	
10	壓力開關	具有 1a 1b 接點	只	1	PS
11	溫度開關	220VAC Relay 輸出 1a 4 位數 0～300°C 盤面型	只	1	TS
12	指示燈	220VAC 22mmϕ LED 型	只	6	Rx2,Gx2,Yx1,Wx1
13	電源端子台	30A 3P	只	1	
14	負載端子台	30A 4P	只	1	
15	控制電路端子台	20A 12P	只	1	
16	接地銅板	附雙支架 4P	只	1	
17	操作板	350L×270W×2.0D	只	1	開孔如面板圖
18	器具板	350L×480W×2.0D	只	1	四邊內摺 25mm
19	PVC 線槽	30mm×30mm 側面開長條孔	公尺	1.2	
20	PVC 電線	3.5 mm^2 黑色	公尺	2	
21	PVC 電線	3.5 mm^2 綠色	公分	60	
22	PVC 電線	1.25 mm^2 黃色	公尺	40	
23	壓接端子	3.5 mm^2 - 4O 型	只	若干	
24	壓接端子	3.5 mm^2 - 4Y 型	只	若干	
25	壓接端子	1.25 mm^2 - 3Y 型	只	若干	
26	捲型保護帶	寬 10 mm	公分	60	
27	束帶	2.5W×100Lmm	條	20	
28	PVC 線槽	30mm×30mm 側面開長條孔	公尺	1.2	

5-54 三相感應電動機正反轉控制電路

⑴ 電路圖:

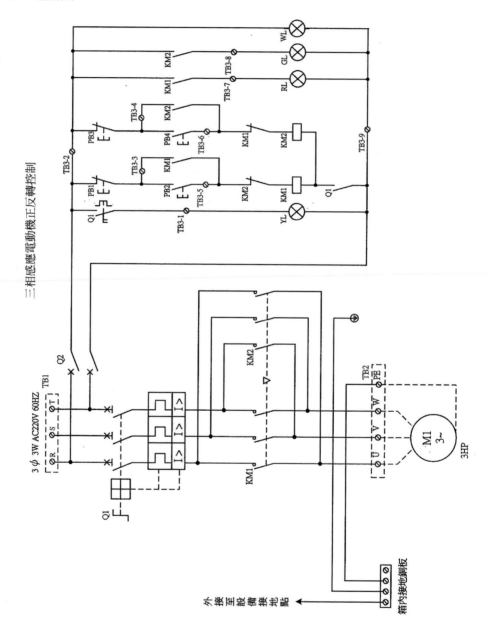

⑵　器具佈置圖：

①　操作板配置圖：　　　　　　②　器具板配置圖：

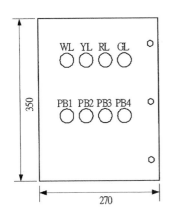

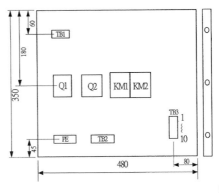

單位：mm

⑶　動作說明：

①　Q1 & Q2 各為獨立之開關，在一次側並接，當欲作運轉操作時，主電源 Q1 未 ON，控制電源 Q2 ON 時，操作 PB2 或 PB4，電動機無作用。

②　Q1 ON 主電源供電且 Q2 ON，控制電源供電，WL 亮。

③　按 PB2，KM1 動作，電動機正轉，RL 亮；按 PB1，KM1 斷電，電動機正轉停止，RL 熄。

④　按 PB4，KM2 動作，電動機逆轉，GL 亮；按 PB3，KM2 斷電，電動機逆轉停止，GL 熄。

⑤　電動機過載、欠相或短路時，Q1 跳脫斷電，故障燈 YL 亮，KM1 及 KM2 均跳脫，RL 及 GL 熄。

⑥　當故障情況(過載、欠相或短路)全部復歸時，故障燈 YL 熄。Q1 重新送電，WL 亮，KM1 及 KM2 待命啟動電動機。

註 1：KM1 及 KM2 間應裝有機械連鎖裝置；控制線路圖中，KM1 及 KM2 具有電氣連鎖設計。

註 2：做電動機過載、欠相、短路測試時，可操作 Q1 測試機構。

⑷　使用器材：

項目	名稱	規格	單位	數量	備註
1	電動機保護斷路器	3P 220VAC 25KA 2.5-4A 過載可調瞬跳值爲 10 倍以上	只	1	歐規
2	電動機保護斷路器輔助接點	具有故障 1a 瞬時 1a 輔助接點可與第一項結爲一體	只	1	歐規
3	正逆轉電磁接觸器	3P 220VAC 10A 以上具機械互鎖及各 2a1b 輔助接點	組	1	歐規
4	斷路器	2P 220VAC 10KA 3A	只	1	歐規
5	指示燈	白紅綠黃 220VAC 22mmϕ LED	只	各1	歐規
6	按鈕開關	綠 22 mmϕ 附 1a 接點	只	2	歐規
7	按鈕開關	紅 22 mmϕ 附 1b 接點	只	2	歐規
8	端子台	30A 以上 3P 組合式附端板及擋片	只	1	歐規、TB-1
9	端子台	30A 以上 4P 組合式附端板及擋片	只	1	歐規、TB-2
10	端子台	20A 10P 組合式附端板、擋片，及 1~10 端點編號	只	1	歐規、TB-3
11	操作板	350L×270W×2.0D	只	1	開孔如面板圖
12	器具板	350L×480W×2.0D	只	1	四邊內摺 25mm
13	接地銅板	附雙支架 4P	只	1	
14	DIN 軌道		公分	80	
15	PVC 電線	2.0 mm^2 黑色	公尺	3	
16	PVC 電線	2.0 mm^2 綠色	公分	30	
17	PVC 電線	1.25mm^2 黃色	公尺	30	
18	絕緣壓接端子	2.0 mm^2 I(針型)	只	若干	
19	絕緣壓接端子	1.25 mm^2 I(針型)	只	若干	
20	絕緣壓接端子	2.0 mm^2 -4O 型	只	若干	
21	束帶	2.5W×100Lmm	條	50	
22	捲型保護帶	寬 10mm	公分	60	
23	器具板	480×350×2.0mm	片	1	
24	固定式端子台	20A 3P	只	1	
25	固定式端子台	20A 12P	只	1	
26	組合式端子台	20A 7P 含接地端子 1 只	組	1	附端板
27	端子台固定片	配合組合式端子台使用	片	2	
28	電力電驛	3P 220VAC 附底座	只	1	
29	電力電驛	2P 220VAC 附底座	只	1	

項目	名稱	規格	單位	數量	備註
30	電力電驛	4P 220VAC 附底座	只	1	
31	限時電驛	220VAC 延時 1a1b 附底座	只	1	
32	電磁開關	220VAC 5HP	只	1	
33	無熔線斷路器	3P 220VAC 10KA 50AF 20AT	只	1	
34	PVC 配線槽	30×30mm	公分	55	
35	DIN 軌道	240mm	支	2	DIN 軌道 2 DIN 軌道 3
36	DIN 軌道	90mm	支	1	DIN 軌道 1
37	卡式保險絲	2A	只	2	
38	螺絲	M4 10mm 20mm 30mm 長	支	各 20	
39	墊圈	配合 M4 螺絲使用	片	20	
40	鑽頭	3.2mm	支	若干	
41	螺絲攻	M4	支	若干	

5-55　三相感應電動機 Y-△降壓起動控制電路

⑴　電路圖：

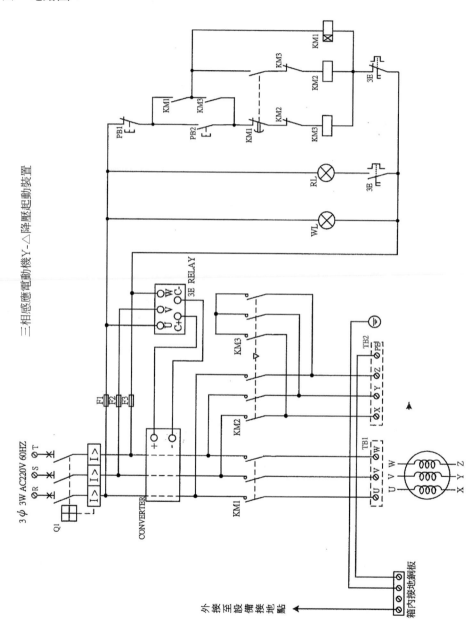

⑵　器具佈置圖：

①　操作板配置圖：　　　　　　　②　器具板配置圖：

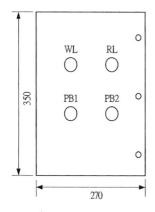
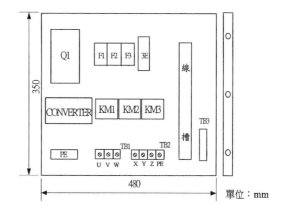

⑶　動作說明：

①　Q1 ON，電源燈 WL 亮。

②　正常操作(當電源相序為正相序時)：

　　⒜　按 PB2，KM3 動作後，KM1 再動作，則電動機作 Y 接線啟動，且 KM1 開始計時。

　　⒝　KM1 經設定計時 5 秒到，KM3 跳脫，KM2 動作，電動機作△接線運轉。

　　⒞　按 PB1，KM1、KM2、KM3 均跳脫，電動機停止運轉。

③　異常情況：

　　⒜　通電後，電源為逆相序時，3E 電驛動作，RL 及 WL 亮，電動機無法操作。

　　⒝　電動機啟動或運轉中若發生欠相或過載時(以按壓 3E 電驛測試按鈕作測試)，3E 電驛動作，KM1、KM2、KM3 均跳脫，電動機停止運轉，RL 及 WL 亮。

　　⒞　3E 電驛復歸後，RL 熄，電路回復正常操作之起始狀態。

　　⒟　電動機啟動或運轉中，若主電路發生短路，Q1 跳脫，WL 及 RL 熄，KM1、KM2、KM3 均跳脫，電動機停止運轉。

⑷ 使用器材：

項目	名稱	規格	單位	數量	備註
1	電動機斷路器	3P 220VAC 25KA 25A	只	1	Q1，歐規
2	卡式保險絲	250VAC 2A 附座	只	3	
3	電磁接觸器組	3P 220VAC 5HP 具機械互鎖	組	1	輔助接點，KM2 1b、KM3 1a1b，歐規
4	電磁接觸器	3P 220VAC 5HP 附上掛式 Y-△專用 Timer	只	1	輔助接點，KM1 瞬時 1a、延時 1a1b，歐規
5	3E 電驛	220VAC 附電流轉換器	只	1	底板固定式
6	按鈕開關	紅綠 22mmϕ 1a1b	只	各 1	歐規
7	指示燈	白紅 220VAC 22mmϕ	只	各 1	歐規
8	端子台	20A 以上 3P	只	1	歐規、TB-1
9	端子台	30A 以上 4P	只	1	歐規、TB-2
10	端子台	20A 7P	只	1	歐規、TB-3
11	操作板	350L×270W×2.0D	只	1	開孔如面板圖
12	器具板	350L×480W×2.0D	只	1	四邊內摺 25mm
13	接地銅板	附雙支架 4P	只	1	
14	DIN 軌道		公分	60	
15	PVC 線槽	30mm×30mm 直條形開孔	公分	32	
16	PVC 電線	2.0 mm^2 黑色	公尺	5	
17	PVC 電線	2.0 mm^2 綠色	公分	60	
18	PVC 電線	1.25 mm^2 黃色	公尺	30	
19	壓接端子	2.0 mm^2 I(針型)	只	若干	
20	壓接端子	1.25 mm^2 I(針型)	只	若干	
21	壓接端子	2 mm^2 - 4O 型	只	若干	
22	束帶	2.5W×100Lmm	條	20	
23	捲型保護帶	寬 10mm	公分	60	
24	O 型號碼圈	配合 1.25mm^2 導線使用	只	各 20	1〜20 號

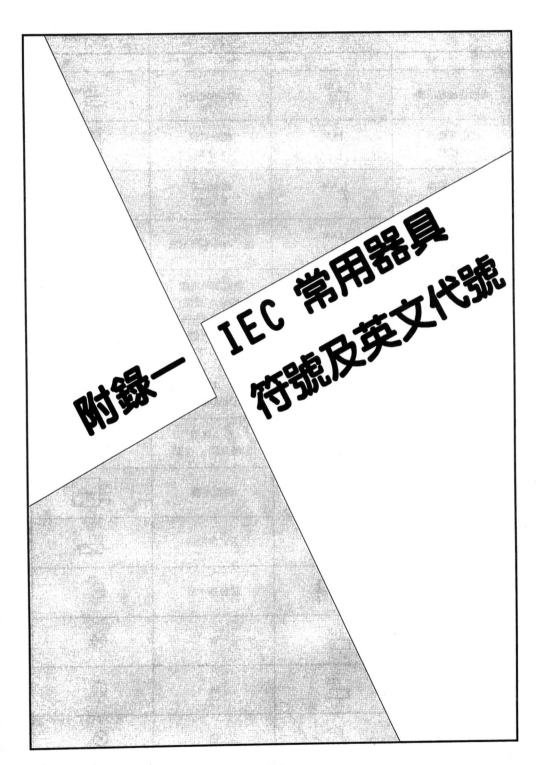

附錄一

IEC 常用器具
符號及英文代號

名　　稱	符　　號	名　　稱	符　　號
電磁接觸器線圈	KM	輔助電驛線圈	KA
電磁接觸器 a 接點	KM	輔助電驛 a 接點	KA
電磁接觸器 b 接點	KM	輔助電驛 b 接點	KA
電磁接觸器 主接點	KM	通電限時電驛線圈	KA
積熱電驛 積熱元件		通電限時電驛 延時 a 接點	KA
積熱電驛 a 接點	F	通電限時電驛 延時 b 接點	KA
積熱電驛 b 接點	F	Y-△專用 限時電驛線圈	KA
按鈕開關 a 接點	E-| PB	Y-△專用 限時電驛 c 接點	KA
按鈕開關 b 接點	E-/ PB	逆相電驛	APR
進氣閥門	SOL	卡式保險絲	DF1
壓力開關 c 接點	PS	紅色指示燈	PL R
累積型計時器	HC	黃色指示燈	PL Y
溫度開關	TS	綠色指示燈	PL G
溫度開關 a 接點	TS	白色指示燈	PL W

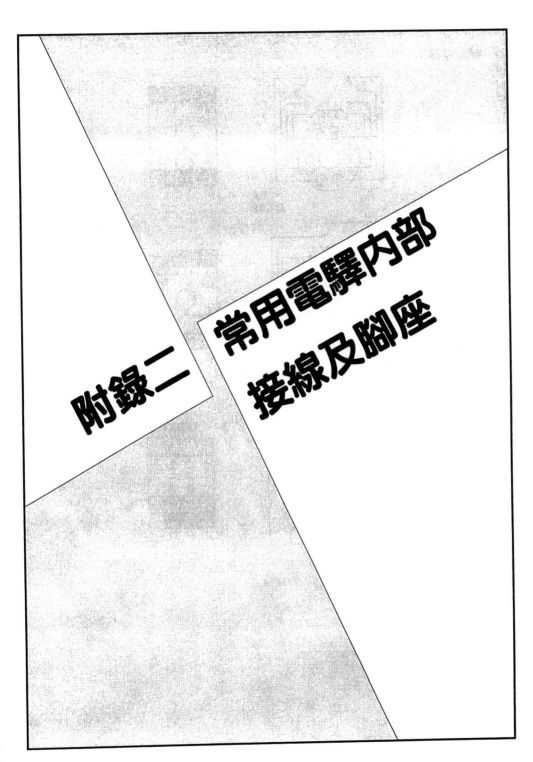

附錄二　常用電驛內部接線及腳座

(1) 輔助電驛：

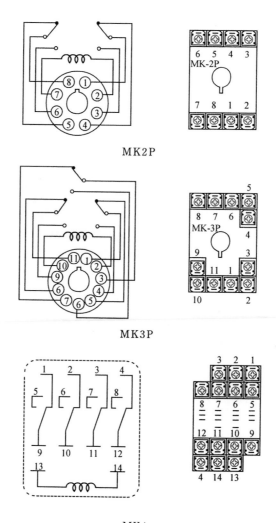

MK2P

MK3P

MY4

(2)　延時電驛:

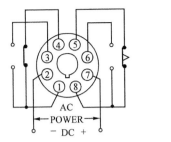

通電延時電驛

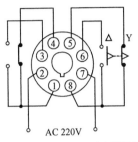

Y-△專用通電延時電驛

(3)　特殊電驛:

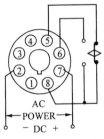

閃爍電驛

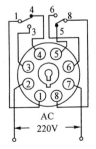

棘輪電驛

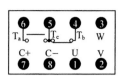

3E電驛

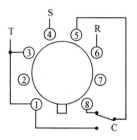

逆向電驛

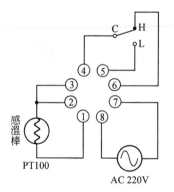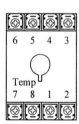

溫度控制器

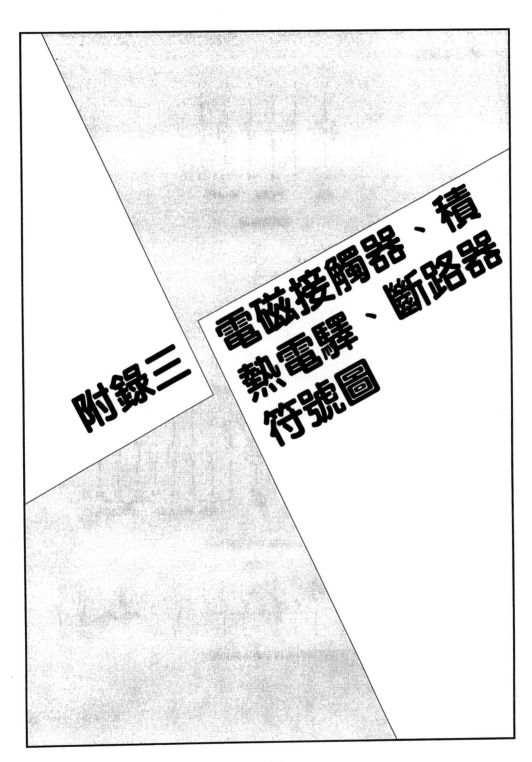

附錄三　電磁接觸器、積熱電驛、斷路器符號圖

(1) 電磁接觸器:

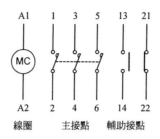

電磁接觸器

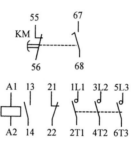

上掛 Y-△ TIMER 電磁接觸器

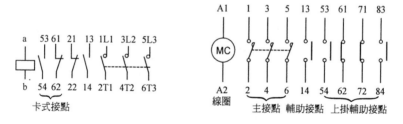

上掛輔助接點型電磁接觸器

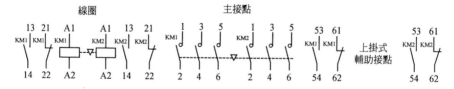

正逆轉附機械互鎖電磁接觸器

(2)　積熱電驛：

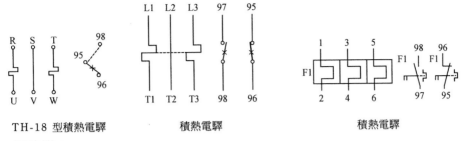

TH-18 型積熱電驛　　　　積熱電驛　　　　　積熱電驛

(3)　斷路器：

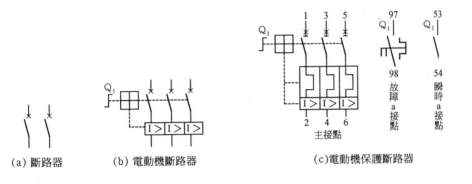

(a) 斷路器　　　(b) 電動機斷路器　　　(c)電動機保護斷路器

電動機保護斷路器(如圖(c))動作說明：

①　按 START 後, 53-54 接點閉合, 97-98 接點開啟。

②　故障時, 53-54 接點開啟, 97-98 接點閉合。

③　按 STOP 時, 53-54 接點及 97-98 接點均開啟。

④　未按 START 前, 53-54 接點及 97-98 接點均開啟。

國家圖書館出版品預行編目資料

低壓工業配線 / 楊健一編著. -- 五版. -- 新北
市 : 全華圖書, 2018.02
　　面 ; 　公分
　ISBN 978-986-463-762-1(平裝)

　1.電力配送

448.331　　　　　　　　　　107002599

低壓工業配線(第五版)

作者 / 楊健一

發行人 / 陳本源

執行編輯 / 張繼元

出版者 / 全華圖書股份有限公司

郵政帳號 / 0100836-1 號

印刷者 / 宏懋打字印刷股份有限公司

圖書編號 / 0252204

五版四刷 / 2021 年 06 月

定價 / 新台幣 380 元

ISBN / 978-986-463-762-1

全華圖書 / www.chwa.com.tw

全華網路書店 Open Tech / www.opentech.com.tw

若您對本書有任何問題，歡迎來信指導 book@chwa.com.tw

臺北總公司(北區營業處)
地址：23671 新北市土城區忠義路 21 號
電話：(02) 2262-5666
傳真：(02) 6637-3695、6637-3696

南區營業處
地址：80769 高雄市三民區應安街 12 號
電話：(07) 381-1377
傳真：(07) 862-5562

中區營業處
地址：40256 臺中市南區樹義一巷 26 號
電話：(04) 2261-8485
傳真：(04) 3600-9806(高中職)
　　　(04) 3601-8600(大專)

歡迎加入 **全華會員**

● 會員享

會員享購書折扣、紅利積點、生日禮金、不定期優惠活動…等。

● 如何加入會員

掃 QRcode 或填妥讀者回函卡直接傳真 (02) 2262-0900 或寄回，將由專人協助登入會員資料，待收到 E-MAIL 通知後即可成為會員。

如何購買 **全華書籍**

1. 網路購書

全華網路書店「http://www.opentech.com.tw」，加入會員購書更便利，並享有紅利積點回饋等各式優惠。

2. 實體門市

歡迎至全華門市（新北市土城區忠義路 21 號）或各大書局選購。

3. 來電訂購

(1) 訂購專線：(02) 2262-5666 轉 321-324
(2) 傳真專線：(02) 6637-3696
(3) 郵局劃撥（帳號：0100836-1　戶名：全華圖書股份有限公司）
※ 購書未滿 990 元者，酌收運費 80 元。

OpenTech.com.tw

OpenTech 全華網路書店

全華網路書店 www.opentech.com.tw
E-mail: service@chwa.com.tw

※ 本會員制如有變更則以最新修訂制度為準，造成不便請見諒。

姓名： 　　　　　　　生日：西元　　　年　　　月　　　日　性別：□男 □女

電話：（　　　）　　　　　　　　　手機：

e-mail （必填）

註：數字零，請用 Φ 表示，數字 1 與英文 L 請另註明並書寫端正，謝謝。

通訊處：□□□□□

學歷：□高中‧職　□專科　□大學　□碩士　□博士

職業：□工程師　□教師　□學生　□軍‧公　□其他

學校/公司：　　　　　　　　　　　　科系/部門：

‧需求書類：

□A. 電子 □B. 電機 □C. 資訊 □D. 機械 □E. 汽車 □F. 工管 □G. 土木 □H. 化工
□I. 設計 □J. 商管 □K. 日文 □L. 美容 □M. 休閒 □N. 餐飲 □O. 其他

‧本次購買圖書為：　　　　　　　　　　　　書號：

‧您對本書的評價：

封面設計：□非常滿意　□滿意　□尚可　□需改善，請說明
內容表達：□非常滿意　□滿意　□尚可　□需改善，請說明
版面編排：□非常滿意　□滿意　□尚可　□需改善，請說明
印刷品質：□非常滿意　□滿意　□尚可　□需改善，請說明
書籍定價：□非常滿意　□滿意　□尚可　□需改善，請說明
整體評價：請說明

‧您在何處購買本書？

□書局　□網路書店　□書展　□團購　□其他

‧您購買本書的原因？（可複選）

□個人需要　□公司採購　□親友推薦
□老師指定用書　□其他

‧您希望全華以何種方式提供出版訊息及特惠活動？

□電子報　□DM　□廣告 （媒體名稱）

‧您是否上過全華網路書店？（www.opentech.com.tw）

□是　□否　您的建議

‧您希望全華出版哪方面書籍？

‧您希望全華加強哪些服務？

感謝您提供寶貴意見，全華將秉持服務的熱忱，出版更多好書，以饗讀者。

填寫日期：　　　/　　　/

2020.09 修訂

親愛的讀者：

感謝您對全華圖書的支持與愛護，雖然我們很慎重的處理每一本書，但恐仍有疏漏之處，若您發現本書有任何錯誤，請填寫於勘誤表內寄回，我們將於再版時修正，您的批評與指教是我們進步的原動力，謝謝！

全華圖書　敬上

勘　誤　表

書　號			
頁　數	行　數	書　名	作　者
		錯誤或不當之詞句	建議修改之詞句

我有話要說：（其它之批評與建議，如封面、編排、內容、印刷品質等‧‧‧）